Fouad Soliman
Karima Mahmoud

O papel das redes neuronais no futuro brilhante das ciências informáticas

Fouad Soliman
Karima Mahmoud

O papel das redes neuronais no futuro brilhante das ciências informáticas

Redes Neuronais

Imprint

Any brand names and product names mentioned in this book are subject to trademark, brand or patent protection and are trademarks or registered trademarks of their respective holders. The use of brand names, product names, common names, trade names, product descriptions etc. even without a particular marking in this work is in no way to be construed to mean that such names may be regarded as unrestricted in respect of trademark and brand protection legislation and could thus be used by anyone.

Cover image: www.ingimage.com

This book is a translation from the original published under ISBN 978-620-8-01103-1.

Publisher:
Sciencia Scripts
is a trademark of
Dodo Books Indian Ocean Ltd. and OmniScriptum S.R.L publishing group

120 High Road, East Finchley, London, N2 9ED, United Kingdom
Str. Armeneasca 28/1, office 1, Chisinau MD-2012, Republic of Moldova, Europe
Printed at: see last page
ISBN: 978-620-8-10737-6

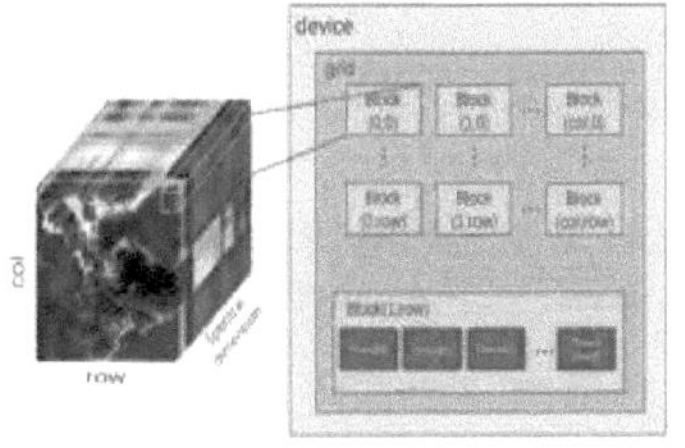
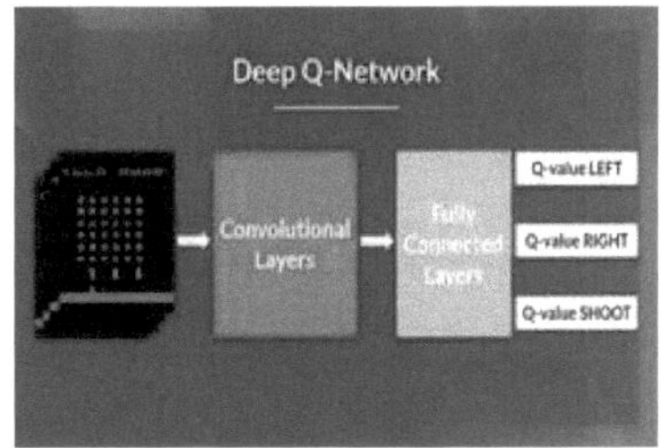

O papel das redes neuronais no futuro brilhante das ciências informáticas

Por

Fouad A. S. Soliman Karima A. **Mahmoud**

Autoridade para os Materiais Nucleares, Investigador de Física.

Cairo, Egito.

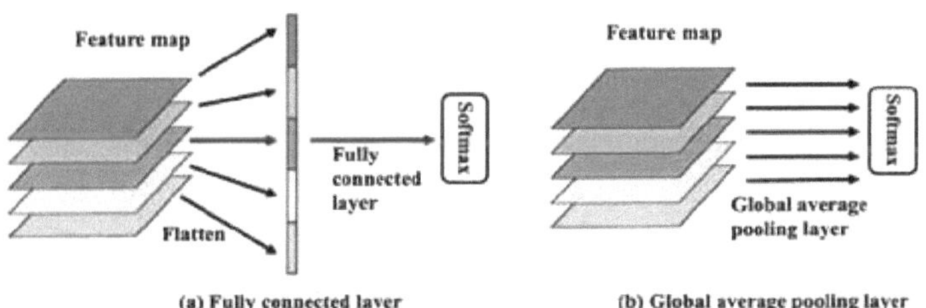

agosto de 2024

Sobre os autores

Dr. Eng. Fouad A. S. Soliman

**Prof. de Engenharia Eletrónica e de Computadores,
Nuclear Materials Authority, Cairo, Egito.**

Membro do Conselho Editorial de:

- **Progress in Photovoltaic, "Research and Applications", John Wiley and Sons, Reino Unido, desde 1993,**
- **Periódicos da Associação para o Avanço das Técnicas de Modelação e Simulação, AMSE, Lune, França,**
- **Jornal Internacional de Ciência da Computação e Aplicações de Engenharia (IJCSEA).**

Membro de:

- **Associação Americana para o Avanço das Ciências, N.Y., U.S.A,**
- **Academia de Ciências de Nova Iorque, Nova Iorque, E.U.A.**

Escolhido para:

- **Who's Who in the World, A.N. Marquis, N.J., U. S. A.**
- **Outstanding People of the $20thCentury$, International Biographical Center de Cambridge, Inglaterra.**

Ensino nas universidades

- **Ensino dos estudantes de pós-graduação nas universidades egípcias.**

Publicações e supervisão de M.Sc. e Ph.D.
Artigos e teses supervisionadas
- **Cerca de 200**

Livros:

[1].   Fouad A. S. Soliman, **"A Novel Look on the world of Nanotechnology para hoje e para o futuro",** Livro publicado, Lambert Academic Publishing, Omni- Scriptum GmbH and Co. KG, fevereiro de 2016, ISBN 978-3-659-83496-7.

[2].   F. A. S. Soliman, **"Energy and the Future of Civilizations",** publicado em

Livro, Lambert Academic Publishing, Omni-Scriptum GmbH and Co.
KG, abril de 2016.
ISBN 978-3-659-88129-9.

[3]. F. A. S. Soliman, **"Characterization, Simulation, Applications, Deployment and Economics of Solar Energy",** Lambert Academic
Publishing, LAP, Saarbrücken, Alemanha, maio de 2016.
ISBN 978-3-659-89387-2.

[4]. Fouad A. S. Soliman **e Hoda A. Ashry, "Role of the Nuclear A tecnologia na vida quotidiana do homem",** Livro publicado, Lambert
Publicação académica, Omni-Scriptum, GmbH and Co. KG, maio de 2016.
ISBN 978-3-659-90461-5.

[5]. Fouad A. S. Soliman**, Safaa M. R. El-ghanam e Ashraf M. Abdel-Maksoud, "Impact of Outer Space Environment on Electronic Devices and Systems",** Livro publicado, Lambert Academic Publishing,
Omni-Scriptum GmbH e Co. KG, julho de 2016.
ISBN: 978-3-659-93044-7

[6]. **H. A. Ashry,** Fouad A. S. Soliman **e S. A. Kamh, "Nuclear Techno-logia: Future Generation, Protection and Monitoring", publicado em Livro, Lambert Academic Publishing, Omni-Scriptum GmbH e Co. KG, agosto de 2016.**
ISBN: 978-3-659-93921-1

[7]. Fouad. A.S. Soliman**, "Agriculture in Remote Areas Based on Solar Energia", Livro Publicado,** Lambert Academic Publishing, Omni-Scriptum GmbH & Co. KG, setembro de 2016.
ISBN: 978-3-659-95267-8

[8]. Fouad A. S. Soliman**, " Solar-Wind Hybrid Renewable Energy for Agricultura Sustentável",** Livro Publicado, Lambert Academic Publishing, Omni- Scriptum GmbH and Co. KG, outubro de 2016, Número:145917
ISBN: 978-3-659-96384-1

[9].   Fouad A. S. Soliman, **Linhas de Transmissão de Alta Tensão: Importância,**
Maintenance and Risks", Livro Publicado, Lambert Academic Publi-
shing, Omni- Scriptum GmbH e Co. KG, novembro de 2016, Número:147937,
ISBN: 978-3-330-00309-5.

[10].   **Hoda A. Ashry e** Fouad A. S. Soliman, **Nuclear Analytical Techni-**
ques e Ciências Modernas, Livro Publicado, Lambert Academic Publishing, Omni- Scriptum, GmbH and Co. KG, dezembro, 2016, No. :
149558,
ISBN: 978-3-330-01772-6.

[11].   Fouad A. S. Soliman, **Energia: História, Definições, Formas, Transformações.**
formação e aplicações, Livro Publicado, Lambert Academic Publishing, Omni- Scriptum, GmbH and Co. KG, janeiro de 2017.
ISBN: 978-3-330-02939-2.

[12].   Fouad A. S. Soliman, **All About Nuclear Materials, Livro Publicado,**
Lambert Academic Publishing, Omni- Scriptum GmbH e Co. KG, 2017. ID do projeto (150859)
ISBN:978-3-330-03643-7.

[13].   Fouad A. S. Soliman **e Hoda A. Ashry, Focus on the Treasures of**
A Terra, Livro Publicado, Lambert Academic Publishing, Omni- Scriptum GmbH and Co. KG, fevereiro de 2017.
ISBN: 978-3-659-85407-1.

[14].   Fouad A. S. Soliman, **Geothermal Energy Technology,** Publicado em
Livro, Lambert Academic Publishing, Omni-Scriptum GmbH and Co, KG., maio de 2017.
ISBN: 978-3-330-31808-3.

[15].   Fouad A. S. Soliman, **Marine Power Technology and Future of**
Energia, Livro publicado, Lambert Academic Publishing, Omni-Scriptum GmbH e Co. KG, junho de 2017.
ISBN: 978-3-330-32467-1.

[16].   Fouad A. S. Soliman **e Hoda A. Ashry, Atomic Batteries: the Easy**

Energia para o futuro", **Livro publicado,** Lambert Academic Publishing, Omni-Scriptum. GmbH and Co. KG, julho de 2017. ISBN:978-3-330-35308-4.

[17]. Fouad A. S. Soliman **e Hoda A. Ashry, Evolution of Synchrotron**

A radiação e a sua importância", Livro publicado, Lambert Academic

Publishing, Omni-Scriptum GmbH and Co. KG, agosto de 2017. ISBN: 978-620-2-01385-7

[18]. Fouad A. S. Soliman, "**Mechatronics: Multidisciplinary Engenharia",** Livro Publicado, Lambert Academic Publishing, Omni-

Scriptum, GmbH e Co. KG, agosto de 2017. ISBN: 978-620-0-43740-2.

[19]. Fouad A. S. Solimna **e Hoda A. Ashry, "Gold and Silver Recovery**

from Electronic Waste", Recuperação de ouro e prata de resíduos electrónicos

Resíduos", Livro publicado Lambert Academic Publishing, Omni-Scriptum

GmbH and Co. KG, Set. 2017. ISBN: 978-620-2-04988-7.

[20]. Fouad A. S. Soliman, **Amira A El-laboudi, e Manal Mahdi,**
"Colheita de energia e necessidades humanas futuras", Livro publicado,

Lambert Academic Publishing, Omni-Scriptum GmbH e Co. KG, novembro de 2017. ISBN: 978-620-2-07981-5.

[21]. **Hoda A. Ashry e** Fouad A. S. Soliman, **"World of Neurons",** Livro publicado, Lambert Academic Publishing, Omni- Scriptum GmbH

and Co. KG, janeiro de 2018. ISBN: 978-613-4-97714-2.

[22]. Fouad A. S. Soliman, **"Role of Engineering in Therapy",** publicado em

Livro Lambert Academic Publishing, Omni- Scriptum GmbH and Co.

KG, abril de 2018. ISBN: 978-613-9-58735-3.

[23]. Fouad A. S. Soliman, **"New Trends in Exploring Earth Treasures" [Novas Tendências na Exploração dos Tesouros da Terra],**

Livro publicado, Lambert Academic Publishing, Omni- Scriptum GmbH
Co. KG, Nov. 2019.
ISBN: 978-620-0-46469-9.

[24]. Fouad A. S. Soliman, "Energy: Resources, Derivative, Sustainability
and Development", Livro publicado Lambert Academic Publishing,
Omni-Scriptum GmbH e Co. KG, dezembro de 2019.

[25]. Fouad A. S. Soliman e Hamed I. E. Mira, "Nuclear Power:
História, materiais, economia e futuro", Livro publicado Lambert
Publicação académica, Omni-Scriptum GmbH & Co. KG, janeiro de 2020.
ISBN: 978-620-0-46407-1.

[26]. Fouad A. S. Soliman, "Renewable Energy and the Future of Human
Vida", Livro publicado. Lambert Academic Publishing. Omni-Scriptum
GmbH e Co.KG, fevereiro de 2020.
ISBN: 978-620-0-53632-7.

[27]. Fouad A. S. Soliman, Safaa M. R. El-ghanam, e Ashraf M. Abdel-
maksoud, "Impacto ambiental da indústria energética",
Livro publicado Lambert Academic Publishing, Omni-Scriptum GmbH
and Co. KG, fevereiro de 2020.
ISBN: 978-620-0-57165-6.

[28]. Fouad A. S. Soliman e Amira Abdel-Magid, "Projections, Develo-
pamentos e explorações de recursos energéticos renováveis"
Livro publicado, Lambert Academic Publishing, Omni-Scriptum GmbH
and Co. KG, março de 2020.
ISBN: 978-620-065158-7.

[29]. Fouad A. A. Soliman, e Wafaa Abd El-Basit, "Smart Photovoltaic
As tecnologias e o futuro da energia", livro publicado, Lambert
Publicação académica, Omni-Scriptum GmbH e Co. KG, março de 2020.
ISBN: 978-620-251267-1.

[30]. Fouad A. S. Soliman, e Sanaa A. Kamh", Open Source Hardware

Tecnologia, Livro Publicado, Lambert Academic Publishing, Omni-
Scriptum GmbH and Co. KG, abril de 2020.
ISBN: 978-620-2-51639-6.

[31]. Fouad A. S. Soliman, **"Renewable Energy Technologies for Salt
Dessalinização da água",** Livro publicado, Lambert Academic Publishing,
Omni-Scriptum GmbH e Co. KG, maio de 2020.
ISBN: 978-620-2-52159-8.

[32]. Fouad A. S. Soliman, **"New Trends in Renewable Energy for
Humanity Benefits",** Livro publicado, Lambert Academic Publishing,
Omni-Scriptum GmbH e Co. KG, maio de 2020.
ISBN: 978-620-2-51887-1.

[33]. Fouad A. S. Soliman, e **Ashraf M. Abdel-maksoud, "Energy
Armazenamento, Transmissão e Monitorização",** Livro Publicado, Lambert
Publicação académica, Omni-Scriptum GmbH e Co. KG, maio de 2020.
ISBN: 978-6213-94971-2

[34]. Fouad S. S. Soliman, **"Climate Effects on PV-Systems and their
Manutenção e Reciclagem",** Livro Publicado, Lambert Academic
Publicação, Omni-Scriptum GmbH e Co. KG, junho de 2020.
ISBN: 978-620-2-56451-9.

[35]. Fouad A. S. Soliman e **Hamed I. E. Mira, "Drones: The Future of
Veículos Aéreos Não Tripulados",** Livro publicado Lambert Academic Publi-
shing, Omni-Scriptum GmbH e Co. KG, junho de 2020.
ISBN: 978-620-2-66811-8.

[36]. Fouad A. S. Soliman, **"Airborne Geophysical & Remote Sensing
Based on DroneAircrafts",** Livro publicado, Lambert Academic
Publicação, Omni-Scriptum GmbH e Co. KG, julho de 2020.
ISBN: 978-620-2-67331-0.

[37]. Fouad A. S. Soliman, e **Safaa M. El-ghanam "The World of
Tecnologias de energias renováveis",** Livro publicado, Lambert Academic
Publicação, Omni-Scriptum GmbH e Co. KG, agosto de 2020.
ISBN: 978-620-2-68432-3.

[38]. Fouad A. S. Soliman, e **Ashraf M. Abedel-maksoud",
Tecnologias**
   of **Stand-Alone and Distributed Energy Systems",** Livro
publicado,
   Lambert Academic Publishing, Omni-Scriptum GmbH e Co. KG,
   setembro de 2020.
   ISBN: 978-620-0-50455-6.
[39]. Fouad A. S. Soliman, **A Novel and Efficient Aerial Techniques
for**
   Deteção de UXO, Livro Publicado, Lambert Academic
Publishing, Omni-
   Scriptum GmbH and Co. KG, setembro de 2020.
   ISBN: 978-620-2-79934-8
[40]. Fouad A. S. Soliman e **Ashraf M. Abedel-maksoud,
"Technology**
   and Future of Nano-fluids", Livro publicado, Lambert
Academic
   Publicação, Omni-Scriptum GmbH e Co. KG, setembro de 2020.
   ISBN: 978-620-2-80132-4.
[41]. Fouad A. S. Soliman, e **Safaa M. El-ghanam,** "New Trends in
the
   Produção, conversão, transmissão e armazenamento de energia",
   **Livro   publicado, Lambert Academic Publishing, Omni-
Scriptum**
   GmbH e Co. KG, outubro de 2020.
   ISBN: 978-620-2-80878-1.
[42]. Fouad A. S. Soliman, **"Remote Monitoring, Net Metering,
Fault**
   **Deteção e Manutenção Preditiva de Sistemas Eléctricos de
Potência.**
   Livro publicado, Lambert Academic Publishing, Omni-Scriptum
GmbH
   and Co. KG, outubro de 2020.
   ISBN: 978-3-330-06474-4.
[43]. Fouad A. S. Soliman, **A. A. Abu Talib e Doaa H. Hanafy, "PV
   Shockley-Queasier, Maximum Power, Green Houses e
Rooftop
   Estações",** Livro Publicado, Lambert Academic Publishing,
Omni-
   Scriptum GmbH e Co. KG, outubro de 2020.
   ISBN: 978-620-2.92085-8.
[44]. Fouad A. S. Soliman, **Wafaa A. Zekri, Soha Abel-Azim,
Environ-**

Impacto mental da produção, transporte e distribuição de eletricidade Indústria", Livro Publicado, Lambert Academic Publishing, Omni-Scriptum GmbH e Co. KG, novembro de 2020.
ISBN: 978-620-3-02581-1.

[45]. Fouad A. S. Soliman e **Safaa R. El-ghanam, Future Energy DevelopMent**, Livro Publicado, Lambert Academic Publishing, Omni-Scriptum GmbH e Co. KG, novembro de 2020.
ISBN: 978-620-3-041132.

[46]. Fouad A. S. Soliman e **Hamed I. E. Mira, "For More Efficient Aplicações da energia   solar",** Livro publicado Lambert Academic Publicação, Omni-Scriptum GmbH e Co. KG, dezembro de 2020.
ISBN: 978-620-801002.

[47]. Fouad A. S. Soliman, e **Sanaa A. Kamh,** "New Trends in Micro- and Hybrid-Energy Grids", Livro publicado, Lambert Academic **Publishing,** Omni-Scriptum. GmbH and Co. KG, dezembro de 2020.
ISBN: 978-620-2-92022-3.

[48]. Fouad A. S. Soliman, **"Trends in Renewable Energy Resources Gridding",** Livro publicado Lambert Academic Publishing, Omni-Scriptum GmbH and Co. KG, janeiro de 2021.
ISBN: 978-620-3-30339-1.

[49]. Fouad A. S. Soliman e **Wafaa Abdel Basit Zekri, "Gridding of Sistemas inteligentes de energia solar",** Livro publicado, Lambert Academic Publishing, Omni-Scriptum, GmbH and Co., K.G. março de 2021.
ISBN: 978-620-3-46312-5.

[50]. Fouad A. S. Soliman e **Safaa R. El-ghanam, "New Trends in Sistema Fotovoltaico",** Livro publicado, Lambert Academic Publishing, Omni-Scriptum GmbH and Co., K.G., dezembro de 2020.
ISBN: 978-620-3-47075-8.

[51]. Fouad A. S. Soliman, **"Automatic Monitoring of PV-Systems',** Livro publicado Lambert Academic Publishing, Omni-Scriptum GmbH e Co. KG, setembro de 2021.
ISBN: 978-620-3-58196-6.

[52]. Fouad A. S. Soliman, e **Ashraf M. Abedel-maksoud, "Marine Power: O Futuro das Energias Renováveis,** Livro Publicado, Lambert
Publicação académica, Omni-Scriptum GmbH and Co. KG, novembro,
2021.
ISBN: 978-620-4-71792-0163.

[53]. Fouad A. S. Soliman, **"Carbon Capture and Sequestration",** Livro publicado Lambert Academic Publishing, Omni-Scriptum GmbH
and Co. KG, novembro de 2021.
ISBN: 978-620-4-72561-1163.

[54]. Fouad A. S. Soliman, e **Hoda A. Ashry, "Role of Electronics and
Informática em medicina energética",** Livro publicado Lambert
Publicação académica, Omni-Scriptum GmbH and Co. KG, Nov. 2021.
ISBN: 978-620-4-727387.

[55]. Fouad A. S. Soliman, e **Nehal Abou-el fotoh Ali, "Future Desafios da Eletrónica Baseada em Piezoeléctricos",** Livro Publicado
Lambert Academic Publishing Omni-Scriptum GmbH e Co. KG, dezembro de 2021.
ISBN: 978-620-4-70844.

[56]. Fouad A. S. Soliman, **Ayman H. Shanash e Nehal Abou-el fotoh
Ali, "Sustainale Energy for Human Safety and Luxury",** publicado
Livro Lambert Academic Publishing, Omni-Scriptum GmbH and Co.
KG, janeiro de 2022.
ISBN: 978-620-4-73029-1163.

[57]. Fouad A. S. Soliman, e **Nehal Abou-el fotoh Ali, "World of Osmo-
Tic Phenomenon",** Livro publicado Lambert Academic Publishing,
Omni-Scriptum GmbH & Co. KG, janeiro de 2021.
ISBN: 978-620-4-73327-2164.

[58]. Fouad A. S. Soliman, **Ayman H. Shanash & Nehal Abou-el fotoh Ali,
"Uma** visão profunda do futuro da energia, livro publicado Lambert

Publicação académica, Omni-Scriptum GmbH and Co. KG, Jan. 2022.
ISBN: 978-620-4-73472-9164.

[59].   Fouad A. S. Soliman, **Ayman H. Shanash e Nehal Abou-el fotoh**
Ali, "Transitioning from Fossil Fuels to Renewable Energy" (Transição dos combustíveis fósseis para as energias renováveis), publicado
Livro Lambert Academic. Publishing, Omni-Scriptum GmbH and Co.
KG, fevereiro de 2022.
ISBN: 978-620-4-74114-7164.

[60].   Fouad A. S. Soliman, **Ayman H. Shanash e Nehal Abou-el fotoh**
Ali, "Ocean Thermal Energy Conversion", livro publicado Lambert
Publicação académica, Omni-Scriptum GmbH and Co. KG, Fev. 2022.
ISBN: 978-620-4-74278-61.

[61].   Fouad A. S. Soliman, **Ayman H. Shanash e Nehal Abou-el fotoh**
Ali, "The Rapid Movement towards Clean Green World" (O movimento rápido para um mundo verde e limpo), publicado
Livro Lambert Academic. Publishing, Omni-Scriptum GmbH and Co.
KG, fevereiro de 2022.
ISBN: 9786-204-745 183.

[62].   Fouad A. S. Soliman, **Ayman H. Shanash e Nehal Abou-el fotoh**
Ali, "Engenharia de sistemas de energia renovável", Livro publicado
Lambert Academic Publishing, Omni-Scriptum GmbH e Co. KG, fevereiro de 2022.
ISBN: 978-620-4-74716-3.

[63].   Fouad A. S. Soliman, **Ayman H. Shanash e Nehal Abou-el fotoh**
Ali, "De A a Z sobre as energias renováveis", livro publicado
Lambert Academic Publishing, Omni-Scriptum GmbH e Co. KG, março de 2022.
ISBN: 9786-202-053099.

[64].   Fouad A. S. Soliman, **Hamed I. E. Mira e Nehal Abou-el fotoh Ali,**
"Passos no caminho do futuro e da conservação da energia", publicado

Livro Lambert Academic Publishing, Omni-Scriptum GmbH and Co.

KG, março de 2022.
ISBN: 9786-139-448388.

[65]. Fouad A. S. Soliman, **Nehal Abou-el fotoh Ali & Karima A. Mahmoud, "Engineering and Comfortable Smart Life",** publicado

Livro Lambert Academic Publishing, Omni-Scriptum GmbH and Co.

KG, março de 2022.
ISBN: 978-620-0-24999-91.

[66]. Fouad A. S. Soliman, **Hoda A. Ashry e Nehal Abou-el fotoh Ali,**

"World of Fuel Cells", Livro publicado Lambert Academic Publishing,

Omni-Scriptum GmbH e Co. KG, abril de 2022.
ISBN: 978-620-4-74855-91.

[67]. Fouad A. S. Soliman, **Nehal Abou-el fotoh Ali e Wafaa A. Zekri,**

"Engenharia de Sistemas Fotovoltaicos", Livro publicado Lambert

Publicação académica, Omni-Scriptum GmbH and Co. KG, abril de 2022.
ISBN: 978-620-4-74893-11.

[68]. Fouad A. S. Soliman, **Amira A. Abo-talib e Doaa H. Hanafy, "**

Papel da Engenharia Eletrónica nas Ciências Automóvel e Mecânica

ence, Livro Publicado Lambert Academic Publishing, Omni-Scriptum,

GmbH e Co. KG, maio de 2022.
ISBN: 978-620-4-75130-61.

[69]. Fouad A. S. Soliman, **Nihal Abou-alfotoh Ali," Nano-fiber: A Future of Materials",** Livro publicado Lambert Academic Publishing,

Omni-Scriptum, GmbH e Co. KG, maio de 2022.
ISBN: 978-620-4-95505-616.

[70]. Fouad A. S. Soliman, **Sanaa A. Kamh e Doaa H. Hanafy, "The Brilliant Future of Lithium in Energy Storage",** livro publicado Lambert Academic Publishing, Omni-Scriptum, GmbH e Co. KG, maio de 2022.
ISBN: 978-620-4-98014-0165519.

[71]. Fouad A. S. Soliman, **e Hamed I. E. Mira, "Stereo Microscope:**

a ferramenta de nano-imagem do futuro", livro publicado Lambert
Publicação académica, Omni-Scriptum, GmbH and Co. KG, maio de 2022.
ISBN: 978-620-5489-406.

[72]. Fouad A. S. Soliman, **Amira A. Abo-talib El-laboudi e Karima A.**
Mahmoud, "Futuro das tecnologias híbridas de energia", Livro publicado
Lambert Academic Publishing, Omni-Scriptum, GmbH e Co. KG,
maio de 2022.
ISBN: 978-620-5489-406.

[73]. Fouad A. S. Soliman, **Wafaa Abdel-basit Zekri e Karima A.**
Mahmoud, "The Brilliant Future of Digital Imaging", publicado
Livro Lambert Academic Publishing, Omni-Scriptum, GmbH and Co.
KG, agosto de 2022.
ISBN: 978-6205-4956-12.

[74]. Fouad A. S. Soliman, **"Future of Interdisciplinary Sciences",**
Livro publicado Lambert Academic Publishing, Omni-Scriptum, GmbH
and Co. KG, outubro de 2022.
ISBN: 978-620-5-50245-71.

[75]. Fouad A. S. Soliman **e Karima A. Mahmoud, "Fewer Losses on**
Geração de energia renovável e aplicações", Livro publicado
Lambert Academic Publishing, Omni-Scriptum, GmbH e Co. KG,
outubro de 2022.
ISBN: 978-620-4-980669.

[76]. Fouad A. S. Soliman, **Amira Abou-talib El-laboudi e Doaa H.**
Hassan, "Food Energy", Livro publicado, Lambert Academic
Publicação, Omni-Scriptum, GmbH e Co. KG, outubro de 2022.
ISBN: 978-620-5-50995-116.

[77]. Fouad A. S. Soliman, **Wafaa Abdel-basit Zekri & Karima A.**
Mahmoud," O Mundo Brilhante do Grafeno", Livro Publicado
Lambert Academic Publishing, Omi-Scriptum, GmbH e Co. KG,
outubro de 2022.
ISBN: 978-620-5-51599-016.

[78].   Fouad A. S. Soliman, **Amira A. Abo-talib & Doaa H. Hanafy," Wind**

As a Mainstream Renewable Power", Livro publicado Lambert
Publicação académica, Omni-Scriptum, GmbH and Co. KG,
outubro de 2022.
ISBN: 978-620-5-52588-316.4

[79].   Fouad A. S. Soliman, **e Karima A. Mahmoud,** "Unmanned Aerial

Aplicações e desenvolvimento de veículos para pesos de poucos gramas",
Livro publicado Lambert Academic Publishing, Omni-Scriptum, GmbH
and Co. KG, outubro de 2022.
ISBN: 978-620-4-980669.

[80].   Fouad A. S. Soliman, **e Karima A. Mahmoud,** "The Benefits of
O plástico e os seus perigos iminentes para a humanidade". Livro publicado
Lambert Academic Publishing, Omni-Scriptum, GmbH and Co.
KG, Out.
2022.
ISBN: 978-620-5622472.

[81].   Fouad A. S. Soliman, **e Karima A. Mahmoud, "Advanced**
Tecnologias para prospeção e mineração de ouro", Livro publicado
Lambert Academic Publishing, Omni-Scriptum, GmbH e Co. KG,
fevereiro de 2023.
ISBN: 978-620-6142263.

[82].   Fouad A. S. Soliman, **e Karima A. Mahmoud, "Neuro-linguistic**

Programing", Livro publicado Lambert Academic Publishing, Omni-
Scriptum, GmbH e Co. KG, março de 2023.
ISBN: 978-620-14432.

[83].   Fouad A. S. Soliman, **e Karima A. Mahmoud, "Future Techniques**

In Mind Mapping", publicado no livro Lambert Academic Publishing,
Omni-Scriptum, GmbH, and Co. KG, março de 2023.
ISBN: 978-6206-147640.

[84].   Fouad A. S. Soliman, **e Hamid I. E. Mira, "Copper for Bright**
O futuro das energias renováveis", Livro publicado Lambert Academic
Publicação, Omni-Scriptum, GmbH e Co. KG, março de 2023.

ISBN: 978-6206-142263.

[85].   Fouad A. S. Soliman, **Amira A. Abo-talib e Doaa H. Hanafy, Renewable Energy the Power of World by 2050",** Livro publicado
Lambert Academic Publishing, Omni-Scriptum, GmbH e Co. KG,
março de 2023. abril de 2023.
ISBN: 978-6206-153573.

[86].   Fouad A. S. Soliman **e Karima A. Mahmoud, Global Energy Interligação e prática"** Livro publicado Lambert Academic Publicação Omni-Scriptum, GmbH e Co. KG. abril de 2023.
ISBN: 978-6206-153573.

[87].   Fouad A. S. Soliman, **Hamid I. E. Mira e Karima A. Mahmoud,**
"Uma visão do mundo da tecnologia da energia eólica". Publicado
Livro Lambert Academic Publishing, Omni-Scriptum, GmbH and Co.
KG. setembro de 2023.
ISBN: 978-6206-781967.

[88].   Fouad A. S. Soliman, **Wafaa A. Zekri e Karima A. Mahmoud, "O papel do hidrogénio na vida humana".** Livro publicado Lambert
Publicação académica, Omni-Scriptum, GmbH e Co. KG. Set. 2023.
ISBN: 978-6206-78625-2.

[89].   Fouad A. S. Soliman, **e Karima A. Mahmoud, "Future of Energias Renováveis e Técnicas de Armazenamento".** Livro publicado
Lambert Academic Publishing, Omni-Scriptum, GmbH e Co. KG.
setembro de 2023.
ISBN: 978-6206-790570.

[90].   Fouad A. S. Soliman, **Hamid I. E. Mira e Karima A. Mahmoud,**
"Importância, pobreza, transmissão e segurança das energias renováveis
Energia". Livro publicado Lambert Academic Publishing, Omni-
Scriptum, GmbH e Co. KG. setembro de 2023.
ISBN: 978-6206-8433513.

[91].   Fouad A. S. Soliman, **Hamid I. E. Mira e Karima A. Mahmoud,**

"Rumo a 100 % de energias renováveis". Livro publicado Lambert
   Academic Publishing, Omni-Scriptum, GmbHand Co. KG. Dez.
2023.
   ISBN: 978-620-7-44774-9.

[92]. Fouad A. S. Soliman, e Karima A. Mahmoud, **"Vehicles
   Operação para um futuro não poluído".** Livro publicado
Lambert
   Publicação académica, Omni-Scriptum, GmbH e Co. KG. Dez.
2023.
   ISBN: 978-620-7-45399-3.

[93]. Fouad A. S. Soliman, e Karima A. Mahmoud, **"World of
   Fotónica".** Livro publicado Lambert Academic Publishing,
Omni-
   Scriptum, GmbH e Co. KG. dezembro de 2023.
   ISBN: 978-620-7-45399-3.

[94]. Fouad A. S. Soliman, e Karima A. Mahmoud, **"Electronics
and
   Informática para eleições justas".** Livro publicado
   Publicação académica, Omni-Scriptum, GmbH e Co. KG. Dez.
2023.
   ISBN: 978-620-7-474783.

[95]. Fouad A. S. Soliman e Karima A. Mahmoud, **"Phosphates,
   Ácidos Fosfóricos e Células Fule".** Livro publicado Lambert
Academic
   Publishing, Omni-Scriptum, GmbH and Co. KG. dezembro de
2023.
   ISBN: 978-620-7-484935.

[96]. Fouad A. S. Soliman, e Karima A. Mahmoud, **"Waste Heat
   Recovery for Power Generation Applications".** Livro
publicado
   Lambert Academic Publishing, Omni-Scriptum, GmbH e Co.
KG.
   dezembro de 2023.
   ISBN: 978-620-7-48768-4.

[97]. Fouad A. S. Soliman, e Karima A. Mahmoud, **"Solar Energy
   Engenharia".** Livro publicado Lambert Academic Publishing,
Omni-
   Scriptum, GmbH e Co. KG, maio de 2024.
   ISBN: 978-620-7-64062-1.

[98]. Fouad A. S. Soliman, e Karima A. Mahmoud, **"New Look to
the**

O mundo da energia negra e dos materiais". Livro publicado Lambert

Publicação académica, Omni-Scriptum, GmbH e Co. KG, junho de 2024.

ISBN: 978-620-7-64872-6.

[99]. Fouad A. S. Soliman, **e Karima A. Mahmoud, "Inteligência Artificial**

e o Futuro da Humanidade". Livro publicado Lambert Academic Publi-

shing, Omni-Scriptum, GmbH e Co. KG, junho de 2024.

ISBN: 978-620-7-65198-6.

[100]. Fouad A. S. Soliman, **e Karima A. Mahmoud, "Technological Road-**

mapas para o objetivo de zero emissões líquidas até 2030 e 2050". Livro publicado

Lambert Academic Publishing, Omni - Scriptum, GmbH and Co. KG, junho

2024.

ISBN: 978-620-7-809264.

[101]. Fouad A. S. Soliman, **Hamed I. E. Mira e Karima A. Mahmoud,**

"Perovskite para o futuro brilhante das células solares". Livro publicado

Lambert Academic Publishing, Omni - Scriptum, GmbH and Co. KG, julho

2024.

ISBN: 978-620-7-995462.

Karima A. Mahmoud
Investigador de Física

[1].   **Fouad A. S. Soliman** e Karima A. Mahmoud, **"Future of
        Materiais Compósitos"** Livro publicado, Lambert Academic
Publishing,
        Omni-Scriptum GmbH e Co. KG, julho de 2019.
        ISBN 978-620-0-24780-3.
[2].   **Fouad A. S. Soliman** e Karima A. Mahmoud, **"Neurons
Modeling
        e Circuitos Eléctricos Equivalentes"**, Publicação, Omni-
Scriptum GmbH
        and Co. KG, agosto de 2019.
        ISBN 978-620-0-29375-6.
[3].   **Fouad A. S. Soliman** e Karima A. Mahmoud **"Future of
Electron
        Beam Applications"**, Publishing, Omni-Scriptum GmbH and
Co. KG,
        setembro de 2019.
        ISBN 978-620-0-43740-2.
[4].   **Fouad A.S.Soliman** e Karima A. Mahmoud, **"Renewable
Energy
        e o futuro da vida humana"**, Livro publicado Lambert
Academic
        Publicação, Omni-Scriptum GmbH e Co. KG, fevereiro de 2020.
        ISBN 978-620-0-53632-7.
[5].   **Fouad A. S. Soliman**, Karima A. Mahmoud e Amira Abdel-
magid,
        **"Projecções, desenvolvimentos e explorações de energias
renováveis
        Recursos"** Livro publicado, Lambert Academic Publishing,
Omni
        Scriptum GmbH and Co. KG, março de 2020.
        ISBN 978-620-065158-7.
[6].   **Fouad A. A. Soliman**, Wafaa Abd El-Basit e Karima A.
Mahmoud,
        "Tecnologias fotovoltaicas inteligentes e o futuro da energia",
        Livro publicado, Lambert Academic Publishing, Omni- Scriptum
GmbH
        and Co. KG, março de 2020.
        ISBN 978-620-251267-1
[7].   **Fouad A. S. Soliman, Sanaa A.Kamh** e Karima A.
Mahmoud",

Tecnologia de hardware de código aberto, Livro publicado, Lambert

Publicação académica, Omni-Scriptum GmbH e Co. KG, abril de 2020.

ISBN 978-620-2-51639-6.

[8]. **Fouad A. S. Soliman** e Karima A. Mahmoud, **"New Trends in Benefícios das energias renováveis para a humanidade",** livro publicado, Lambert

Publicação académica, Omni-Scriptum GmbH e Co. KG, maio de 2020.

ISBN 978-620-2-51887-1.

[9]. **Fouad A. S. Soliman, Ashraf M. Abdel-maksoud** e Karima A. Mahmoud,**" Armazenamento, transmissão e monitorização de energia",**

Livro publicado, Lambert Academic Publishing, Omni-Scriptum GmbH

e Co. K.G., maio de 2020.

ISBN 978-6213-94971-2.

[10]. **Fouad A. S. Soliman**, Karima A. Mahmoud e Amira Abdel-Magid,

"Projecções, desenvolvimentos e explorações de energias renováveis

Recursos" Livro publicado, Lambert Academic Publishing, Omni-

Scriptum GmbH and Co. KG, março de 2020.

ISBN 978-620-065158-7.

[11]. **Fouad A. A. Soliman**, Wafaa Abd El-Basit e Karima A. Mahmoud"

Tecnologias fotovoltaicas inteligentes e o futuro da energia",

Livro publicado, Lambert Academic Publishing, Omni-Scriptum GmbH

and Co. KG, março de 2020.

ISBN 978-620-251267-1

[12]. **Fouad A. S. Soliman, Sanaa A. Kamh** e Karima A. Mahmoud",

Tecnologia de Hardware de Código Aberto, Livro Publicado, Lambert

Publicação académica, Omni-Scriptum GmbH e Co. KG, abril de 2020.

ISBN 978-620-2-51639-6

[13]. Fouad A. S. Soliman e Karima A. Mahmoud, **" New Trends in Benefícios das energias renováveis para a humanidade",** livro publicado, Lambert

Publicação académica, Omni-Scriptum GmbH and Co. KG, maio de 2020.
ISBN 978-620-2-51887-1.

[14]. **Fouad A. S. Soliman, Ashraf M. Abdel-maksoud e** Karima A. Mahmoud, **"Armazenamento, transmissão e monitorização de energia",**
Livro publicado, Lambert Academic Publishing, Omni-Scriptum GmbH
and Co. KG, maio de 2020.
ISBN 978-613-4-94971-2.

[15]. **Fouad S. S. Soliman, e** Karima A. Mahmoud, **"Climate Effects on Sistemas fotovoltaicos e sua manutenção e reciclagem",** Livro publicado,
Lambert Academic Publishing, Omni-Scriptum GmbH e Co. KG, junho
2020.
ISBN 978-620-2-56451-9.

[16]. **Fouad A. S. Soliman, Safaa M. El-Ghanam e** Karima A. Mahmoud, **"O mundo das tecnologias de gel",** Livro publicado,
Lambert Academic Publishing, Omni-Scriptum GmbH e Co. KG,
agosto de 2020.
ISBN 978-620-2-68432-3.

[17]. **Fouad A. S. Soliman, Ashraf M. Abedel-maksoud e** Karima A.
Mahmoud**", Tecnologias de energia autónoma e distribuída Systems",** Livro Publicado, Lambert Academic Publishing, Omni-
Scriptum GmbH and Co. KG, setembro de 2020.
ISBN 978-620-0-50455-6.

[18]. **Fouad A. S. Soliman, Ashraf M. Abedel-maksoud e** Karima A.
Mahmoud**", Technology and Future of Nano-fluids",** Livro publicado,
Lambert Academic Publishing, Omni-Scriptum GmbH e Co. KG,
setembro de 2020.
ISBN 978-620-2-80132-4.

[19]. **Fouad A. S. Soliman, Sanaa A.** Kamh e Karima A. Mahmoud,

"Novas tendências em redes de energia micro e híbridas", Livro publicado,
Lambert Academic **Publishing**, Omni-Scriptum GmbH e Co. KG,
dezembro de 2020.
ISBN 978-620-2-92022-3.

[20]. **Fouad A. S. Soliman, Safaa R. El-Ghanam e** Karima A. Mahmoud**, "Novas Tendências em Sistemas Fotovoltaicos",
Livro** Publicado,
**Lambert Academic Publishing, Omni-Scriptum GmbH and Co,
K.G. Dez. 2020.**
ISBN 978-620-3-47075-8.

[21]. **Fouad A. S. Soliman, Hamed I. E. Mira e** Karima A. Mahmoud,
"Pneus de sucata entre as tecnologias de reciclagem e de bioenergia",
Livro publicado Lambert Academic Publishing, Omni-Scriptum GmbH
and Co. KG, março de 2021.
ISBN 978-620-57464-7.

[22]. **Fouad A. S. Soliman e** Karima A. Mahmoud**, "Automatic Moni-
toring of PV-Systems',** Livro publicado Lambert Academic. Publicação,
Omni-Scriptum GmbH e Co. KG, setembro de 2021.
ISBN 978-620-3-58196-6.

[23]. **Fouad A. S. Soliman, Hamed I. E. Mira e** Karima A. Mahmoud,
"Hidrogénio: O Futuro dos Combustíveis sem Carbono",
Livro Publicado
Lambert Academic Publishing, Omni-Scriptum GmbH e Co. KG,
outubro de 2021.
ISBN 978-620-40 20741-4.

[24]. **Fouad A. S. Soliman, e** Karima A. Mahmoud**, "Unmanned Aerial
Aplicações e desenvolvimento de veículos para pesos de poucos gramas",
Livro publicado Lambert Academic Publishing, Omni-Scriptum, GmbH
and Co. KG, outubro de 2022.
ISBN: 978-620-4-980669.

[25]. **Fouad A. S. Soliman, e** Karima A. Mahmoud**, "The Benefits of**
O plástico e os seus perigos iminentes para a humanidade"**, livro publicado
Lambert Academic Publishing, Omni-Scriptum, GmbH e Co. KG,
outubro de 2022.
ISBN: 978-620-5622472.

[26]. **Fouad A. S. Soliman, e** Karima A. Mahmoud**, "Advanced Tecnologias para prospeção e mineração de ouro",** Livro publicado
Lambert Academic Publishing Omni-Scriptum, GmbH e Co. KG,
fevereiro de 2023.
ISBN: 978-620-6142263.

[27]. **Fouad A. S. Soliman e** Karima A. Mahmoud**, "Neuro-linguistic Programação",** Livro publicado Lambert Academic Publishing, Omni-
Scriptum, GmbH e Co. KG, março de 2023.
ISBN: 978-620-14432.

[28]. **Fouad A. S. Soliman, e** Karima A. Mahmoud**, "Global Energy Interligação e Prática".** Livro publicado Lambert Academic
Publicação, Omni-Scriptum, GmbH e Co. KG, abril de 2023.
ISBN: 978-6206-153573.

[29]. **Fouad A. S. Soliman, Hamid I. E. Mira e** Karima A. Mahmoud,
"Uma visão do mundo da tecnologia da energia eólica". Publicado
Livro Lambert Academic Publishing, Omni-Scriptum, GmbH and Co.
KG. setembro de 2023.
ISBN: 978-6206-781967.

[30]. **Fouad A. S. Soliman, Wafaa A. Zekri e** Karima A. Mahmoud**, Role do Hidrogénio na Vida Humana".** Livro publicado Lambert Academic
Publishing, Omni-Scriptum, GmbH and Co. KG. setembro de 2023.
ISBN: 978-6206-78625-2.

[31]. **Fouad A. S. Soliman e** Karima A. Mahmoud**, "Future of**

Energias Renováveis e Técnicas de Armazenamento". Livro publicado
Lambert Academic Publishing, Omni-Scriptum, GmbH e Co. KG.
setembro de 2023.
ISBN: 978-6206-790570.

[32].   Fouad A. S. Soliman, Hamid I. E. Mira e Karima A. Mahmoud,
"Importância, pobreza, transmissão e segurança das energias renováveis
Energia". Livro publicado Lambert Academic Publishing, Omni-
Scriptum, GmbH e Co. KG. setembro de 2023.
ISBN: 978-6206-8433513.

[33].   Fouad A. S. Soliman, Hamid I. E. Mira e Karima A. Mahmoud,
"Rumo a 100 % de energias renováveis". Livro publicado Lambert
Publicação académica, Omni-Scriptum, GmbH e Co. KG. Dez. 2023.
ISBN: 978-620-7-44774-9.

[34].   Fouad A. S. Soliman, e Karima A. Mahmoud, "Vehicles Operation
Um futuro não poluído". Livro publicado Lambert Academic Publi-
shing, Omni-Scriptum, GmbH e Co. KG. dezembro de 2023.
ISBN: 978-620-7-45399-3.

[35].   Fouad A. S. Soliman, e Karima A. Mahmoud, "World of
Fotónica". Livro publicado Lambert Academic Publishing, Omni-
Scriptum, GmbH e Co. KG. dezembro de 2023.
ISBN: 978-620-7-467945.

[36].   Fouad A. S. Soliman, e Karima A. Mahmoud, "Electronics and
Ciências   da Computação para eleições justas". Livro publicado Lambert
Publicação académica, Omni-Scriptum, GmbH e Co. KG. Dez. 2023.
ISBN: 978-620-7-474783.

[37].   Fouad A. S. Soliman e Karima A. Mahmoud, "Phosphates,
Ácidos Fosfóricos e Células Fule". Livro publicado Lambert Academic

Publishing, Omni-Scriptum, GmbH and Co. KG. dezembro de 2023.

ISBN: 978-620-7-484935.

[38]. Fouad A. S. Soliman, e Karima A. Mahmoud, "Waste Heat Reco-

very for Power Generation Applications". Livro publicado Lambert

Publicação académica, Omni-Scriptum, GmbH e Co. KG. Dez. 2023.

ISBN: 978-620-7-48768-4.

[39]. Fouad A. S. Soliman, e Karima A. Mahmoud, "Solar Energy Engin-

eering". Livro publicado Lambert Academic Publishing, Omni-Scriptum,

GmbH e Co. KG, maio de 2024.

ISBN: 978-620-7-64062-1.

[40]. Fouad A. S. Soliman, e Karima A. Mahmoud, "New Look to the

O mundo da energia negra e dos materiais". Livro publicado Lambert

Publicação académica, Omni-Scriptum, GmbH and Co. KG, junho de 2024.

ISBN: 978-620-7-64872-6.

[41]. Fouad A. S. Soliman, e Karima A. Mahmoud, "Inteligência Artificial

e o Futuro da Humanidade". Livro publicado Lambert Academic

Publicação, Omni-Scriptum, GmbH e Co. KG, junho de 2024.

ISBN: 978-620-7-65198-6.

[42]. Fouad A. S. Soliman, e Karima A. Mahmoud, "Technological Road-

mapas para o objetivo de emissões líquidas zero até 2030 e 2050". Livro publicado

Lambert Academic Publishing, Omni - Scriptum, GmbH and Co. KG, junho

2024.

ISBN: 978-620-7-809264.

[43]. Fouad A. S. Soliman, Hamed I. E. Mira e Karima A. Mahmoud,

"Perovskite para o futuro brilhante das células solares". Livro publicado

Lambert Academic Publishing, Omni - Scriptum, GmbH and Co. KG, julho 2024.

ISBN: 978-620-7-995462.

Agradecimentos

Estamos ajoelhados em obediência a ALÁ, agradecendo-Lhe por me ter mostrado o caminho certo. Sem a ajuda de Deus, os nossos esforços ter-se-iam perdido. Foi com a graça de Deus que conseguimos alcançar este grande feito. Agradecemos também a uma pessoa que amamos muito, o Profeta Maomé (que Deus o louve e lhe dê paz).

Gostaríamos também de expressar a nossa mais profunda gratidão a:

- Nuclear Materials Authority, Cairo, Egito.
Funcionário dos diferentes sectores.

- Women College for Arts, Science, and Education, Ain-shams University, Cairo, Egito
Membros do pessoal do Departamento de Física e do Laboratório de Investigação em Eletrónica.

- Centro Nacional de Investigação e Tecnologia das Radiações, Cairo, Egito
Membros do pessoal do Departamento de Física das Radiações.

- Membros do pessoal do Centro Egípcio de Estudos Económicos, Investigação Científica e Ambiental e Desenvolvimento.

Resumo

Uma rede neuronal é um grupo de unidades interligadas, designadas por neurónios, que enviam sinais umas às outras. Os neurónios podem ser células biológicas ou modelos matemáticos. Embora os neurónios individuais sejam simples, muitos deles juntos numa rede podem executar tarefas complexas. Existem dois tipos principais de redes neuronais.

- Em neurociência, uma rede neuronal biológica é uma estrutura física encontrada em cérebros e sistemas nervosos complexos - uma população de células nervosas ligadas por sinapses.
- Na aprendizagem automática, uma rede neuronal artificial é um modelo matemático utilizado para aproximar funções não lineares. As redes neuronais artificiais são utilizadas para resolver problemas de inteligência artificial.
- As redes neuronais são utilizadas para resolver problemas de inteligência artificial, tendo assim encontrado aplicações em muitas disciplinas, incluindo a modelação preditiva, o controlo adaptativo, o reconhecimento facial, o reconhecimento da escrita manual, o jogo geral e a IA generativa.

Os neurónios de uma rede neuronal artificial estão normalmente dispostos em camadas, passando a informação da primeira camada (a camada de entrada) através de uma ou mais camadas intermédias (camadas ocultas) para a camada final (a camada de saída). O "sinal" de entrada para cada neurónio é um número, especificamente uma combinação linear das saídas dos neurónios ligados na camada anterior. O sinal de saída de cada neurónio é calculado a partir deste número, de acordo com a sua função de ativação. O comportamento da rede depende dos pontos fortes (ou pesos) das ligações entre os neurónios. Uma rede é treinada modificando esses pesos por meio de minimização de risco empírico ou retropropagação para se ajustar a algum conjunto de dados preexistente...

A computação neuronal é o processamento de informação efectuado por redes de neurónios. A computação neuronal está associada à tradição filosófica conhecida como teoria computacional da mente, também designada por computacionalismo, que defende a tese de que a computação neuronal explica a cognição. Os primeiros a propor uma descrição da atividade neuronal como sendo computacional foram Warren McCullock e Walter Pitts no seu artigo seminal de 1943, A Logical Calculus of the Ideas Immanent in Nervous Activity.

Palavras-chave

Rede neural, grupo, unidades, interconectadas, chamadas, neurónios, que, enviam, sinal, outro. Ou, células, biológicas, ou, modelos, matemáticos, enquanto, neurónios, individuais, simples, muitos, juntos, rede, podem, executar, tarefas, complexas, aqui estão, dois, principais, tipos, neurociência, rede neural biológica, estrutura, física, encontrada, cérebros, sistemas nervosos complexos, população, células, nervosas, conectadas, sinapses, aprendizagem, de, máquinas, rede neural artificial, modelo, matemático, usado, para, aproximar, funções não lineares, redes neurais artificiais, usadas, para, resolver, problemas, de, inteligência, artificial, contexto, da, biologia, neurónios, biológicos, quimicamente, ligados, uns, aos, outros, sinapses, determinado, neurónio, pode, estar, ligado, a, centenas, milhares, de sinapses, cada, neuro, envia, e, recebe, sinais, electroquímicos, chamados, ação, vizinhos conectados, servem, papel excitatório, amplificando, e propagando sinais, recebe, papel inibitório, suprimindo sinais em vez, populações, interconectadas, de neurónios, mais, pequenos, do, que, chamados, circuitos neurais, muito, grandes, redes, interconectadas, chamadas, redes cerebrais de grande escala, muitos, destes, juntos, formam, cérebros, sistemas nervosos, sinais gerados, eventualmente, viajam, através, do, sistema, nervoso, através, das, junções, neuromusculares, células, musculares, onde, causam, a, contração, do, movimento, de, aprendizagem, de, máquina, modelo, matemático, artificial, usado, para, aproximar, funções, não-lineares, enquanto, as, primeiras, redes, neurais, artificiais, máquinas, físicas, hoje, são, quase, sempre, implementadas, em, software, normalmente, organizadas em camadas, formação, passando, da, primeira camada, camada de entrada, através, de, uma, mais, camadas intermédias, camadas ocultas, camada final, a camada de saída, sinal, especificamente, combinação linear, saídas, neurónios ligados, camada anterior, sinal, cada, neurónio saídas, calculadas, a partir, do, número, de, acordo, com, a função de ativação, comportamento, rede, depende, forças, pesos, conexões, entre, rede, treinada, modificando, estes, pesos, através, de, minimização de risco empírico, back-pro-pagation, a fim, de, encaixar, algum conjunto de dados pré-existente, resolver problemas, inteligência artificial, assim, encontrou, aplicações, em muitas, disciplina, incluindo, modelagem preditiva, controle adaptativo, reconhecimento facial, reconhecimento de escrita, jogo geral, IA generativa, design diferente baseado em convolução, proposto, aplicação, decomposição, eletromiografia unidimensional, sinais convoluídos, via, de-convolução, design, modificado, design baseado em de-convolução, arquitetura feed-forward, convolucional, alargada, pirâmide de abstração neural, ligações laterais e feed-back, resultantes, recorrente, convolucional, rede, permite, flexível, incorporação, contextual, informação, iterativamente, resolver, local, ambigüidades, contraste, modelos anteriores, saídas semelhantes a imagens, mais alta resolução, geradas, segmentação semântica, reconstrução de imagens, e tarefas de localização de objetos, avanço, necessário, rápido, implementações, unidades de processamento gráfico.

Índice

Capítulo (1)

Redes Neuronais e Computação

1.1. Trabalho novo neural

Uma rede neuronal é um grupo de unidades interligadas, designadas por neurónios, que enviam sinais umas às outras. Os neurónios podem ser células biológicas ou modelos matemáticos. Embora os neurónios individuais sejam simples, muitos deles juntos numa rede podem executar tarefas complexas. Existem dois tipos principais de redes neuronais.

- Em neurociência, uma rede neural biológica é uma estrutura física encontrada em cérebros e sistemas nervosos complexos - uma população de células nervosas ligadas por sinapses.
- Na aprendizagem automática, uma rede neuronal artificial é um modelo matemático utilizado para aproximar funções não lineares. As redes neuronais artificiais são utilizadas para resolver problemas de inteligência artificial.

1.2. Em Biologia

No contexto da biologia, uma rede neuronal é uma população de neurónios biológicos ligados quimicamente uns aos outros por sinapses. Um determinado neurónio pode estar ligado a centenas de milhares de sinapses [1]. Cada neurónio envia e recebe sinais electroquímicos chamados potenciais de ação para os seus vizinhos ligados. Um neurónio pode ter um papel excitatório, amplificando e propagando os sinais que recebe, ou um papel inibitório, suprimindo os sinais [1].

As populações de neurónios interligados que são mais pequenas do que as redes neuronais são designadas por circuitos neuronais. As redes interligadas muito grandes são designadas por redes cerebrais de grande escala e muitas delas formam o cérebro e os sistemas nervosos.

Os sinais gerados pelas redes neuronais no cérebro acabam por viajar através do sistema nervoso e das junções neuromusculares até às células musculares, onde provocam a contração e, consequentemente, o movimento [2].

1.3.   Em Aprendizagem automática

Na aprendizagem automática, uma rede neuronal é um modelo matemático artificial utilizado para aproximar funções não lineares. Embora as primeiras redes neuronais artificiais fossem máquinas físicas [3], atualmente são quase sempre implementadas em software.

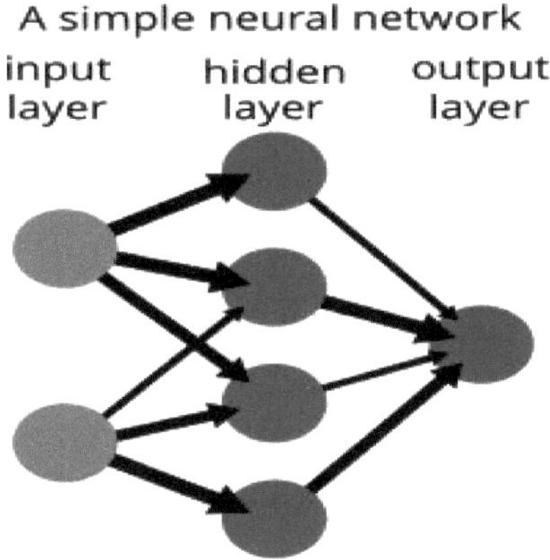

Esquema de uma rede neural artificial simples com alimentação direta.

Os neurónios de uma rede neuronal artificial estão normalmente organizados em camadas, passando a informação da primeira camada (a camada de entrada) através de uma ou mais camadas intermédias (camadas ocultas) para a camada final (a camada de saída) [4]. O "sinal" de entrada para cada neurónio é um número, especificamente uma combinação linear das saídas dos neurónios ligados na camada anterior. O sinal de saída de cada neurónio é calculado a partir deste número, de acordo com a sua função de ativação. O comportamento da rede depende dos pontos fortes (ou pesos) das ligações entre os neurónios. Uma rede é treinada modificando esses pesos através da minimização do risco empírico ou da retropropagação, a fim de se ajustar a um conjunto de dados pré-existente [5].

As redes neuronais são utilizadas para resolver problemas de inteligência artificial, tendo assim encontrado aplicações em muitas disciplinas, incluindo a modelação preditiva, o controlo adaptativo, o reconhecimento facial, o reconhecimento da escrita manual, o jogo geral e a IA generativa.

1.4. História

A base teórica das redes neuronais contemporâneas foi proposta independentemente por Alexander Bain em 1873 [6] e William James em 1890 [7]. Ambos defendiam que o pensamento humano surgia das interações entre um grande número de neurónios no interior do cérebro. Em 1949, Donald Hebb descreveu a aprendizagem hebbiana, a ideia de que as redes neuronais podem mudar e aprender ao longo do tempo, reforçando uma sinapse sempre que um sinal a percorre [8].

As redes neuronais artificiais foram originalmente utilizadas para modelar redes neuronais biológicas a partir dos anos 30, sob a abordagem do conexionismo. No entanto, a partir da invenção do perceptron, uma rede neuronal artificial simples, por Warren McCulloch e Walter Pitts em 1943 [9], seguida da implementação de uma rede em hardware por Frank Rosenblatt em 1957 [3], as redes neuronais artificiais passaram a ser cada vez mais utilizadas em aplicações de aprendizagem automática, e cada vez mais diferentes das suas congéneres biológicas.

1.5.. Computação neural
1.5.1. Prefácio

A computação neuronal é o processamento de informação efectuado por redes de neurónios. A computação neuronal está associada à tradição filosófica conhecida como teoria computacional da mente, também designada por computacionalismo, que defende a tese de que a computação neuronal explica a cognição. Os primeiros a propor uma descrição da atividade neuronal como sendo computacional foram Warren McCullock e Walter Pitts no seu artigo seminal de 1943, A Logical Calculus of the Ideas Immanent in Nervous Activity.

Existem três ramos gerais do computacionalismo, incluindo o classicismo, o conexionismo e a neurociência computacional. Todos os três ramos concordam que a cognição é computação, mas discordam quanto aos tipos de computação que constituem a cognição. A tradição do classicismo considera que a computação no cérebro é digital, análoga à computação digital. Tanto o conexionismo como a neurociência computacional não exigem que as computações que realizam a cognição sejam necessariamente computações digitais. No entanto, os dois ramos discordam bastante quanto aos tipos de dados experimentais que devem ser utilizados para construir modelos explicativos dos fenómenos cognitivos. Os conexionistas baseiam-se em provas comportamentais para construir modelos que expliquem os fenómenos cognitivos, ao passo que a neurociência computacional utiliza informação neuro-anatómica e neuro-fisiológica para construir modelos matemáticos que expliquem a cognição [10].

Ao comparar as três principais tradições da teoria computacional da mente, bem como as diferentes formas possíveis de computação no cérebro, é útil definir o que entendemos por computação num sentido geral. A computação é o processamento de informação, também conhecida como variáveis ou entidades, de acordo com um conjunto de regras. Neste sentido, uma regra é simplesmente uma instrução para executar uma manipulação no estado atual da variável, de modo a produzir um resultado específico. Por outras palavras, uma regra dita qual o resultado a produzir dado um determinado input para o sistema de computação. Um sistema de computação é um mecanismo cujos componentes devem ser organizados funcionalmente para processar a informação de acordo com o conjunto de regras estabelecido. Os tipos de informação processados por um sistema informático determinam o tipo de cálculos que este efectua. Tradicionalmente, na ciência cognitiva, têm sido propostos dois tipos de computação relacionados com a atividade neural - digital e analógica, com a grande maioria do trabalho teórico a incorporar uma compreensão digital da cognição. Os sistemas de computação que efectuam a computação digital estão organizados funcionalmente para executar operações em cadeias de dígitos, tendo em conta o tipo e a localização do dígito na cadeia. Tem-se argumentado que a sinalização do trem de picos neurais implementa alguma forma de computação digital, uma vez que os picos neurais podem ser considerados como unidades discretas ou dígitos, como 0 ou 1 - o neurónio ou dispara um potencial de ação ou não. Por conseguinte, os trens de picos neurais podem ser vistos como cadeias de dígitos. Em alternativa, os sistemas de computação analógicos efectuam manipulações em variáveis não discretas e irredutivelmente contínuas, ou seja, entidades que variam continuamente em função do tempo. Este tipo de operações é caracterizado por sistemas de equações diferenciais [10].

1.6. Referências

[1].   Shao, Feng; Shen, Zheng (9 de janeiro de 2022).
"Como é que as redes neuronais artificiais podem aproximar o cérebro?". Frente.
Psychol. 13: 970214.
[2].   Levitan, I.; Kaczmarek, L. (2015). "Comunicação intercelular".
The Neuron: Cell and Molecular Biology (4ª ed.). Nova Iorque, NY: Oxford
University Press. pp. 153-328. ISBN 978-0199773893.
[3].   Rosenblatt, F. (1958). "The Perceptron: Um modelo probabilístico para
Armazenamento e organização da informação no cérebro". Psicológico
Revista. 65 (6): 386-408. CiteSeerX 10.1.1.588.3775.
[4].   Bishop, Christopher M. (2006-08-17). Reconhecimento de padrões e máquinas
Aprendizagem. Nova Iorque: Springer. ISBN 978-0-387-31073-2.
[5].   Vapnik, Vladimir N.; Vapnik, Vladimir Naumovich (1998). A natureza da
teoria da aprendizagem estatística (2ª ed. impressa corrigida). Nova Iorque, Berlim
Heidelberg: Springer. ISBN 978-0-387-94559-0.
[6].   Bain (1873). Mind and Body: The Theories of Their Relation. New York:
D. Appleton and Company.
[7].   James (1890). The Principles of Psychology. Nova Iorque: H. Holt and
Empresa.
[8].   Hebb, D. (1949). The Organization of Behavior. New York: Wiley & Sons.
[9].   McCulloch, W; Pitts, W (1943).
"Um cálculo lógico de ideias imanentes na atividade nervosa". Boletim de
Biofísica Matemática. 5 (4): 115-133.
[10]. Piccinini, Gualtiero; Bahar, Sonya (2013). "Computação Neural e a

Teoria Computacional da Cognição". Ciência Cognitiva. 37 (3): 453-488.

<h1 style="text-align:center">Capítulo (2)
Rede Neural Convencional (CNN)</h1>

2.1. Prefácio

Uma rede neural convolucional (CNN) é um tipo regularizado de rede neural feed-forward que aprende caraterísticas por si própria através da otimização do filtro (ou kernel). Van-
Os gradientes de ishing e os gradientes de explosão, observados durante a retropropagação em redes neurais anteriores, são evitados pelo uso de pesos regularizados em menos conexões [1, 2]. Por exemplo, para cada neurónio na camada totalmente conectada, seriam necessários 10 000 pesos para processar uma imagem com 100×100 pixels. No entanto, aplicando núcleos de convolução em cascata (ou correlação cruzada) [3, 4], são necessários apenas 25 neurónios para processar azulejos de tamanho 5x5 [5, 6]. As caraterísticas de camadas superiores são extraídas de janelas de contexto mais amplas, em comparação com as caraterísticas de camadas inferiores. Têm aplicações em:

- reconhecimento de imagem e vídeo [7]
- sistemas de recomendação [8]
- classificação de imagens,
- segmentação de imagens,
- análise de imagens médicas,
- processamento de linguagem natural [9]
- interfaces cérebro-computador [10] e
- séries cronológicas financeiras [11]

As CNN são também conhecidas como redes neuronais artificiais invariantes ao deslocamento ou invariantes ao espaço (SIANN), com base na arquitetura de peso partilhado dos núcleos de convolução ou filtros que deslizam ao longo das caraterísticas de entrada e fornecem respostas invariantes à translação, conhecidas como mapas de caraterísticas [12, 13]. Contra-intuitivamente, a maior parte das redes neuronais convolucionais não são invariantes à tradução, devido à operação de redução da amostragem que aplicam à entrada [14].

As redes neuronais feed-forward são normalmente redes totalmente ligadas, ou seja, cada neurónio de uma camada está ligado a todos os neurónios da camada seguinte. A "conetividade total" destas redes torna-as propensas a um ajuste excessivo dos dados. As formas típicas de regularização, ou de prevenção do sobreajuste, incluem: penalizar os parâmetros durante o treino (como o decaimento do peso) ou aparar a conetividade (ligações ignoradas, abandono, etc.). Conjuntos de dados robustos também aumentam a probabilidade de as CNN aprenderem os princípios generalizados que caracterizam um determinado conjunto de dados, em vez de aprenderem os preconceitos de um conjunto mal povoado [15].

As redes convolucionais foram inspiradas em processos biológicos [16-19], na medida em que o padrão de conetividade entre os neurónios se assemelha à organização do córtex visual animal. Os neurónios corticais individuais respondem a estímulos apenas numa região restrita do campo visual, conhecida como campo recetivo.

As CNN utilizam relativamente pouco pré-processamento em comparação com outros algoritmos de classificação de imagens. Isto significa que a rede aprende a otimizar os filtros (ou núcleos) através de aprendizagem automática, ao passo que nos algoritmos tradicionais estes filtros são concebidos manualmente. Esta independência do conhecimento prévio e da intervenção humana na extração de caraterísticas é uma grande vantagem.

2.2.   Arquitetura

LeNet

Image: 28 (height) × 28 (width) × 1 (channel)

↓

Convolution with 5×5 kernel+2padding:28×28×6
↓ sigmoid
Pool with 2×2 average kernel+2 stride:14×14×6

↓

Convolution with 5×5 kernel (no pad):10×10×16
↓ sigmoid
Pool with 2×2 average kernel+2 stride: 5×5×16
↓ flatten
Dense: 120 fully connected neurons
↓ sigmoid
Dense: 84 fully connected neurons
↓ sigmoid
Dense: 10 fully connected neurons

↓

Output: 1 of 10 classes

AlexNet

Image: 224 (height) × 224 (width) × 3 (channels)

↓

Convolution with 11×11 kernel+4 stride:54×54×96
↓ ReLu
Pool with 3×3 max. kernel+2 stride: 26×26×96

↓

Convolution with 5×5 kernel+2 pad:26×26×256
↓ ReLu
Pool with 3×3 max.kernel+2stride:12×12×256

↓

Convolution with 3×3 kernel+1 pad:12×12×384
↓ ReLu
Convolution with 3×3 kernel+1 pad:12×12×384
↓ ReLu
Convolution with 3×3 kernel+1 pad:12×12×256
↓ ReLu
Pool with 3×3 max.kernel+2stride:5×5×256
↓ flatten
Dense: 4096 fully connected neurons
↓ ReLu, dropout p=0.5
Dense: 4096 fully connected neurons
↓ ReLu, dropout p=0.5
Dense: 1000 fully connected neurons

↓

Output: 1 of 1000 classes

Comparação das camadas de convolução, pooling e densa da LeNet e da AlexNet
(o tamanho da imagem da AlexNet deve ser 227×227×3, em vez de 224×224×3, para que a matemática fique correta. O artigo original referia números diferentes, mas Andrej Karpathy, o diretor de

**visão computacional da Tesla, disse que deveria ser 227×227×3
(disse que Alex não descreveu a razão pela qual colocou
224×224×3).**

Uma rede neuronal convolucional é constituída por uma camada de entrada, camadas ocultas e uma camada de saída. Numa rede neuronal convolucional, as camadas ocultas incluem uma ou mais camadas que efectuam convoluções. Normalmente, isto inclui uma camada que efectua um produto escalar do núcleo da convolução com a matriz de entrada da camada. Este produto é normalmente o produto interno de Frobenius, e a sua função de ativação é normalmente ReLU. À medida que o núcleo da convolução desliza ao longo da matriz de entrada da camada, a operação de convolução gera um mapa de caraterísticas, que por sua vez contribui para a entrada da camada seguinte. Seguem-se outras camadas, como as camadas de pooling, as camadas totalmente conectadas e as camadas de normalização. Neste ponto, deve notar-se a proximidade entre uma rede neural convolucional e um filtro combinado [20].

2.3. Camadas convolucionais

Numa CNN, a entrada é um tensor com forma:

**(número de entradas) × (altura da entrada) × (largura da entrada)
× (canais de entrada)**

Depois de passar por uma camada convolucional, a imagem é abstraída para um mapa de caraterísticas, também chamado mapa de ativação, com forma:

**(número de entradas) × (altura do mapa de elementos geográficos)
× (largura do mapa de elementos geográficos) × (canais do mapa de
elementos geográficos).**

As camadas convolucionais convolvem a entrada e passam o seu resultado para a camada seguinte. Isto é semelhante à resposta de um neurónio no córtex visual a um estímulo específico [21]. Cada neurónio convolucional processa dados apenas para o seu campo recetivo.

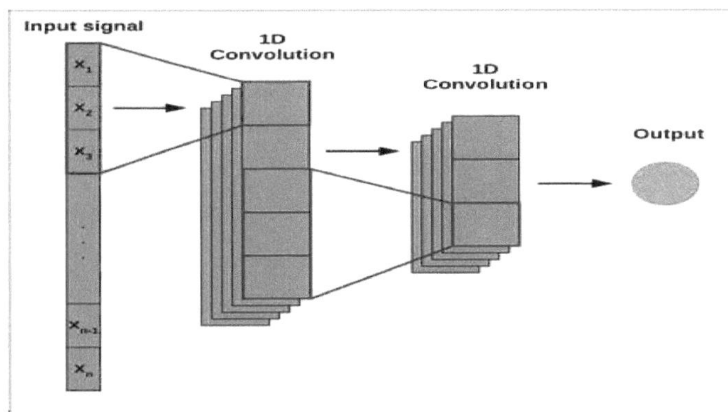

Exemplo de rede neural convolucional 1D feed forward

Embora as redes neuronais feed-forward totalmente ligadas possam ser utilizadas para aprender caraterísticas e classificar dados, esta arquitetura é geralmente impraticável para entradas maiores (por exemplo, imagens de alta resolução), o que exigiria um número enorme de neurónios porque cada pixel é uma caraterística de entrada relevante. Uma camada totalmente conectada para uma imagem de tamanho 100×100 tem 10.000 pesos para cada neurónio na segunda camada. A convulsão reduz o número de parâmetros livres, permitindo que a rede seja mais profunda [5]. Por exemplo, a utilização de uma região de mosaicos 5×5, cada um com os mesmos pesos partilhados, requer apenas 25 neurónios. A utilização de pesos regularizados sobre menos parâmetros evita os problemas de gradientes que desaparecem e gradientes que explodem, observados durante a retropropagação em redes neurais anteriores [1, 2]. Para acelerar o processamento, as camadas convolucionais padrão podem ser substituídas por camadas convolucionais separáveis por profundidade [22], que se baseiam numa convolução por profundidade seguida de uma convolução por pontos. A convolução em profundidade é uma convolução espacial aplicada independentemente em cada canal do tensor de entrada, enquanto a convolução pontual é uma convolução padrão restrita à utilização de .

2.3.1. Camadas de pooling

As redes convolucionais podem incluir camadas de agrupamento locais e/ou globais juntamente com as camadas convolucionais tradicionais. As camadas de agrupamento reduzem as dimensões dos dados, combinando as saídas dos grupos de neurónios de uma camada num único neurónio da camada seguinte. O agrupamento local combina pequenos agrupamentos, sendo normalmente utilizados tamanhos de mosaico como 2 × 2. O agrupamento global actua em todos os neurónios do mapa de caraterísticas [23, 24]. Há dois tipos comuns de agrupamento em uso popular: máximo e médio.

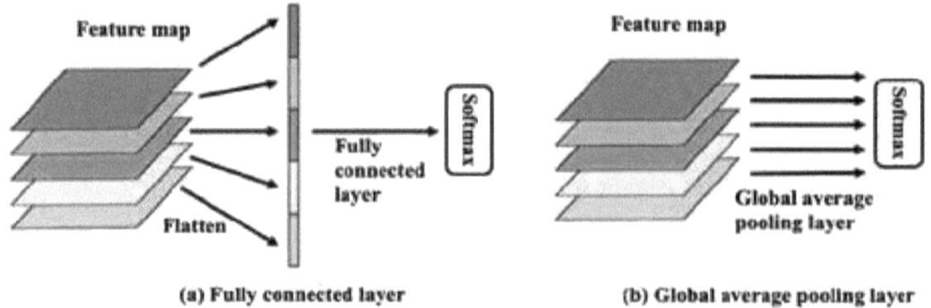

(a) Fully connected layer   (b) Global average pooling layer

O agrupamento máximo utiliza o valor máximo de cada grupo local de neurónios no mapa de caraterísticas [25, 26], enquanto o agrupamento médio utiliza o valor médio.

2.3.2. Camadas totalmente ligadas

As camadas totalmente ligadas ligam cada neurónio de uma camada a cada neurónio de outra camada. É o mesmo que uma rede neuronal tradicional de perceptrão multicamada (MLP). A matriz achatada passa por uma camada totalmente ligada para classificar as imagens.

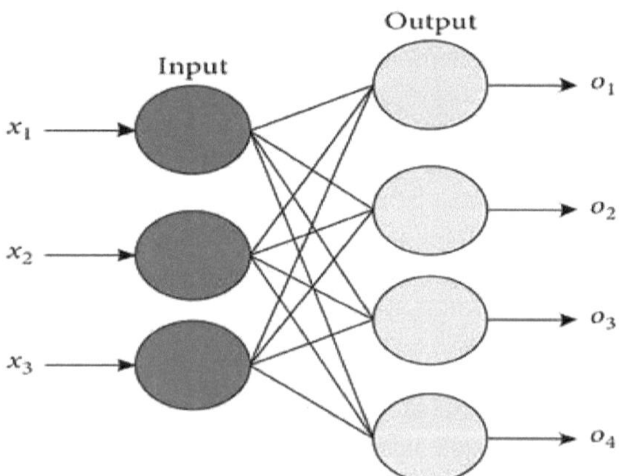

2.4. Campo Recetivo

Nas redes neuronais, cada neurónio recebe dados de um certo número de localizações na camada anterior. Em uma camada convolucional, cada neurônio recebe entrada apenas de uma área restrita da camada anterior, chamada de campo recetivo do neurônio. Normalmente, a área é um quadrado (por exemplo, 5 por 5 neurónios). Enquanto que, numa camada totalmente conectada, o campo recetivo é toda a camada anterior. Assim, em cada camada convolucional, cada neurónio recebe entrada de uma área maior na entrada do que nas camadas anteriores. Isto deve-se à aplicação repetida da convolução, que tem em conta o valor de um pixel, bem como os pixéis circundantes. Ao utilizar camadas dilatadas, o número de pixels no campo recetivo permanece constante, mas o campo é mais escassamente povoado à medida que as suas dimensões aumentam ao combinar o efeito de várias camadas.

Receptive Field

* Area is monitored by a single receptor cell
* The <u>larger</u> the receptive field, the more difficult it is to localize a stimulus

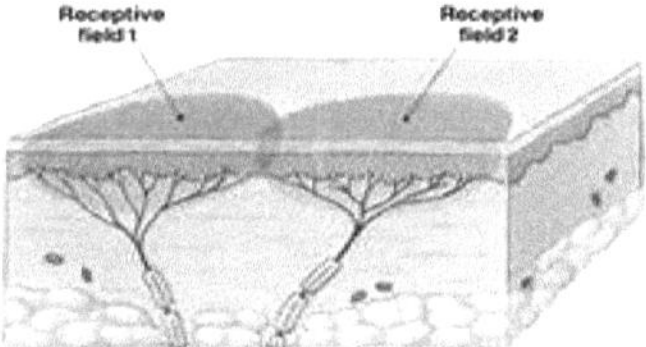

Para manipular o tamanho do campo recetivo conforme desejado, existem algumas alternativas à camada convolucional padrão. Por exemplo, a convolução atrous ou dilatada [27, 28] expande o tamanho do campo recetivo sem aumentar o número de parâmetros, intercalando regiões visíveis e cegas. Além disso, uma única camada convolucional dilatada pode incluir filtros com vários racios de dilatação [29], tendo assim um tamanho de campo recetivo variável.

2.4.1. Pesos

Cada neurónio de uma rede neuronal calcula um valor de saída aplicando uma função específica aos valores de entrada recebidos do campo recetivo na camada anterior. A função que é aplicada aos valores de entrada é determinada por um vetor de pesos e uma polarização (normalmente números reais). A aprendizagem consiste em ajustar iterativamente estes enviesamentos e pesos.

Os vectores de pesos e polarizações são designados por filtros e representam caraterísticas parciais da entrada (por exemplo, uma forma específica). Uma caraterística distintiva das CNNs é que muitos neurónios podem partilhar o mesmo filtro. Isto reduz o espaço de memória porque uma única polarização e um único vetor de pesos são utilizados em todos os campos receptivos que partilham esse filtro, em vez de cada campo recetivo ter a sua própria polarização e vetor de ponderação [30].

2.5. História

As CNN são frequentemente comparadas com a forma como o cérebro efectua o processamento da visão nos organismos vivos [31].

2.6. Campos Receptivos no Córtex Visual

Os trabalhos de Hubel e Wiesel nas décadas de 1950 e 1960 mostraram que os córtices visuais dos gatos contêm neurónios que respondem individualmente a pequenas regiões do campo visual. Desde que os olhos não estejam em movimento, a região do espaço visual em que os estímulos visuais afectam o disparo de um único neurónio é conhecida como o seu campo recetivo [32]. As células vizinhas têm campos receptivos semelhantes e sobrepostos. O tamanho e a localização do campo recetivo variam sistematicamente no córtex para formar um mapa completo do espaço visual. O córtex de cada hemisfério representa o campo visual contralateral. O seu artigo de 1968 identificou dois tipos básicos de células visuais no cérebro [17]:

- células simples, cuja produção é maximizada por arestas rectas com orientações específicas no seu campo recetivo
- células complexas, que têm campos receptivos maiores, cuja saída é insensível à posição exacta dos bordos no campo.

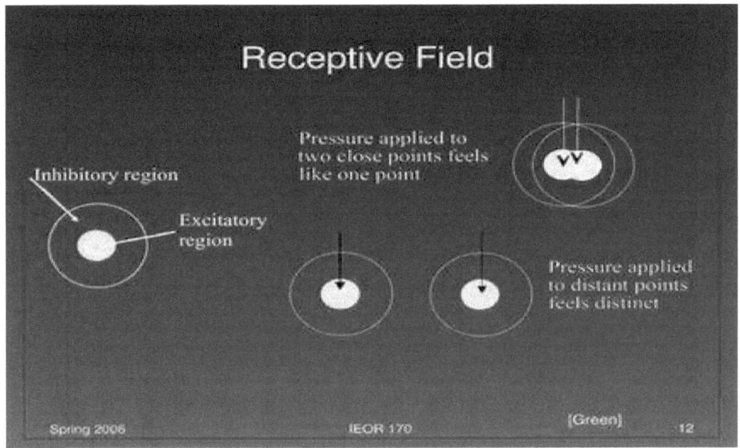

Hubel e Wiesel propuseram também um modelo em cascata destes dois tipos de células para utilização em tarefas de reconhecimento de padrões [33, 34].

2.7. Neocognitron, origem da arquitetura CNN

O "neocognitron" [16] foi introduzido por Kunihiko Fukushima em 1980 [18, 26, 34]. Foi inspirado no trabalho acima mencionado de Hubel e Wiesel. O neocognitron introduziu os dois tipos básicos de camadas:

- "Camada S": uma camada de campo recetivo de pesos partilhados, mais tarde conhecida como camada convolucional, que contém unidades cujos campos receptivos cobrem uma parte da camada anterior. Um grupo de campos receptivos de pesos partilhados (um "plano" na terminologia neo-cognitora) é frequentemente designado por filtro, e uma camada tem tipicamente vários filtros deste tipo.
- "Camada C": uma camada de amostragem descendente que contém unidades cujos campos receptivos cobrem manchas de camadas convolucionais anteriores. Esta unidade calcula tipicamente uma média ponderada das activações das unidades na sua área e aplica a inibição (normalização divisiva) agrupada a partir de uma área um pouco maior e através de diferentes filtros numa camada, e aplica uma função de saturação da ativação

Deep CNN Neocognitron
for Artificial Vision

Kunihiko Fukushima

fukushima@m.ieice.org

Em 1969, Fukushima introduziu a função de ativação ReLU (unidade linear retificada) [35, 36]. Não foi utilizada no seu neocognitron, uma vez que todos os pesos eram não-negativos; em vez disso, foi utilizada a inibição lateral. O retificador tornou-se a função de ativação mais popular para CNNs e redes neurais profundas em geral [37].

Numa variante do neocognitron denominada cresceptron, em vez de utilizar a média espacial de Fukushima com inibição e saturação, J. Weng et al. introduziram em 1993 um método denominado max-pooling, em que uma unidade de amostragem descendente calcula o máximo das activações das unidades na sua área de amostragem [38]. O max-pooling é frequentemente utilizado nas CNNs modernas [39].

Ao longo das décadas, foram propostos vários algoritmos de aprendizagem supervisionada e não supervisionada para treinar os pesos de uma neocognitora [16]. Atualmente, no entanto, a arquitetura da CNN é normalmente treinada através de retropropagação.

O neocognitron é a primeira ANN que exige que as unidades localizadas em várias posições da rede tenham pesos partilhados, uma caraterística das CNNs.

2.8. Convolução no tempo

O termo "convolução" aparece pela primeira vez nas redes neuronais num artigo de Toshiteru Homma, Les Atlas e Robert Marks II na primeira Conferência sobre Sistemas de Processamento de Informação

Neural, em 1987. O seu trabalho substituiu a multiplicação pela convolução no tempo, proporcionando inerentemente uma invariância de deslocação, motivada e ligada mais diretamente ao conceito de processamento de sinais de um filtro, e demonstrou-o numa tarefa de reconhecimento da fala [6]. Também salientaram que, como sistema treinável por dados, a convolução é essencialmente equivalente à correlação, uma vez que a inversão dos pesos não afecta a função final aprendida ("Por conveniência, denotamos * como correlação em vez de convolução. Note-se que a convolução de a(t) com b(t) é equivalente à correlação de a(-t) com b(t)") [6].

2.9. Redes Neuronais com Atraso de Tempo

A rede neural de atraso temporal (TDNN) foi introduzida em 1987 por Alex Waibel et al. para o reconhecimento de fonemas e foi uma das primeiras redes convolucionais, uma vez que alcançou a invariância de deslocação[40]. Uma TDNN é uma rede neural convolucional 1-D em que a convolução é efectuada ao longo do eixo temporal dos dados. É a primeira CNN que utiliza a partilha de pesos em combinação com um treino por descida de gradiente, utilizando a retropropagação [41]. Assim, apesar de também utilizar uma estrutura piramidal como no neocognitron, efectuou uma otimização global dos pesos em vez de uma otimização local [40].

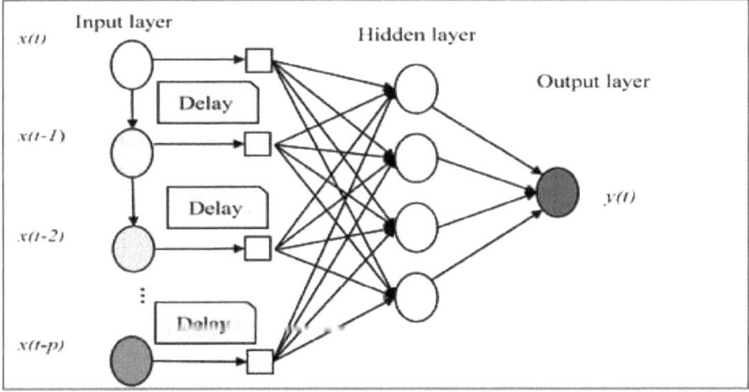

As TDNNs são redes convolucionais que partilham pesos ao longo da dimensão temporal [42]. Estas redes permitem que os sinais de fala sejam processados de forma invariante no tempo. Em 1990, Hampshire e Waibel introduziram uma variante que efectua uma convolução bidimensional [43]. Uma vez que estas TDNNs operavam em espectrogramas, o sistema de reconhecimento de fonemas resultante era invariante tanto a mudanças de tempo como de frequência, como acontece com as imagens processadas por um neocognitron. As TDNNs melhoraram o desempenho do reconhecimento de fala a longa distância [44].

2.10. Reconhecimento de imagens com CNNs treinadas por Gradient Descent

Denker et al. (1989) conceberam um sistema CNN 2-D para reconhecer números de código postal escritos à mão [45]. No entanto, a falta de um método de treino eficiente para determinar os coeficientes de kernel das convoluções envolvidas significou que todos os coeficientes tiveram de ser laboriosamente desenhados à mão [46].

Na sequência dos progressos registados na formação de CNNs 1-D por Waibel et al. (1987), Yann LeCun et al. (1989) [46] utilizaram a retropropagação para aprender os coeficientes do núcleo de convo-lução diretamente a partir de imagens de números escritos à mão. A aprendizagem foi assim totalmente automática, teve um melhor desempenho do que a conceção manual dos coeficientes e foi adequada a uma gama mais vasta de problemas de reconhecimento de imagens e de tipos de imagens. Wei Zhang et al. (1988) [12, 13] utilizaram a retropropagação para treinar os núcleos de convolução de uma CNN para o reconhecimento de alfabetos. O modelo foi designado por rede neural de reconhecimento de padrões invariantes de deslocação antes de o nome CNN ter sido cunhado mais tarde, no início da década de 1990. Wei Zhang et al. também aplicaram a mesma CNN, sem a última camada totalmente conectada, à segmentação de objectos em imagens médicas (1991) [47] e à deteção de cancro da mama em mamografias (1994) [48].

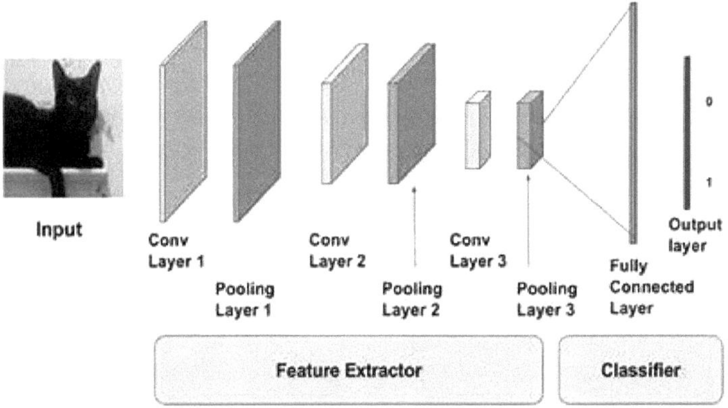

2.11. Pooling máximo

Em 1990, Yamaguchi et al. introduziram o conceito de max pooling, uma operação de filtragem fixa que calcula e propaga o valor máximo de uma determinada região. Fizeram-no combinando TDNNs com max pooling para realizar um sistema de reconhecimento de palavras isoladas independente do locutor [25]. No seu sistema, utilizaram várias TDNNs por palavra, uma para cada sílaba. Os resultados de cada TDNN sobre o sinal de entrada foram combinados utilizando max pooling e as saídas das camadas de pooling foram então passadas para as redes que efectuam a classificação real das palavras.

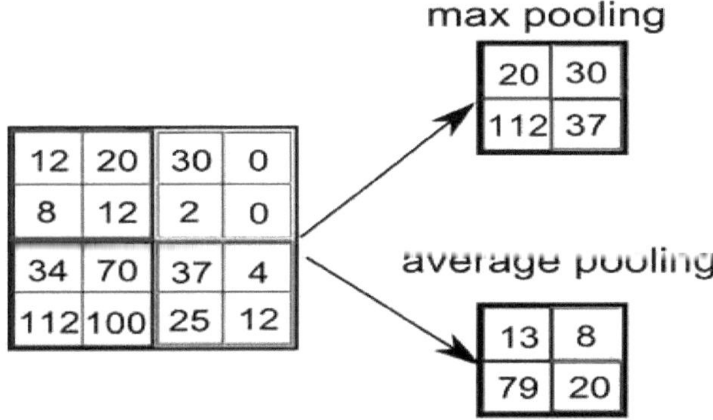

2.12. LeNet-5

A LeNet-5, uma rede convolucional pioneira de 7 níveis criada por LeCun et al. em 1995 [49], classifica números escritos à mão em cheques digitalizados em imagens de 32x32 pixéis. A capacidade de processar imagens de maior resolução requer camadas maiores e mais camadas de redes neuronais convolucionais, pelo que esta técnica é limitada pela disponibilidade de recursos informáticos.

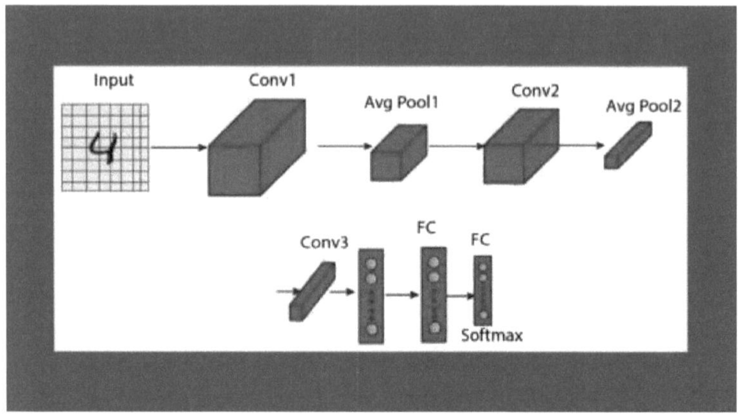

Era superior a outros sistemas comerciais de leitura de cheques de cortesia (a partir de 1995). O sistema foi integrado nos sistemas de leitura de cheques da NCR e instalado em vários bancos americanos desde junho de 1996, lendo milhões de cheques por dia [50].

2.13. Rede Neural Variante de Deslocamento

Em 1988, Wei Zhang et al. propuseram uma rede neural shift-invariante para o reconhecimento de caracteres de imagem [12, 13]. É um Neocognitron modificado, mantendo apenas as interconexões convolucionais entre as camadas de caraterísticas de imagem e a última camada totalmente conectada. O modelo foi treinado com retropropagação. O algoritmo de treino foi aperfeiçoado em 1991 [51] para melhorar a sua capacidade de generalização. A arquitetura do modelo foi modificada através da remoção da última camada totalmente conectada e aplicada à segmentação de imagens médicas (1991) [47] e à deteção automática de cancro da mama em mamografias (1994) [48].

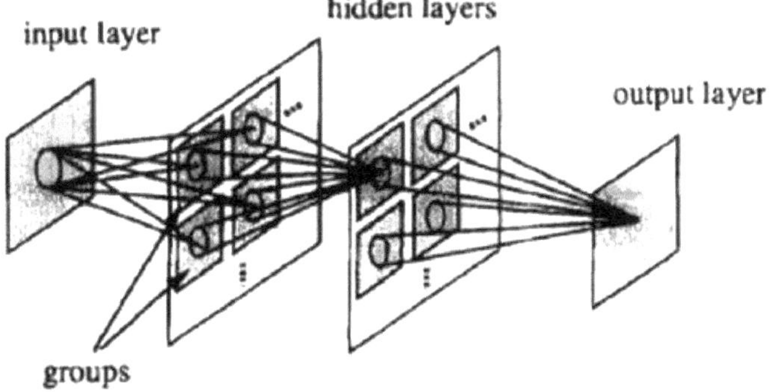

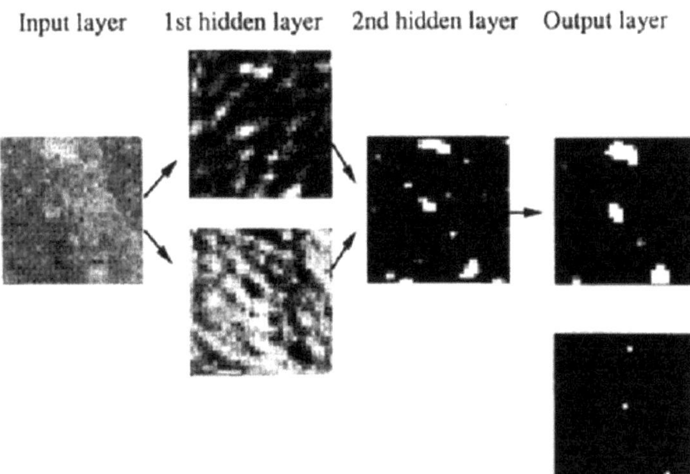

Em 1988, foi proposta uma conceção diferente baseada na convolução [52] para aplicação à decomposição de sinais convolutos de eletromiografia unidimensional através da de-convolução. Este projeto foi modificado em 1989 para outros projectos baseados na de-convolução [53, 54].

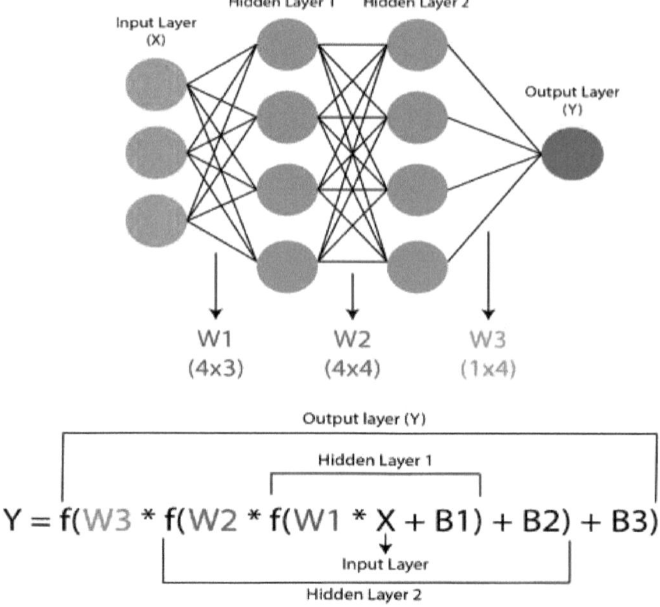

$$Y = f(W3 * f(W2 * f(W1 * X + B1) + B2) + B3)$$

2.14. Pirâmide de abstração neural

A arquitetura feed-forward das redes neuronais convolucionais foi alargada na pirâmide de abstração neuronal [55] através de ligações laterais e de feedback. A rede convolucional recorrente resultante permite a incorporação flexível de informação contextual para resolver iterativamente ambiguidades locais. Em contraste com os modelos anteriores, foram gerados resultados semelhantes a imagens na resolução mais elevada, por exemplo, para tarefas de segmentação semântica, reconstrução de imagens e localização de objectos.

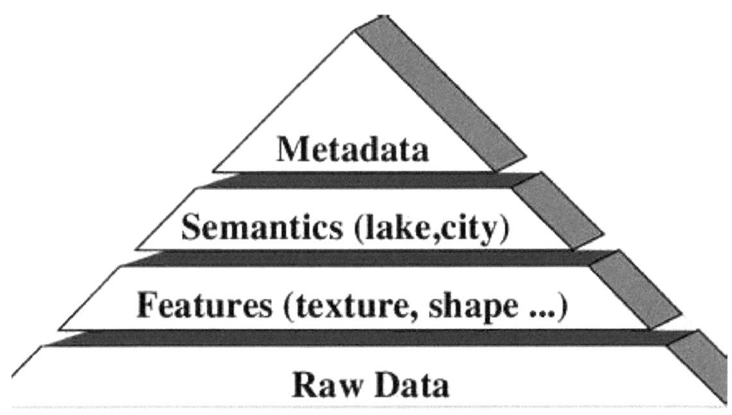

Pirâmide de abstração neural

2.15. Implementações de GPU

Embora as CNNs tenham sido inventadas na década de 1980, o seu avanço na década de 2000 exigiu implementações rápidas em unidades de processamento gráfico (GPUs). Em 2004, K. S. Oh e K. Jung demonstraram que as redes neuronais padrão podem ser muito aceleradas em GPUs. A sua implementação foi 20 vezes mais rápida do que uma implementação equivalente em CPU [56]. Em 2005, outro artigo também realçou o valor da GPGPU para a aprendizagem automática [57].

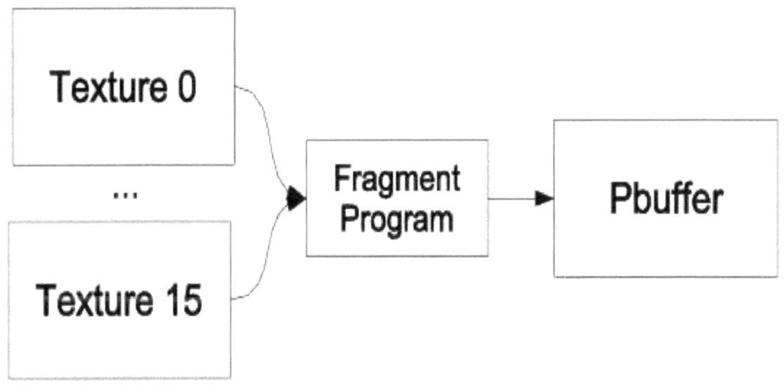

A primeira implementação em GPU de uma CNN foi descrita em 2006 por K. Chellapilla et al. A sua implementação foi 4 vezes mais rápida do que uma implementação equivalente em CPU [58]. Os trabalhos subsequentes também utilizaram GPUs, inicialmente para outros tipos de redes neuronais (diferentes das CNNs), especialmente redes neuronais não supervisionadas [59-62].

Em 2010, Dan Ciresan et al. no IDSIA mostraram que mesmo as redes neurais padrão profundas com muitas camadas podem ser rapidamente treinadas em GPU por aprendizagem supervisionada através do antigo método conhecido como retropropagação. A sua rede superou os métodos de aprendizagem automática anteriores no teste de referência de dígitos manuscritos MNIST [63]. Em 2011, estenderam esta abordagem GPU às CNNs, conseguindo um fator de aceleração de 60, com resultados impressionantes [23]. Em 2011, utilizaram essas CNNs em GPU para ganhar um concurso de reconhecimento de imagem, onde alcançaram pela primeira vez um desempenho sobre-humano [64]. Entre 15 de maio de 2011 e 30 de setembro de 2012, as suas CNNs ganharam nada menos do que quatro concursos de imagem [65]. Em 2012, também melhoraram significativamente o melhor desempenho na literatura para múltiplas bases de dados de imagens, incluindo a base de dados MNIST, a base de dados NORB, o conjunto de dados HWDB1.0 (caracteres chineses) e o conjunto de dados CIFAR10 (conjunto de dados de 60000 imagens RGB rotuladas 32x32) [26].

Posteriormente, uma CNN semelhante baseada em GPU, criada por Alex Krizhevsky et al., venceu o ImageNet Large Scale Visual Recognition Challenge 2012 [66]. Uma CNN muito profunda com mais de 100 camadas da Microsoft venceu o concurso ImageNet 2015 [67].

2.16. Implementações Intel Xeon Phi

Em comparação com o treinamento de CNNs usando GPUs, não foi dada muita atenção ao coprocessador Intel Xeon Phi [68]. Um desenvolvimento notável é um método de paralelização para treinar redes neurais convolucionais no Intel Xeon Phi, denominado Controlled Hogwild with Arbitrary Order of Synchronization (CHAOS) [69].

2.17. Caraterísticas distintivas

No passado, os modelos tradicionais de perceptrão multicamada (MLP) eram utilizados para o reconhecimento de imagens. No entanto, a conetividade total entre os nós causava a maldição da dimensionalidade e era computacionalmente intratável com imagens de maior resolução. Uma imagem de 1000×1000 pixels com canais de cor RGB tem 3 milhões de pesos por neurónio totalmente ligado, o que é demasiado elevado para ser processado eficazmente à escala.

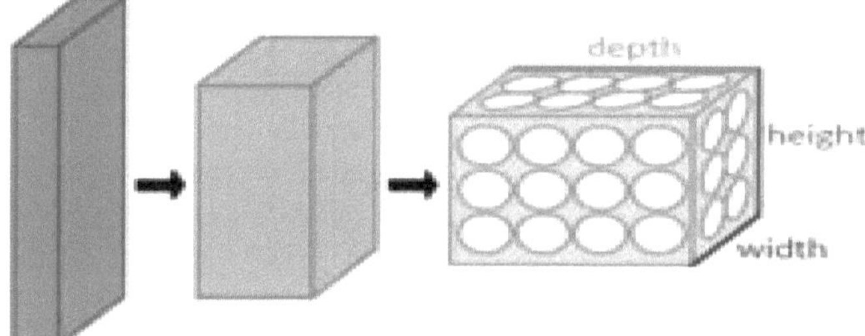

Camadas CNN dispostas em 3 dimensões

Por exemplo, no CIFAR-10, as imagens têm apenas o tamanho 32×32×3 (32 de largura, 32 de altura, 3 canais de cor), pelo que um único neurónio totalmente ligado na primeira camada oculta de uma rede neural normal teria 32*32*3 = 3.072 pesos. Uma imagem de 200×200, no entanto, levaria a neurónios com 200*200*3 = 120.000 pesos.

Além disso, esta arquitetura de rede não tem em conta a estrutura espacial dos dados, tratando os pixels de entrada que estão afastados da mesma forma que os pixels que estão próximos. Isto ignora a localidade de referência em dados com uma topologia de grelha (como as imagens), tanto em termos computacionais como semânticos. Assim, a conetividade total dos neurónios é um desperdício para fins como o reconhecimento de imagens, que são dominados por padrões de entrada espacialmente locais.

As redes neurais convolucionais são variantes dos perceptrons multicamadas, concebidas para emular o comportamento de um córtex visual. Estes modelos atenuam os desafios colocados pela arquitetura MLP, explorando a forte correlação espacial local presente nas imagens naturais. Ao contrário das MLPs, as CNNs têm as seguintes caraterísticas distintivas:

- Volumes 3D dos neurónios. As camadas de uma CNN têm neurónios dispostos em 3 dimensões: largura, altura e profundidade [70]. Cada neurónio dentro de uma camada convolucional está ligado apenas a uma pequena região da camada anterior, designada por campo recetivo. Tipos distintos de camadas, tanto localmente como completamente ligadas, são empilhadas para formar uma arquitetura CNN.
- Conectividade local: seguindo o conceito de campos receptivos, as CNN exploram a localidade espacial, impondo um padrão de conetividade local entre os neurónios de camadas adjacentes. A arquitetura assegura assim que os "filtros" aprendidos produzem a resposta mais forte a um padrão de entrada espacialmente local. O empilhamento de muitas destas camadas conduz a filtros não lineares que se tornam cada vez mais globais (ou seja, respondem a uma região maior do espaço de píxeis), de modo que a rede começa por criar representações de pequenas partes da entrada e, a partir delas, monta representações de áreas maiores.
- Pesos partilhados: Nas CNNs, cada filtro é replicado em todo o campo visual. Estas unidades replicadas partilham a mesma parametrização (vetor de peso e polarização) e formam um mapa de caraterísticas. Isto significa que todos os neurónios de uma determinada camada convolucional respondem à mesma caraterística dentro do seu campo de resposta específico. A replicação de unidades desta forma permite que o mapa de ação resultante seja equívoco sob deslocações das localizações das caraterísticas de entrada no campo visual, ou seja, garantem equívoco translacional - dado que a camada tem um passo de um [71].

- Agrupamento (pooling): Nas camadas de agrupamento de uma CNN, os mapas de caraterísticas são divididos em sub-regiões rectangulares, e as caraterísticas em cada retângulo são independentemente reduzidas a um único valor, normalmente tomando o seu valor médio ou máximo. Para além de reduzir o tamanho dos mapas de caraterísticas, a operação de agrupamento confere um grau de invariância translacional local às caraterísticas neles contidas, permitindo que a CNN seja mais robusta a variações nas suas posições [14].

Em conjunto, estas propriedades permitem que as CNNs obtenham uma melhor generalização dos problemas de visão. A partilha de pesos reduz drasticamente o número de parámetros livres aprendidos, diminuindo assim os requisitos de memória para o funcionamento da rede e permitindo o treino de redes maiores e mais potentes.

2.18. Blocos de construção

A arquitetura de uma CNN é formada por uma pilha de camadas distintas que transformam o volume de entrada num volume de saída (por exemplo, contendo as pontuações das classes) através de uma função diferenciável. São normalmente utilizados alguns tipos distintos de camadas. Estes são discutidos mais adiante.

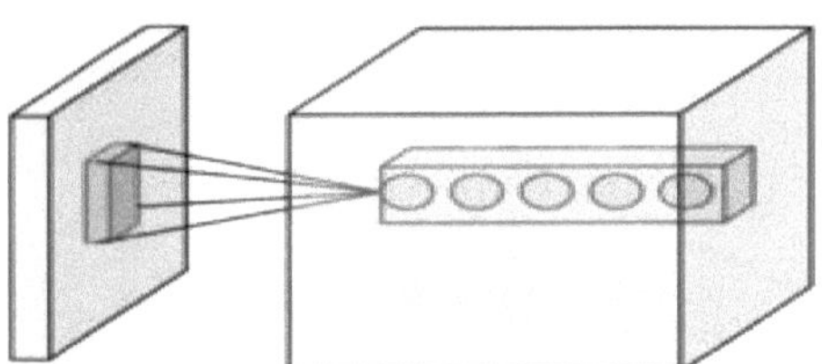

**Neurónios de uma camada convolucional (azul), ligados a
o seu campo recetivo (vermelho).**

2.19. Camada convolucional

A camada convolucional é o elemento central de uma CNN. Os parámetros da camada consistem num conjunto de filtros aprendíveis (ou kernels), que têm um pequeno campo recetivo, mas que se estendem por toda a profundidade do volume de entrada. Durante a passagem para a frente, cada filtro é envolvido na largura e na altura do volume de entrada, calculando o produto escalar entre as entradas do filtro e a entrada, produzindo um mapa de ativação bidimensional desse filtro. Como resultado, a rede aprende filtros que são activados quando detecta um tipo específico de caraterística numa determinada posição espacial na entrada [72].

O empilhamento dos mapas de ativação de todos os filtros ao longo da dimensão de profundidade forma o volume total de saída da camada de convolução. Assim, cada entrada no volume de saída pode também ser interpretada como uma saída de um neurónio que analisa uma pequena região na entrada. Cada entrada num mapa de ativação utiliza o mesmo conjunto de parâmetros que definem o filtro.

2.20. Conectividade local

Quando se lida com entradas de elevada dimensão, como imagens, é impraticável ligar os neurónios a todos os neurónios do volume anterior, porque essa arquitetura de rede não tem em conta a estrutura espacial dos dados. As redes convolucionais exploram a correlação espacial local, impondo um padrão de conetividade local esparso entre neurónios de camadas adjacentes: cada neurónio está ligado apenas a uma pequena região do volume de entrada.

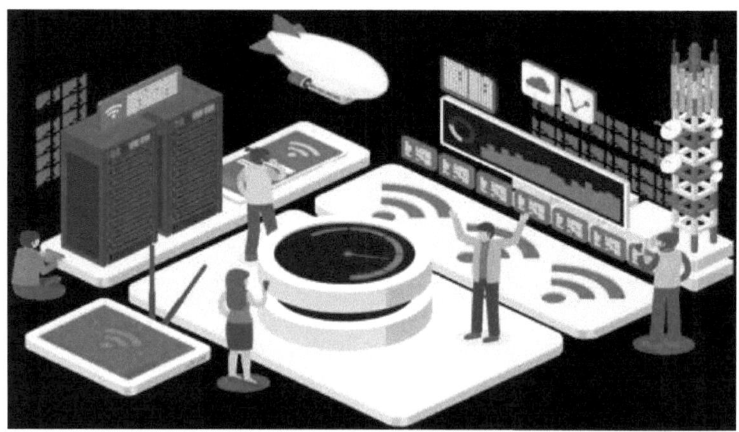

Arquitetura típica de uma CNN

A extensão desta conetividade é um hiper-parâmetro designado por campo recetivo do neurónio. As ligações são locais no espaço (ao longo da largura e da altura), mas estendem-se sempre ao longo de toda a profundidade do volume de entrada. Esta arquitetura garante que os filtros aprendidos (inglês britânico: learnt) produzem a resposta mais forte a um padrão de entrada espacialmente local.

2.21. Disposição espacial

Três hiperparâmetros controlam o tamanho do volume de saída da camada convolucional: a profundidade, a passada e o tamanho do preenchimento:

- A profundidade do volume de saída controla o número de neurónios de uma camada que se ligam à mesma região do volume de entrada. Estes neurónios aprendem a ativar-se para diferentes caraterísticas na entrada. Por exemplo, se a primeira camada convolucional receber a imagem em bruto como entrada, então diferentes neurónios ao longo da dimensão de profundidade podem ser activados na presença de várias arestas orientadas ou manchas de cor.
- O stride controla a profundidade com que as colunas em torno da largura e da altura são alocadas. Se o stride for 1, então movemos os filtros um pixel de cada vez. Isto leva a uma forte sobreposição dos campos receptivos entre as colunas e a grandes volumes de saída. Para qualquer número inteiro um stride S significa que o filtro é transposto S unidades de cada vez por saída. Na prática, raro. Um maior stride significa menor sobreposição de campos receptivos e menores dimensões espaciais do volume de saída[73].
- Por vezes, é conveniente preencher a entrada com zeros (ou outros valores, como a média da região) na fronteira do volume de entrada. O tamanho deste preenchimento é um terceiro hiper-parâmetro. O preenchimento permite controlar a dimensão espacial do volume de saída. Em particular, por vezes é desejável preservar exatamente a dimensão espacial do volume de entrada, o que é normalmente designado por preenchimento "igual".

O tamanho espacial do volume de saída é uma função do tamanho do volume de entrada $\square$, do tamanho do campo do neurónios da camada convolucional, do stride e da quantidade de preenchimento zero fronteira. O número de neurónios que "cabem" num determinado volume é entãoSe este número não for um número inteiro, então os strides estão incorrectos e os neurónios não podem ser colocados em mosaico para se ajustarem ao volume de entrada de forma simétrica. Em geral, definir o preenchimento zero como o stride é que o volume de entrada e o volume de saída terão o mesmo tamanho espacialmente. No entanto, nem sempre é totalmente necessário utilizar todos os neurónios da camada anterior. Por exemplo, um projetista de rede neural pode decidir usar apenas uma parte do preenchimento.

2.22. Partilha de parâmetros

É utilizado um esquema de partilha de parâmetros nas camadas convolucionais para controlar o número de parâmetros livres. Este esquema baseia-se no pressuposto de que, se uma caraterística de uma mancha é útil para computar numa determinada posição espacial, então também deve ser útil para computar noutras posições. Denotando uma única fatia bidimensional de profundidade como uma fatia de profundidade, os neurónios em cada fatia de profundidade são obrigados a usar os mesmos pesos e polarização.

Uma vez que todos os neurónios numa única fatia de profundidade partilham os mesmos parâmetros, a passagem para a frente em cada fatia de profundidade da camada convolucional pode ser calculada como uma convolução dos pesos do neurónio com o volume de entrada. Por conseguinte, é comum referir-se aos conjuntos de pesos como um filtro (ou um kernel), que é convolucionado com a entrada. O resultado desta convolução é um mapa de ativação, e o conjunto de mapas de ativação para cada filtro diferente é empilhado ao longo da dimensão de profundidade para produzir o volume de saída. A partilha de parâmetros contribui para a invariância da tradução da arquitetura da CNN [14].

Por vezes, a hipótese de partilha de parâmetros pode não fazer sentido. Este é especialmente o caso quando as imagens de entrada para uma CNN têm uma estrutura centrada específica; para a qual esperamos que caraterísticas completamente diferentes sejam aprendidas em diferentes localizações espaciais. Um exemplo prático é quando as entradas são rostos que foram centrados na imagem: podemos esperar que diferentes caraterísticas específicas dos olhos ou do cabelo sejam aprendidas em diferentes partes da imagem. Nesse caso, é comum relaxar o esquema de partilha de parâmetros e, em vez disso, chamar simplesmente à camada uma "camada ligada localmente".

2.23. Camada de Pooling

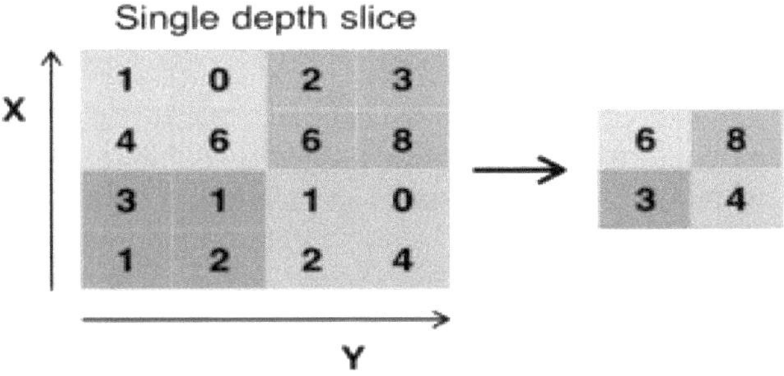

Max pooling com um filtro 2x2 e stride = 2

Outro conceito importante das CNNs é o agrupamento, que é uma forma de amostragem descendente não linear. Existem várias funções não lineares para implementar o agrupamento, sendo o agrupamento máximo a mais comum. Esta função divide a imagem de entrada num conjunto de rectângulos e, para cada uma dessas sub-regiões, produz o máximo.

Intuitivamente, a localização exacta de uma caraterística é menos importante do que a sua localização aproximada em relação a outras caraterísticas. É esta a ideia subjacente à utilização do agrupamento nas redes neuronais convolucionais. A camada de agrupamento serve para reduzir progressivamente a dimensão espacial da representação, para reduzir o número de parâmetros, o espaço de memória e a quantidade de computação na rede e, por conseguinte, para controlar também o sobreajuste. Este processo é conhecido como "down-sampling". É comum inserir periodicamente uma camada de pooling entre camadas convolucionais sucessivas (cada uma tipicamente seguida de uma função de ativação, como uma camada ReLU) numa arquitetura CNN [72]. Embora as camadas de agrupamento contribuam para a invariância de tradução local, não proporcionam invariância de tradução global numa CNN, a menos que seja utilizada uma forma de agrupamento global [71]. A camada de agrupamento opera normalmente de forma independente em cada profundidade, ou fatia, da entrada e redimensiona-a espacialmente. Uma forma muito comum de max pooling é uma camada com filtros de tamanho 2×2, aplicados com um stride de 2, que subamostram cada fatia de profundidade na entrada por 2 ao longo da largura e da altura, descartando 75% das ativações

Para além do max pooling, as unidades de pooling podem utilizar outras funções, como o average pooling ou o ℓ2-norm pooling. Historicamente, o agrupamento médio era frequentemente utilizado, mas recentemente caiu em desuso em comparação com o agrupamento máximo, que geralmente tem um melhor desempenho na prática [74].

Devido aos efeitos da rápida redução espacial do tamanho da representação, existe uma tendência recente para a utilização de filtros mais pequenos [75] ou para a eliminação total das camadas de pooling [76].

Agrupamento de RdI para tamanho 2x2. Neste exemplo, a proposta de região (um parâmetro de entrada) tem uma dimensão de 7x5.

O agrupamento "Região de interesse" (também conhecido como agrupamento RoI) é uma variante do agrupamento máximo, em que o tamanho da saída é fixo e o retângulo de entrada é um parâmetro.

O pooling é um método de redução da amostragem e um componente importante das redes neuronais convolucionais para a deteção de objectos com base na arquitetura Fast R-CNN [77].

2.23.1. Pooling máximo de canais

Uma camada de operação de agrupamento máximo de canais (CMP) efectua a operação MP ao longo do lado do canal entre as posições correspondentes dos mapas de imagens consecutivos com o objetivo de eliminar informações redundantes. O CMP faz com que as caraterísticas significativas se reúnam num menor número de canais, o que é importante para a classificação de imagens de grão fino que necessitam de caraterísticas mais discriminantes. Entretanto, outra vantagem da operação CMP é tornar o número de canais dos mapas de caraterísticas mais pequeno antes de se ligar à primeira camada totalmente ligada (FC). Semelhante à operação MP, denotamos os mapas de caraterísticas de

entrada e os mapas de caraterísticas de saída de uma camada CMP como
F ∈ R(C×M×N) e C ∈ R(c×M×N), respetivamente, onde C e c são os
números de canais dos mapas de caraterísticas de entrada e saída, M e N
são as larguras e a altura dos mapas de caraterísticas, respetivamente.
Note-se que a operação CMP apenas altera o número de canal dos mapas
de elementos caraterísticos. A largura e a altura dos mapas de
caraterísticas não são alteradas, o que é diferente da operação MP [78].

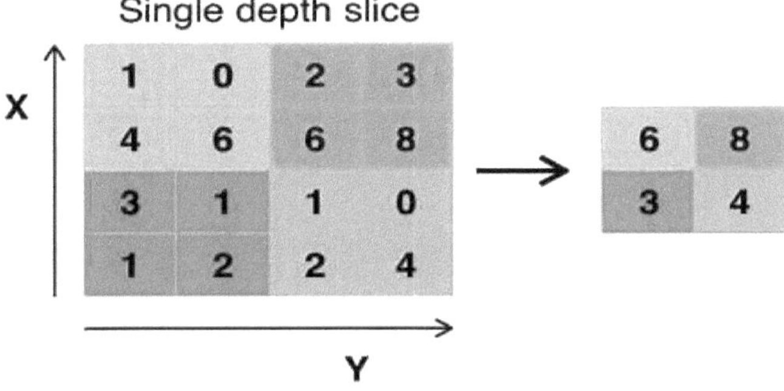

2.23.2.   Camada ReLU

ReLU é a abreviatura de unidade linear rectificada introduzida por
Kunihiko Fukushima em 1969 [35, 36]. A ReLU aplica a função de
ativação não-saturante [66]. Remove efetivamente os valores negativos
de um mapa de ativação, colocando-os a zero [79]. Introduz não
linearidade na função de decisão e na rede global sem afetar os campos
receptivos das camadas de convolução. Em 2011, Xavier Glorot, Antoine
Bordes e Yoshua Bengio descobriram que a ReLU permite um melhor
treino de redes mais profundas [80], em comparação com as funções de
ativação amplamente utilizadas antes de 2011.

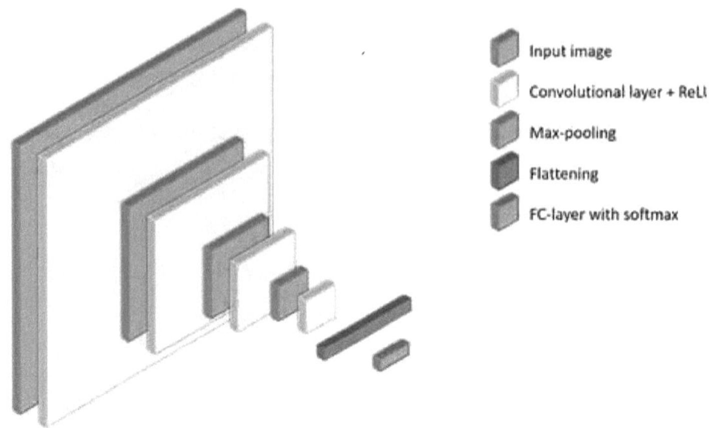

Outras funções também podem ser utilizadas para aumentar a não linearidade, por exemplo, a tangente hiperbólica saturada e a função sigmoide. ReLU é frequentemente preferida a outras funções porque treina a rede neural várias vezes mais rápido sem uma penalização significativa para a precisão da generalização [81].

2.23.3.   Camada totalmente conectada

Após várias camadas convolucionais e de agrupamento máximo, a classificação final é efectuada através de camadas totalmente ligadas. Os neurónios de uma camada totalmente conectada têm ligações a todas as activações da camada anterior, como se vê nas redes neuronais artificiais regulares (não-convolucionais). As suas activações podem, assim, ser calculadas como uma transformação afim, com multiplicação de matrizes seguida de um desvio de polarização (adição de um termo de polarização aprendido ou fixo).

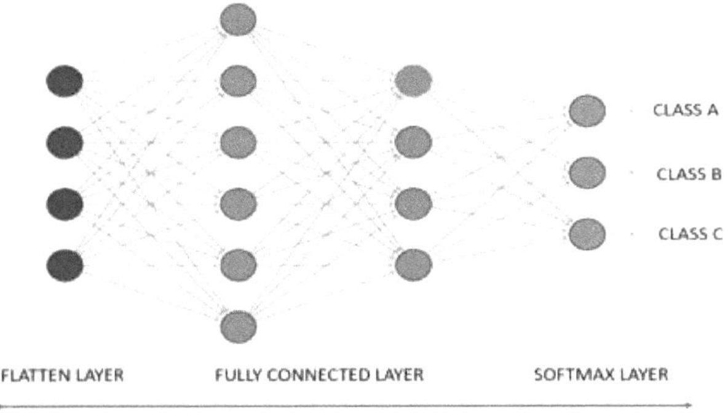

2.23.4. Camada de perdas

A "camada de perda", ou "função de perda", especifica como o treinamento penaliza o desvio entre a saída prevista da rede e os rótulos de dados verdadeiros (durante o aprendizado supervisionado). Podem ser utilizadas várias funções de perda, consoante a tarefa específica.

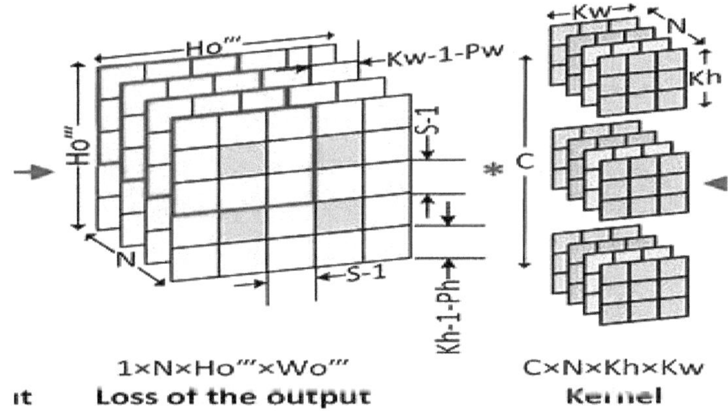

A função de perda Soft-max é utilizada para prever uma única classe de K classes mutuamente exclusivas. A perda de entropia cruzada sigmoide é utilizada para prever K valores de probabilidade independentes em . A perda euclidiana é utilizada para regredir para etiquetas de valor real.

2.24. Hiperparâmetros

Os hiperparâmetros são várias definições que são utilizadas para controlar o processo de aprendizagem. As CNN utilizam mais hiperparâmetros do que um perceptron multicamadas normal.

2.24.1. Tamanho do kernel

O kernel é o número de pixéis processados em conjunto. É normalmente expresso como as dimensões do kernel, por exemplo, 2x2, ou 3x3.

2.24.2. Acolchoamento

O preenchimento é a adição de pixels (normalmente) com valor 0 nas bordas de uma imagem. Isto é feito de modo a que os pixéis de fronteira não sejam subvalorizados (perdidos) na saída, porque normalmente participariam apenas numa única instância do campo recetivo. O preenchimento aplicado é normalmente um valor inferior à dimensão do núcleo correspondente. Por exemplo, uma camada convolucional que utilize núcleos 3x3 receberia um preenchimento de 2 pixéis, ou seja, 1 pixel de cada lado da imagem.

2.24.3. Stride

O stride é o número de pixéis que a janela de análise move em cada iteração. Um stride de 2 significa que cada kernel é deslocado 2 pixéis em relação ao seu antecessor.

2.24.4. Número de filtros

Uma vez que o tamanho do mapa de caraterísticas diminui com a profundidade, as camadas próximas da camada de entrada tendem a ter menos filtros, enquanto as camadas superiores podem ter mais. Para igualar o cálculo em cada camada, o produto dos valores das caraterísticas va com a posição do pixel é mantido praticamente constante em todas as camadas. Para preservar mais informações sobre a entrada, seria necessário manter o número total de activações (número de mapas de caraterísticas vezes o número de posições de píxeis) não decrescente de uma camada para a seguinte.

O número de mapas de caraterísticas controla diretamente a capacidade e depende do número de exemplos disponíveis e da complexidade da tarefa.

2.24.5.   Tamanho do filtro

Os tamanhos de filtro comuns encontrados na literatura variam muito e são normalmente escolhidos com base no conjunto de dados.

O desafio consiste em encontrar o nível correto de granularidade, de modo a criar abstracções à escala adequada, tendo em conta um conjunto de dados específico, e sem se ajustar excessivamente.

2.25. Tipo e dimensão do agrupamento

Normalmente, é utilizado o agrupamento máximo, muitas vezes com uma dimensão 2x2. Isto implica que a entrada é drasticamente reduzida, reduzindo o custo de processamento.

Um maior agrupamento reduz a dimensão do sinal e pode resultar numa perda de informação inaceitável. Frequentemente, as janelas de agrupamento não sobrepostas têm melhor desempenho [74].

2.25.1.   Dilatação

A dilatação envolve ignorar os pixels dentro de um kernel. Isto reduz o processamento/memória potencialmente sem perda significativa de sinal. Uma dilatação de 2 num kernel 3x3 expande o kernel para 5x5, enquanto continua a processar 9 pixéis (uniformemente espaçados). Da mesma forma, a dilatação de 4 expande o kernel para 7x7.

2.25.2.   Equivariância de translação e aliasing

É commumente assumido que as CNNs são invariantes às deslocações da entrada. As camadas de convulsão ou de agrupamento dentro de uma CNN que não têm um stride superior a um são, de facto, equívocas às translações da entrada [71]. No entanto, as camadas com um stride superior a um ignoram o teorema de amostragem de Nyquist-Shannon e podem levar ao aliasing do sinal de entrada [71]. Embora, em princípio, as CNNs sejam capazes de implementar filtros anti-aliasing, observou-se que isso não acontece na prática [82] e produzem modelos que não são equívocos para as translações. Para além disso, se uma CNN utilizar camadas totalmente conectadas, a equivariância de tradução não implica invariância de tradução, uma vez que as camadas totalmente conectadas não são invariantes às deslocações da entrada [83]. Uma solução para a invariância de tradução completa consiste em evitar qualquer amostragem descendente em toda a rede e aplicar um agrupamento médio global na última camada [71]. Além disso, foram propostas várias outras soluções parciais, tais como anti-aliasing antes das operações de down-sampling [84], redes de transformadores espaciais [85], aumento, subamostragem combinada com pooling e cápsula [86].

2.25.3.   Avaliação

A exatidão do modelo final baseia-se numa subparte do conjunto de dados separada no início, frequentemente designada por conjunto de teste. Outras vezes são aplicados métodos como a validação cruzada k-fold. Outras estratégias incluem a utilização da previsão conforme[87][88].

2.26. Métodos de regularização

A regularização é um processo de introdução de informações adicionais para resolver um problema mal resolvido ou para evitar um ajuste excessivo. As CNNs utilizam vários tipos de regularização.

2.26.1. Empírico
2.26.1.1. Desistência

Uma vez que uma camada totalmente conectada ocupa a maior parte dos parâmetros, é propensa ao sobreajuste. Um método para reduzir o sobreajuste é o dropout, introduzido em 2014 [89]. Em cada estágio de treinamento, os nós individuais são "descartados" da rede (ignorados) com probabilidade mantidos com probabilidade□, de modo que uma rede reduzida é deixada; as bordas de entrada e saída para um nó descartado também são removidas. Apenas a rede reduzida é treinada com os dados nessa fase. Os nós removidos são então reinseridos na rede com os seus pesos originais.

Nas fases de formação, normalmente 0,5; para os nós de entrada, é normalmente muito mais elevado porque a informação é diretamente perdida quando os nós de entrada são ignorados.

No momento do teste, após o término do treinamento, o ideal seria encontrar uma média amostral de todas as possíveis redes ; infelizmente, isso não é viável para grandes valores de□. No entanto, podemos encontrar uma aproximação usando a rede completa com a saída de cada nó ponderada por um fator de □, de modo que o valor esperado da saída de qualquer nó é o mesmo que nos estágios de treinamento. Esta é a maior contribuição do método de abandono: embora ele efetivamente faça a classificação genética de redes neurais e, como tal, permita a combinação de modelos, no momento do teste, apenas uma única rede precisa ser testada.

Ao evitar treinar todos os nós em todos os dados de treino, o abandono diminui o excesso de ajuste. O método também melhora significativamente a velocidade de treino. Isto torna a combinação de modelos prática, mesmo para redes neurais profundas. A técnica parece reduzir as interações dos nós, levando-os a aprender caraterísticas mais robustas que se generalizam melhor a novos dados.

2.26.1.2. DropConnect

DropConnect é a generalização do dropout em que cada conexão, e não cada unidade de saída, pode ser descartada com probabilidade 1 - □. Assim, cada unidade recebe entrada de um subconjunto aleatório de unidades na camada anterior [90].

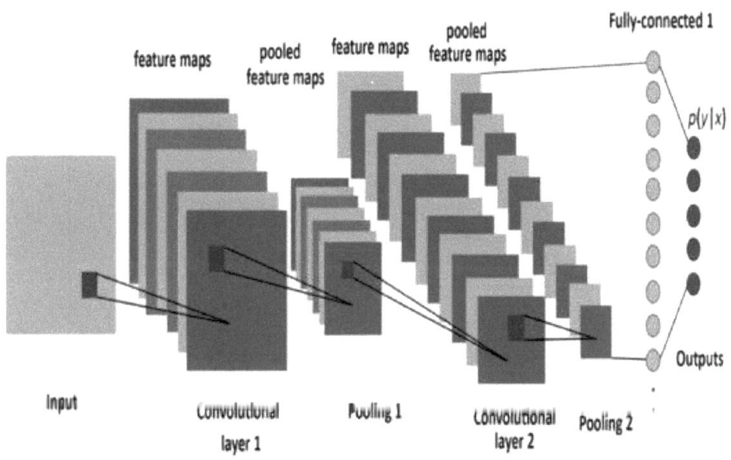

O DropConnect é semelhante ao dropout, uma vez que introduz uma esparsidade dinâmica no modelo, mas difere na medida em que a esparsidade está nos pesos, em vez de nos vectores de saída de uma camada. Por outras palavras, a camada totalmente ligada com

DropConnect torna-se uma camada escassamente ligada em que as ligações são escolhidas aleatoriamente durante a fase de treino.

2.26.2. Pooling estocástico

Uma grande desvantagem do Dropout é que não tem as mesmas vantagens para as camadas convolucionais, em que os neurónios não estão totalmente ligados.

Mesmo antes do Dropout, em 2013, uma técnica chamada pooling estocástico [91], as operações de pooling determinísticas convencionais foram substituídas por um procedimento estocástico, onde a ativação dentro de cada região de pooling é escolhida aleatoriamente de acordo com uma distribuição multinomial, dada pelas actividades dentro da região de pooling. Esta abordagem é livre de hiper-parâmetros e pode ser combinada com outras abordagens de regularização, como o abandono e o aumento de dados.

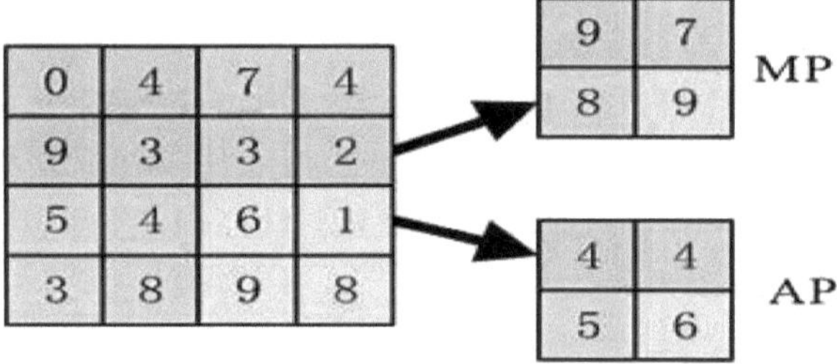

Uma visão alternativa do agrupamento estocástico é que ele é equivalente ao agrupamento máximo padrão, mas com muitas cópias de uma imagem de entrada, cada uma com pequenas deformações locais. Isto é semelhante às deformações elásticas explícitas das imagens de entrada [92], o que proporciona um excelente desempenho no conjunto de dados MNIST [92]. A utilização do agrupamento estocástico num modelo multicamada dá um número exponencial de deformações, uma vez que as selecções nas camadas superiores são independentes das camadas inferiores.

2.27. Dados artificiais

Como o grau de sobreajuste do modelo é determinado tanto pela sua potência como pela quantidade de treino que recebe, fornecer a uma rede convolucional mais exemplos de treino pode reduzir o sobreajuste. Como muitas vezes não há dados suficientes disponíveis para treinar, especialmente considerando que alguma parte deve ser poupada para testes posteriores, duas abordagens são gerar novos dados a partir do zero ou perturbar os dados existentes para criar novos dados. Esta última é utilizada desde meados da década de 1990 [49]. Por exemplo, as imagens de entrada podem ser cortadas, rodadas ou redimensionadas para criar novos exemplos com as mesmas etiquetas que o conjunto de treino original [93].

2.28. Explícito
2.28.1.　Paragem antecipada

Um dos métodos mais simples para evitar o sobreajuste de uma rede é simplesmente interromper o treinamento antes que o sobreajuste tenha tido a chance de ocorrer. A desvantagem é que o processo de aprendizagem é interrompido.

2.28.2.　Número de parâmetros

Outra forma simples de evitar o ajuste excessivo é limitar o número de parâmetros, normalmente limitando o número de unidades ocultas em cada camada ou limitando a profundidade da rede. No caso das redes convolucionais, o tamanho do filtro também afecta o número de parâmetros. A limitação do número de parâmetros restringe diretamente o poder de previsão da rede, reduzindo a complexidade da função que esta pode executar nos dados e limitando assim a quantidade de sobreajustes. Isto é equivalente a uma "norma zero".

2.28.3.　Decaimento do peso

Uma forma simples de regularizador adicionado é o decaimento do peso, que simplesmente acrescenta um erro adicional, proporcional à soma dos pesos (norma L1) ou à magnitudes ao quadrado (norma L2) do vetor de peso, ao erro em cada nó. O nível de complexidade aceitável do modelo pode ser reduzido aumentando a constante de proporcionalidade (hiperparâmetro "alfa"), aumentando assim a penalização para grandes vectores de peso.

A regularização L2 é a forma mais comum de regularização. Pode ser implementada penalizando a magnitude ao quadrado de todos os parâmetros diretamente no objetivo. A regularização L2 tem a interpretação intuitiva de penalizar fortemente os vectores de peso com picos e preferir vectores de peso difusos. Devido às interações multiplicativas entre os pesos e as entradas, isto tem a propriedade útil de incentivar a rede a utilizar um pouco todas as suas entradas em vez de muito algumas delas.

A regularização L1 também é comum. Ela torna os vetores de peso esparsos durante a otimização. Em outras palavras, os neurônios com regularização L1 acabam usando apenas um subconjunto esparso de suas entradas mais importantes e se tornam quase invariantes às entradas ruidosas. A regularização L1 com L2 pode ser combinada; isso é chamado de regularização de rede elástica.

2.28.4. Restrições da norma máxima

Outra forma de regularização é impor um limite superior absoluto sobre a magnitude do vetor de peso para cada neurônio e usar a descida do gradiente projetado para impor a restrição. Na prática, isso corresponde a realizar a atualização do parâmetro normalmente e, em seguida, impor a restrição fixando o vetor de peso cada neurônio para . Os valores típicos deda ordem de 3-4. Alguns trabalhos reportam melhorias[94] quando se usa esta forma de regularização.

2.28.5. Quadros de coordenadas hierárquicos

O agrupamento perde as relações espaciais precisas entre as partes de alto nível (como o nariz e a boca numa imagem de rosto). Estas relações são necessárias para o reconhecimento da identidade. A sobreposição dos pools, de modo a que cada caraterística ocorra em vários pools, ajuda a reter a informação. A tradução, por si só, não pode extrapolar a compreensão das relações geométricas para um ponto de vista radicalmente novo, como uma orientação ou escala diferente. Por outro lado, as pessoas são muito boas a extrapolar; depois de verem uma nova forma uma vez, conseguem reconhecê-la de um ponto de vista diferente [95].
Uma forma comum de lidar com este problema é treinar a rede com dados transformados em diferentes orientações, escalas, iluminação, etc.,

para que a rede possa lidar com estas variações. Este processo é computacionalmente intensivo para grandes conjuntos de dados. A alternativa é utilizar uma hierarquia de quadros de coordenadas e utilizar um grupo de neurónios para representar uma conjunção da forma da caraterística e da sua pose em relação à retina. A pose relativa à retina é a relação entre o quadro de coordenadas da retina e o quadro de coordenadas das caraterísticas intrínsecas[96].

Assim, uma forma de representar algo é incorporar o quadro de coordenadas no mesmo. Isto permite que grandes caraterísticas sejam reconhecidas utilizando a consistência das poses das suas partes (por exemplo, as poses do nariz e da boca fazem uma previsão consistente da pose de toda a face). Esta abordagem garante que a entidade de nível superior (por exemplo, a face) está presente quando as entidades de nível inferior (por exemplo, o nariz e a boca) concordam com a sua previsão da pose. Os vectores de atividade neuronal que representam a pose ("vectores de pose") permitem transformações espaciais modeladas como operações lineares que facilitam à rede a aprendizagem da hierarquia das entidades visuais e a generalização entre pontos de vista. Isto é semelhante à forma como o sistema visual humano impõe quadros de coordenadas para representar formas [97].

2.29. Aplicações
### 2.29.1.	Reconhecimento de imagens

As CNN são frequentemente utilizadas em sistemas de reconhecimento de imagens. Em 2012, foi registada uma taxa de erro de 0,23% na base de dados MNIST [26]. Outro artigo sobre a utilização de CNN para a classificação de imagens referiu que o processo de aprendizagem era "surpreendentemente rápido"; no mesmo artigo, os melhores resultados publicados até 2011 foram obtidos na base de dados MNIST e na base de dados NORB [23]. Posteriormente, uma CNN semelhante denominada Alexnet
[98] venceu o Desafio de Reconhecimento Visual em Grande Escala ImageNet 2012.

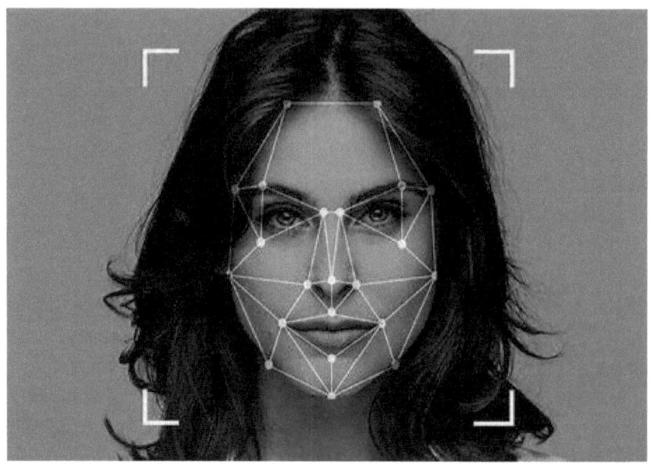

Quando aplicadas ao reconhecimento facial, as CNNs conseguiram uma grande diminuição da taxa de erro [99]. Outro documento comunicou uma taxa de reconhecimento de 97,6% em "5 600 imagens fixas de mais de 10 indivíduos". As CNN foram utilizadas para avaliar a qualidade do vídeo de forma objetiva após treino manual; o sistema resultante apresentou um erro quadrático médio muito baixo [100].

O ImageNet Large Scale Visual Recognition Challenge é uma referência na classificação e deteção de objectos, com milhões de imagens e centenas de classes de objectos. No ILSVRC 2014 [101], um desafio de reconhecimento visual em grande escala, quase todas as equipas bem classificadas utilizaram a CNN como estrutura de base. A vencedora GoogLeNet [102] (a base do DeepDream) aumentou a precisão média da deteção de objectos para 0,439329 e reduziu o erro de classificação para 0,06656, o melhor resultado até à data. A sua rede aplicou mais de 30 camadas. O desempenho das redes neuronais convolucionais nos testes ImageNet foi próximo do dos humanos [103]. Os melhores algoritmos ainda têm dificuldades com objectos pequenos ou finos, como uma pequena formiga num caule de uma flor ou uma pessoa segurando uma pena na mão. Também têm dificuldades com imagens que foram distorcidas com filtros, um fenómeno cada vez mais comum nas câmaras digitais modernas. Em contrapartida, este tipo de imagens raramente incomoda os humanos. Os humanos, no entanto, tendem a ter problemas com outras questões.

Em 2015, uma CNN de muitas camadas demonstrou a capacidade de detetar rostos de uma vasta gama de ângulos, incluindo de cabeça para baixo, mesmo quando parcialmente ocluídos, com um desempenho competitivo. A rede foi treinada numa base de dados de 200.000 imagens que incluíam rostos em vários ângulos e orientações e mais 20 milhões de imagens sem rostos. Foram utilizados lotes de 128 imagens ao longo de 50.000 iterações [104].

2.29.2.   Análise de vídeo

Em comparação com os domínios de dados de imagem, há relativamente pouco trabalho sobre a aplicação de CNNs à classificação de vídeo. O vídeo é mais complexo do que as imagens, uma vez que tem outra dimensão (temporal). No entanto, foram exploradas algumas extensões das CNN no domínio do vídeo. Uma abordagem consiste em tratar o espaço e o tempo como dimensões equivalentes da entrada e efetuar convoluções tanto no tempo como no espaço [105, 106]. Outra forma é fundir as caraterísticas de duas redes neurais convolucionais, uma para o fluxo espacial e outra para o fluxo temporal [107-109]. As unidades recorrentes de memória de curto prazo (LSTM) são normalmente incorporadas após a CNN para ter em conta as dependências entre fotogramas ou entre clips [110, 111]. Foram introduzidos esquemas de aprendizagem não supervisionada para a formação de caraterísticas espácio-temporais, com base em máquinas de Boltzmann restritas com controlo convolucional [112] e na análise independente do subespaço [113].

2.29.3.   Processamento de linguagem natural

As CNN também têm sido exploradas para o processamento da linguagem natural. Os modelos CNN são eficazes para vários problemas de PLN e obtiveram excelentes resultados na análise semântica [114], na recuperação de consultas de pesquisa [115], na modelação de frases [116], na classificação [117], na previsão [118] e noutras tarefas tradicionais de PLN [119]. Em comparação com os métodos tradicionais de processamento da linguagem, como as redes neuronais recorrentes, as CNN podem representar diferentes realidades contextuais da linguagem que não dependem de um pressuposto de sequência em série, enquanto as RNN são mais adequadas quando é necessária uma modelação clássica de séries temporais [120-123].

2.29.4.   Deteção de anomalias

Uma CNN com convoluções 1-D foi utilizada em séries temporais no domínio da frequência (resíduo espetral) por um modelo não supervisionado para detetar anomalias no domínio do tempo [124].

2.29.5. Descoberta de medicamentos

As CNN têm sido utilizadas na descoberta de medicamentos. A previsão da interação entre moléculas e proteínas biológicas pode identificar potenciais tratamentos. Em 2015, a Atom-wise apresentou a AtomNet, a primeira rede neural de aprendizagem profunda para a conceção de medicamentos com base na estrutura [125]. O sistema é treinado diretamente em representações tridimensionais de interações químicas. À semelhança da forma como as redes de reconhecimento de imagem aprendem a compor caraterísticas mais pequenas e espacialmente próximas em estruturas maiores e complexas [126], a AtomNet descobre caraterísticas químicas, como a aromaticidade, os carbonos sp3 e as ligações de hidrogénio. Posteriormente, a AtomNet foi utilizada para prever novas biomoléculas candidatas a alvos de múltiplas doenças, nomeadamente tratamentos para o vírus Ébola [127] e a esclerose múltipla [128].

2.29.6. Jogo de damas

As CNN foram utilizadas no jogo de damas. De 1999 a 2001, Fogel e Chellapilla publicaram artigos que mostravam como uma rede neural convolucional podia aprender a jogar damas utilizando a co-evolução. O processo de aprendizagem não utilizou jogos anteriores de profissionais humanos, mas centrou-se num conjunto mínimo de informações contidas no tabuleiro de damas: a localização e o tipo de peças, e a diferença no número de peças entre os dois lados. Em última análise, o programa (Blondie24) foi testado em 165 jogos contra jogadores e classificou-se nos 0,4% mais altos [129, 130]. Também ganhou uma vitória contra o programa Chinook no seu nível de jogo "expert" [131].

2.29.7.   Ir

As CNNs têm sido utilizadas no Go computorizado. Em dezembro de 2014, Clark e Storkey publicaram um artigo que mostrava que uma CNN treinada por aprendizagem supervisionada a partir de uma base de dados de jogos profissionais humanos podia superar o GNU Go e ganhar alguns jogos contra o Fuego 1.1 de pesquisa em árvore Monte Carlo numa fração do tempo que o Fuego levava a jogar [132]. Mais tarde, foi anunciado que uma grande rede neural convolucional de 12 camadas tinha previsto corretamente a jogada profissional em 55% das posições, igualando a precisão de um jogador humano de 6 dan. Quando a rede convolucional treinada foi usada diretamente para jogar jogos de Go, sem qualquer pesquisa, venceu o programa de pesquisa tradicional GNU Go em 97% dos jogos e igualou o desempenho do programa de pesquisa em árvore Monte Carlo Fuego simulando dez mil jogadas (cerca de um milhão de posições) por jogada [133].

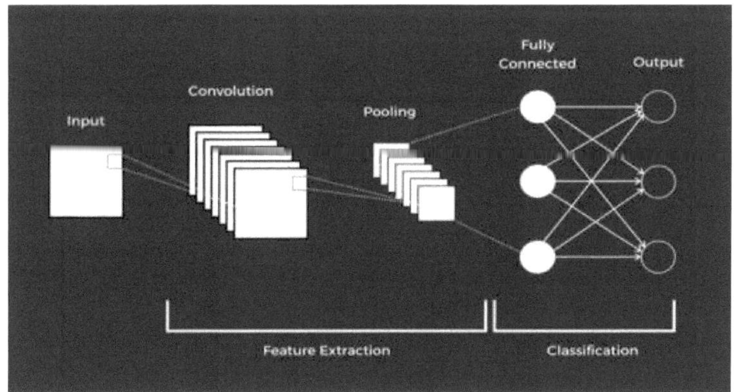

Algumas CNN para escolher as jogadas a tentar ("rede de políticas") e avaliar as posições ("rede de valores") que conduzem o MCTS foram utilizadas pelo AlphaGo, o primeiro a vencer o melhor jogador humano da altura [134].

2.29.8. Previsão de séries temporais

As redes neuronais recorrentes são geralmente consideradas as melhores arquitecturas de redes neuronais para a previsão de séries cronológicas (e modelização de sequências em geral), mas estudos recentes mostram que as redes convolucionais podem ter um desempenho comparável ou mesmo superior [135]. As convoluções dilatadas [136] podem permitir que as redes neuronais convolucionais unidimensionais aprendam efetivamente as dependências das séries temporais [137]. As convoluções podem ser implementadas de forma mais eficiente do que as soluções baseadas em RNN, e não sofrem de gradientes que desaparecem (ou explodem) [138]. As redes convolucionais podem melhorar o desempenho das previsões quando existem várias séries temporais semelhantes para aprender [139]. As CNN podem também ser aplicadas a outras tarefas de análise de séries temporais (por exemplo, classificação de séries temporais [140] ou previsão de quantis [141]).

2.29.9. Património cultural e conjuntos de dados 3D

À medida que os achados arqueológicos, como as tabuletas de argila com escrita cuneiforme, são cada vez mais adquiridos utilizando scanners 3D, estão a ficar disponíveis conjuntos de dados de referência, incluindo o HeiCuBeDa [142], que fornece quase 2000 conjuntos de dados 2-D e 3-D normalizados, preparados com o GigaMesh Software

Framework [143]. Assim, as medidas baseadas na curvatura são utilizadas em conjunto com as redes neuronais geométricas (GNN), por exemplo, para a classificação do período das tabuletas de argila que se encontram entre os documentos mais antigos da história humana [144, 145].

2.29.10.   Afinação

Para muitas aplicações, os dados de treino não estão muito disponíveis. As redes neuronais convolucionais requerem normalmente uma grande quantidade de dados de treino para evitar o sobreajuste. Uma técnica comum consiste em treinar a rede num conjunto maior de dados de um domínio relacionado. Depois de os parâmetros da rede terem convergido, é efectuada uma etapa de formação adicional utilizando os dados do domínio em causa para afinar os pesos da rede, o que é conhecido por aprendizagem por transferência. Além disso, esta técnica permite que as arquitecturas de redes convolucionais sejam aplicadas com êxito a problemas com conjuntos de treino minúsculos [146].

2.29.11.   Explicações interpretáveis por humanos

A formação e a previsão de ponta a ponta são práticas comuns na visão computacional. No entanto, são necessárias explicações interpretáveis por humanos para sistemas críticos como os automóveis autónomos [147]. Com os recentes avanços na saliência visual, na atenção espacial e na atenção temporal, as regiões espaciais/os instantes temporais mais críticos podem ser visualizados para justificar as previsões da CNN [148, 149].

2.29.12. Arquitecturas relacionadas
2.29.12.1. Redes Q profundas

Uma rede Q profunda (DQN) é um tipo de modelo de aprendizagem profunda que combina uma rede neural profunda com Q-learning, uma forma de aprendizagem por reforço. Ao contrário dos agentes de aprendizagem por reforço de orelhas, as DQNs que utilizam CNNs podem aprender diretamente a partir de entradas sensoriais de elevada dimensão através da aprendizagem por reforço [150].

Os resultados preliminares foram apresentados em 2014, com um documento de acompanhamento em fevereiro de 2015 [151]. A investigação descreveu uma aplicação aos jogos do Atari 2600. Outros modelos de aprendizagem por reforço profundo precederam-no [152].

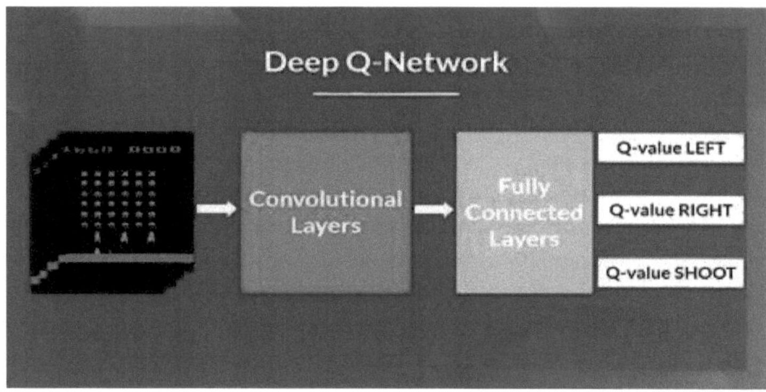

2.29.12.2. Redes de crenças profundas

As redes de crenças profundas convolucionais (CDBN) têm uma estrutura muito semelhante às redes neuronais convolucionais e são treinadas de forma semelhante às redes de crenças profundas. Por conseguinte, exploram a estrutura 2D das imagens, como fazem as CNN, e utilizam a pré-treino como as redes de crenças profundas. Fornecem uma estrutura genérica que pode ser utilizada em muitas tarefas de processamento de imagens e sinais. Foram obtidos resultados de referência em conjuntos de dados de imagens padrão, como o CIFAR [153], utilizando CDBNs [154].

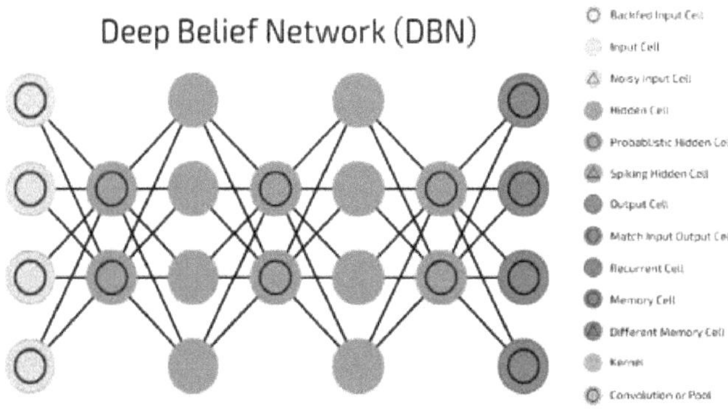

2.30. Referências

[1].   Venkatesan, Ragav; Li, Baoxin (2017-10-23).
Redes Neuronais Convolucionais em Computação Visual . CRC Press.
Arquivado em 2023-10-16. Recuperado em 2020-12-13.
[2].   Balas, Valentina E.; Kumar, Raghvendra; Srivastava, Rajshree (2019).
Tendências recentes e em Inteligência Artificial e Internet das Coisas.
Springer Nature. ISBN 978-3-030-32644-9. Arquivado em 2023-10-16.
Recuperado em 2020-12-13.
[3].   Zhang, Yingjie; et al. (setembro de 2020).
"Monitorização do processo de fusão em leito de pó Redes Neuronais Convolucionais".
IEEE Transactions on Industrial Informatics. 16 (9): 5769-5779.
[4].   Chervyakov, N.I.; et al. (2020).
"Rede Neural Convolucional de Solução Baseada no Sistema de Números Residuais".
Neurocomputação. 407: 439-453. Arquivado em 2023-06-29. Recuperado em 2023-
08-12.
[5].   Habibi, Aghdam, Hamed (2017-05-30).
Guia das redes neurais convolucionais: classificação prática da deteção.

Heravi, Elnaz Jahani. Cham, Suíça. ISBN 9783319575490.
[6].   Homma, Toshiteru; Les Atlas; Robert Marks II (1987).
"Uma rede neural artificial para a classificação espacial de fonemas".
Advances in Neural Information Processing Systems. 1: 31-40. Arquivado em
2022-03-31. Recuperado em 2022-03-31.
[7].   Valueva, M.V.; et al. (2020).
"Aplicação da implementação da rede neuronal do sistema de números de resíduos".
Matemática e Computadores em Simulação. 177. Elsevier BV: 232-243.
[8]. van den Oord, Aaron; et al. (2013).
Recomendação de música baseada em conteúdo profundo. Curran Associates, Inc.
pp. 2643-2651. Arquivado em 2022-03-07. Recuperado em 2022-03-31.
[9].   Collobert, Ronan; Weston, Jason (2008-01-01).
"Uma arquitetura unificada para o processamento de linguagem natural". Actas do
25ª Conf. de Aprendizagem Automática - ICML 08, NY, EUA: ACM. pp. 160-167.
[10].   Avilov, Oleksii; et al. (julho de 2020).
"Técnicas de aprendizagem profunda para melhorar os sinais electroencefalográficos".
2020 42nd Intr. Conf. da Sociedade IEEE de Engenharia em Medicina e Biologia .
Vol. 2020. Montreal, QC, Canadá: IEEE. pp. 142-145. Arquivado em 2022-
05-19. Recuperado em 2023-07-21.
[11].   Tsantekidis, Avraam; et al. (2017).
"Previsão de preços de acções a partir das redes neurais convolucionais de limite".
2017 IEEE 19th Conference on Business Informatics (CBI). Thessaloniki,
Grécia: IEEE. pp. 7-12.
[12].   Zhang, Wei (1988).
"Arquitetura ótica da rede neural de reconhecimento de padrões invariantes de deslocação".
Actas da Conferência Anual da Sociedade Japonesa de Ciências Aplicadas
Física. Arquivado em 2020-06-23. Recuperado em 2020-06-22.
[13].   Zhang, Wei (1990).

"Modelo de processamento distribuído paralelo com a sua arquitetura ótica local".

Ótica Aplicada. 29 (32): 479. Arquivado em 2017-02-06. Recuperado em 2016-09-22.

[14]. Mouton, Coenraad; Myburgh, Johannes C.; Davel, Marelie H. (2020).

"Invariância de passos e tradução em CNNs". Em Gerber, Aurona (ed.).

Investigação em Inteligência Artificial. Comunicações em Ciência da Informação.

Vol. 1342. Cham: Springer International Publishing. pp. 267-281. Arquivado

em 2021-06-27. Recuperado em 2021-03-26.

[15]. Kurtzman, Thomas (20 de agosto de 2019).

"O enviesamento oculto no conjunto de dados DUD-E conduz ao rastreio virtual baseado na estrutura".

PLOS ONE. 14 (8): e022011.

[16]. Fukushima, K. (2007). "Neocognitron". Scholarpedia. 2 (1): 1717.

[17]. Hubel, D. H.; Wiesel, T. N. (1968-03-01).

"Campos receptivos e arquitetura funcional do córtex estriado do macaco". O

Journal of Physiology. 195 (1): 215-243.

[18]. Fukushima, Kunihiko (1980).

"Neocognitron: Um Neural auto-organizado não afetado pela mudança de posição".

Cibernética Biológica. 36 (4): 193-202. Arquivado em 3 de junho de 2014.

Recuperado em 16 de novembro de 2013.

[19]. Matusugu, M.; Katsuhiko M.; Yusuke Mitari; Yuji Kaneda (2003).

"Rede neural convolucional de expressão facial independente do sujeito".

Redes Neurais. 16 (5): 555-559. Arquivado em 13 de dezembro de 2013.

Recuperado em 17 de novembro de 2013.

[20]. Redes Neuronais Convolucionais Desmistificadas: Uma filtragem combinada

Tutorial baseado em perspetiva https://arxiv.org/abs/2108.11663v3

[21]. "Redes neurais convolucionais - documentação do DeepLearning 0.1".

DeepLearning 0.1. Laboratório LISA. Arquivado em 28 de dezembro de 2017.

Recuperado em 31 de agosto de 2013.

[22].   Chollet, François (2017-04-04).

"Xception: Aprendizagem profunda com convoluções separáveis em profundidade".

arXiv:1610.02357.

[23].   Ciresan, Dan; et al. (2011).

"Redes Neuronais Flexíveis e de Alto Desempenho para Classificação de Imagens".

Actas da Vigésima Segunda Conferência Internacional Conjunta sobre

Artificial Intelligence-Volume Volume Dois. 2: 1237-1242. Arquivado em 5

abril de 2022. Recuperado em 17 de novembro de 2013.

[24].   Krizhevsky, Alex.

"Classificação ImageNet com redes neurais convolucionais profundas".

Arquivado em 25 de abril de 2021. Recuperado em 17 de novembro de 2013.

[25].   Yamaguchi, K.; Sakamoto, K.; Akabane, T.; Fujimoto, Yoshiji (1990).

Uma rede neural para o reconhecimento de palavras isoladas independentes do locutor.

Primeira Conferência Internacional sobre Processamento da Linguagem Falada (ICSLP 90).

Kobe, Japão. Arquivado em 2021-03-07. Recuperado em 2019-09-04.

[26].   Ciresan, Dan; Meier, Ueli; Schmidhuber, Jürgen (junho de 2012).

"Redes neurais profundas multi-coluna para classificação de imagens".

Conferência IEEE 2012 sobre visão computacional e reconhecimento de padrões.

NY: IEEE. pp. 3642-3649.

[27].   Yu, Fisher; Koltun, Vladlen (2016-04-30).

"Agregação de contexto em várias escalas por convoluções dilatadas".

arXiv:1511.07122.

[28].   Chen, Liang-Chieh; Papandreou, G.; Schroff, F.; Adam, Hartwig (2017).

"Repensando a convolução atrésica para a segmentação semântica de imagens".

arXiv:1706.05587.

[29].   Duta, Ionut Cosmin; Georgescu, Mariana Iuliana; Ionescu, Radu T. (2021).

"Redes Neurais Convolucionais Contextuais". arXiv:2108.07387.

[30].   LeCun, Yann. "LeNet-5, redes neurais convolucionais". Arquivado em 24
fevereiro de 2021. Recuperado em 16 de novembro de 2013.
[31]. Van Dyck, et al. (2021).
"Comparação do reconhecimento de objectos por humanos e estudo de rastreio ocular profundo".
Frontiers in Neuroscience. 15: 750639.
[32]. Hubel, DH; Wiesel, TN (outubro de 1959).
"Campos receptivos de neurónios individuais no córtex estriado do gato". J. Physiol.
148(3): 574-91.
[33]. David H. Hubel e Torsten N. Wiesel (2005).
Cérebro e perceção visual: a história de uma colaboração de 25 anos.
Oxford University Press US. p. 106. Arquivado em 2023-10-16.
Recuperado em 2019-01-18.
[34].   LeCun, Yann; Bengio, Yoshua; Hinton, Geoffrey (2015). "Aprendizagem profunda".
Natureza. 521 (7553): 436-444.
[35]. Fukushima, K. (1969).
"Extração de caraterísticas visuais através de uma camada múltipla de elementos de limiar analógicos".
IEEE Transactions on Systems Science and Cybernetics. 5 (4): 322-333.
[36]. Schmidhuber, Juergen (2022).
"História anotada da IA moderna e da aprendizagem profunda".
arXiv:2212.11279 [cs.NE].
[37]. Ramachandran, Prajit; Barret, Zoph; Quoc, V. Le (16 de outubro de 2017).
"Searching for Activation Functions". arXiv:1710.05941 [cs.NE].
[38]. Weng, J; Ahuja, N; Huang, TS (1993).
"Aprendizagem do reconhecimento e segmentação de objectos 3-D a partir de imagens 2-D".
1993 h) Intr. Conference on Computer Vision. IEEE. pp. 121-128.
[39]   Schmidhuber, Jürgen (2015). "Aprendizagem profunda". Scholarpedia. 10 (11):
1527-54. CiteSeerX 10.1.1.76.1541.
[40].   Waibel, A. (1987). Redes Neuronais de Reconhecimento de Fonemas com Atraso de Tempo.
Reunião do Instituto de Eletricidade, Informação e Comunicação
Engenheiros (IEICE). Tóquio, Japão.
[41]. Alexander W., et al., Phoneme Recognition Time-Delay Neural Networks.

Archived 2021-02-25 at the Wayback Machine IEEE Transactions on

Acústica, Fala e Processamento de Sinais, Volume 37, N.º 3, pp. 328. -

339 março de 1989.

[42]. LeCun, Yann; Bengio, Yoshua (1995).

"Redes convolucionais para imagens, fala e séries temporais". Em Arbib,

Michael A. (ed.). The handbook of brain theory and neural networks.

O MIT. pp. 276-278. Arquivado em 2020-07-28. Recuperado em 03/12/2019.

[43]. John B. Hampshire e Alexander Waibel,

Arquitecturas conexionistas para o reconhecimento de fonemas por vários oradores.

Archived 2022-03-31 at the Wayback Machine, Avanços em Neural

Information Processing Systems, 1990, Morgan Kaufmann.

[44]. Ko, Tom; et al. (março de 2018).

Um estudo sobre o aumento de dados de fala para o reconhecimento robusto da fala.

A 42ª Conferência Internacional do IEEE sobre Acústica, Fala e Sinal

Processing (ICASSP 2017). Nova Orleães, LA, EUA. Arquivado em 2018-07-

08. Recuperado em 2019-09-04.

[45]. Denker, J S, et al. (1989)

Reconhecedor de redes neuronais para dígitos de códigos postais escritos à mão. Arquivado em 2018-

08-04 no Máquina Wayback, AT&T Bell Laboratories

[46]. LeCun, et al. Backpropagation Handwritten Zip Code Recognition.

Arquivado 2020-01-10 no Máquina Wayback; AT&T Bell Laboratories

[47]. Zhang, Wei (1991).

"Processamento de imagens do endotélio da córnea humana com base numa rede de aprendizagem".

Ótica Aplicada. 30 (29): 4211-7. Arquivado em 2017-02-06. Recuperado em 2016-

09-22

[48]. Zhang, Wei (1994).

"Deteção computorizada de redes neurais microartificiais agrupadas".

Física Médica. 21 (4): 517-24. Arquivado em 2017-02-06. Recuperado em 2016-
09-22.
[49]. Lecun, Y.; et al. (1995).
Algoritmos de aprendizagem para a classificação: Um reconhecimento de dígitos manuscritos.
World Scientific. pp. 261-276. doi:10.1142/2808. Arquivado em 2 de maio de 2023.
[50]. Lecun, Y.; Bottou, L.; Bengio, Y.; Haffner, P. (novembro de 1998).
"Aprendizagem baseada em gradientes aplicada ao reconhecimento de documentos". Actas de
o IEEE. 86 (11): 2278-2324.
[51]. Zhang, Wei (1991).
"Propagação de retorno de erro com um mínimo de NNs invariantes de deslocamento de 2-D".
Proc. da Intr. Joint Conf. on Neural Networks. Arquivado em 2017-02-06.
Recuperado em 2016-09-22.
[52]. Daniel Graupe, Ruey Wen Liu, George S Moschytz.
"Aplicações das redes neuronais ao processamento de sinais médicos.
Arquivado 28/07/2020 no Máquina Wayback". Em Proc. 27º IEEE Decision and Control Conf., pp. 343-347, 1988.
[53]. Daniel Graupe, Boris Vern, G. Gruener, Aaron Field e Qiu Huang.
"Decomposição de sinais EMG de superfície numa rede neural de meios únicos.
Arquivado 04/09/2019 no Máquina Wayback". Proc. IEEE Internacional
Symp. on Circuits and Systems, pp. 1008-1011, 1989.
[54]. Qiu Huang, Daniel Graupe, Yi Fang Huang, Ruey Wen Liu.
"Identificação de padrões de disparo de sinais neuronais[dead link]". Em Proc.
28ª Conf. de Decisão e Controlo do IEEE, pp. 266-271, 1989. Arquivado em 2022-
03-31 t the Wayback Machine
[55]. Behnke, S. (2003). Redes Neuronais Hierárquicas para Interpretação de Imagens.
Notas de aula em Ciência da Computação. Vol. 2766. Springer. Arquivado em
2017-08-10. Recuperado em 2016-12-28.
[56]. Oh, KS; Jung, K (2004). "Implementação de redes neurais em GPU". Padrão

Reconhecimento. 37 (6): 1311-1314.

[57]. Dave Steinkraus; Patrice Simard; Ian Buck (2005).

"Usando GPUs para algoritmos de aprendizado de máquina". 12ª Conferência Internacional de

Conferência sobre Análise e Reconhecimento de Documentos (ICDAR 2005).

pp. 1115-1119. Arquivado em 2022-03-31. Recuperado em 2022-03-31.

[58]. Kumar Chellapilla; Sid Puri; Patrice Simard (2006).

"Processamento de documentos em rede neural convolucional de alto desempenho".

Em Lorette, Guy (ed.). Décimo Workshop Internacional sobre Fronteiras em

Reconhecimento de escrita à mão. Suvisoft. Arquivado em 2020-05-18

[59]. Hinton, GE; Osindero, S; Teh, YW (Jul 2006).

"Um algoritmo de aprendizagem rápida para redes de crenças profundas". Neural Computation. 18 (7):

1527-54.

[60]. Bengio, Y.; Lamblin, P.; Popovici, Dan; Larochelle, Hugo (2007).

"Treino de redes profundas em camadas com ganância". Avanços em Redes Neurais

Sistemas de Processamento de Informação: 153-160. Arquivado em 2022-06-02.

Recuperado em 2022-03-31.

[61]. Ranzato, M.; Poultney, Chr.; Chopra, S.; LeCun, Yann (2007).

"Aprendizagem eficiente de representações esparsas com modelo baseado em energia".

Avanços em sistemas de processamento de informação neural. Arquivado em 2016-03-22. Recuperado em 2014-06-26.

[62]. Raina, R; Madhavan, A; Ng, Andrew (14 de junho de 2009).

"Aprendizagem profunda não supervisionada em grande escala utilizando processadores gráficos".

Proc. da 26ª Conferência Anual Intr. Conf. sobre Aprendizagem Automática. ICML '09:

Proc. da 26ª Conferência Internacional Anual sobre Aprendizagem Automática.

pp. 873-880. Arquivado em 8 de dezembro de 2020. Recuperado em 22 de dezembro de 2023.

[63]. Ciresan, Dan; Meier, Ueli; Gambardella, Luca; Schmidhuber, Jürgen (2010).

"Redes neurais simples e profundas para o reconhecimento de dígitos manuscritos". Neural

Computação. 22 (12): 3207-3220.

[64]. "Tabela de resultados da competição IJCNN 2011". OFICIAL IJCNN2011

CONCURSO. 2010. Arquivado em 2021-01-17. Recuperado em 2019-01-14.

[65]. Schmidhuber, Jürgen (17 de março de 2017).

"História dos concursos de visão computacional ganhos por CNNs profundas em GPU".

Arquivado em 19 de dezembro de 2018. Recuperado em 14 de janeiro de 2019.

[66]. Krizhevsky, Alex; Sutskever, Ilya; Hinton, Geoffrey E. (2017-05-24).

"Classificação ImageNet com redes neurais convolucionais profundas".

Comunicações da ACM. 60 (6): 84-90. Arquivado em 2017-05-16.

Recuperado em 2018-12-04.

[67]. He, Kaiming; Zhang, Xiangyu; Ren, Shaoqing; Sun, Jian (2016).

"Aprendizagem residual profunda para reconhecimento de imagens". Conferência IEEE 2016

sobre Visão por Computador e Reconhecimento de Padrões (CVPR). pp. 770-778.

Arquivado em 2022-04-05. Recuperado em 2022-03-31.

[68]. Viebke, André; Pllana, Sabri (2015).

"O potencial do Intel (R) Xeon Phi para aprendizagem profunda supervisionada".

2015 IEEE 17th Intr. Conf. sobre Computação de Alto Desempenho e Comunicação

ications, 2015 IEEE 7th International Symposium on Cyberspace Safety and

Segurança. IEEE Xplore. IEEE 2015. pp. 758-765. Arquivado em 2023-03-06.

Recuperado em 2022-03-31.

[69]. Viebke, Andre; Memeti, Suejb; Pllana, Sabri; Abraham, Ajith (2019).

"CHAOS: um esquema de paralelização para redes de treino em Intel Xeon Phi".

O Jornal de Supercomputação. 75 (1): 197-227.

[70]. Hinton, Geoffrey (2012).

"Classificação ImageNet com redes neurais convolucionais profundas".

NIPS'12: Actas da 25ª Conferência Internacional sobre Sistemas Neurais

Sistemas de Processamento de Informação - Volume 1. 1: 1097-1105. Arquivado em

2019-12-20. Recuperado em 2021-03-26 - via ACM.

[71]. Azulay, Aharon; Weiss, Yair (2019).

"Porque é que as redes convolucionais profundas generalizam tão mal as transformações?".

Journal of Machine Learning Research. 20 (184): 1-25. Arquivado em 2022-

03-31. Recuperado em 2022-03-31.

[72]. Géron, Aurélien (2019).

Aprendizagem automática prática com Scikit-Learn, Keras e TensorFlow.

Sebastopol, CA: O'Reilly Media. ISBN 978-1-492-03264-9., pp. 448

[73]. "CS231n Redes Neuronais Convolucionais para Reconhecimento Visual".

cs231n.github.io. Arquivado em 23/10/2019. Recuperado em 2017-04-25.

[74]. Scherer, Dominik; Müller, Andreas C.; Behnke, Sven (2010).

"Avaliação das operações de agrupamento no reconhecimento convolucional de objectos".

Redes Neuronais Artificiais (ICANN), 20ª Conferência Internacional sobre.

Tessalónica, Grécia: Springer. pp. 92-101. Arquivado em 2018-04-03.

Recuperado em 2016-12-28.

[75]. Graham, B,. (2014-12-18). "Agrupamento máximo fraccionado". arXiv:1412.6071 [cs.CV].

[76]. Springenberg, Jost Tobias; et al. (2014-12-21).

"Em busca da simplicidade: A rede totalmente convolucional".

arXiv:1412.6806 [cs.LG].

[77]. Girshick, Ross (2015-09-27). "Fast R-CNN". arXiv: 1504.08083 [cs.CV].

[78]. Ma, Zhanyu; et al. (2019).

"CNNs modificadas com pooling de canais de classificação de veículos com granularidade fina".

IEEE Transactions on Vehicular Technology. 68 (4). Instituto de Eletrotécnica

e Engenheiros Electrónicos (IEEE): 3224-3233.

[79]. Romanuke, Vadim (2017).

"Redes neurais convolucionais de número e atribuição apropriados".

Boletim de Investigação da NTUU "Instituto Politécnico de Kiev". 1 (1): 69-78.

[80]. Xavier Glorot; Antoine Bordes; Yoshua Bengio (2011).

Redes neurais retificadoras esparsas e profundas. AISTATS. Arquivado em 2016-12-13.

Recuperado em 2023-04-10.

[81]. Krizhevsky, A.; Sutskever, I.; Hinton, G. E. (2012).

"Classificação de imagens com redes neurais convolucionais profundas".

Avanços em Sistemas de Processamento de Informação Neural. 1: 1097-

1105. Arquivado em 2022-03-31. Recuperado em 2022-03-31.

[82]. Ribeiro, Antonio H.; Schön, Thomas B. (2021).

"Como as redes neurais convolucionais lidam com o aliasing". ICASSP 2021 -

2021 Conferência Internacional do IEEE sobre Acústica, Fala e Sinal

Processing (ICASSP). pp. 2755-2759.

[83]. Myburgh, Johannes C.; Mouton, Coenraad; Davel, Marelie H. (2020).

"Acompanhamento da invariância da tradução no CNNS". Em Gerber, Aurona

(ed.). Investigação em Inteligência Artificial. Comunicações em Computação e

Ciência da Informação. Vol. 1342. Cham: Springer Intr. Publishing. pp. 282-295.

[84]. Richard, Zhang (2019-04-25).

Tornar as redes convolucionais novamente invariantes a mudanças.

OCLC 1106340711.

[85]. Jadeberg, S., Zisserman, Kavukcuoglu, Max, Karen, Andrew, K. (2015).

"Redes de Transformadores Espaciais". Avanços em Sistemas de Processamento Neural.

Arquivado em 2021-07-25. Recuperado em 2021-03-26 - via NIPS.

[86]. E, Sabour, Sara Frosst, Nicholas Hinton, Geoffrey (2017-10-26).

Dynamic Routing Between Capsules (Roteamento dinâmico entre cápsulas). OCLC 1106278545.

[87]. Matiz, Sergio; Barner, Kenneth E. (2019-06-01).

"Classificação de imagens neurais convolucionais com preditor conformacional indutivo".

Reconhecimento de Padrões. 90: 172-182. Arquivado em 2021-09-29.

Recuperado em 2021-09-29.

[88]. Wieslander, Håkan; et al. (2021).

"Aprendizagem profunda com imagens de tecido de deslizamento completo de previsão conformacional".

IEEE Journal of Biomedical and Health Informatics. 25 (2): 371-380.

[89]. Srivastava, Nitish; et al. (2014).

"Dropout: Uma forma simples de evitar que as redes neurais se ajustem demasiado".

Journal of Machine Learning Research. 15 (1): 1929-1958.

[90]. "Rede Neural de Regularização DropConnect|ICML 2013|JMLR W&CP".

jmlr.org: 1058-1066. 2013-02-13. Arquivado em 2017-08-12.

Recuperado em 2015-12-17.

[91]. Zeiler, Matthew D.; Fergus, Rob (2013-01-15).

"Pooling estocástico para redes neurais convolucionais de regularização".

arXiv:1301.3557 [cs.LG].

[92]. Platt, John; Steinkraus, Dave; Simard, Patrice Y. (agosto de 2003).

"Melhores Práticas de Análise Convolucional de Documentos - Microsoft Research".

Microsoft Research. Arquivado em 2017-11-07. Recuperado em 2015-12-17.

[93]. Hinton, Geoffrey E.; et al. (2012).

"Melhorar as redes neuronais impedindo a co-adaptação de detectores de caraterísticas".

arXiv:1207.0580 [cs.NE].

[94]. "Dropout: A Simple Way to Prevent Neural Networks from Overfitting".

jmlr.org. Arquivado em 2016-03-05. Recuperado em 2015-12-17.

[95]. Hinton, Geoffrey (1979).

"Algumas demonstrações das descrições dos efeitos da imagética mental".

Ciência Cognitiva. 3 (3): 231-250.

[96]. Rocha, Irvin. "O quadro de referência". O legado de Solomon Asch: Essays

em cognição e psicologia social (1990): 243-268.

[97]. J. Hinton, Coursera lectures on Neural Networks, 2012,

Url: https://www.coursera.org/learn/neural-networks Arquivado em 2016-12-31

no Máquina Wayback

[98]. Dave Gershgorn (18 de junho de 2018).

"A história interna de como a IA se tornou suficientemente boa para dominar o Vale do Silício".

Quartzo. Arquivado em 12 de dezembro de 2019. Recuperado em 5 de outubro de 2018.

[99]. Lawrence, Steve; C. Lee Giles; Ah Chung Tsoi; Andrew D. Back (1997).

"Reconhecimento de Rosto: A Convolutional Neural Network Approach" (Uma abordagem de rede neural convolucional). IEEE

Transacções em Redes Neurais. 8 (1): 98-113.

[100]. Le Callet, Patrick; Christian Viard-Gaudin; Dominique Barba (2006).

"Uma avaliação da qualidade de vídeo com objetivo de rede neural convolucional".

IEEE Transactions on Neural Networks. 17 (5): 1316-1327.

[101]. "Reconhecimento visual em grande escala do ImageNet 2014 (ILSVRC2014)".

Arquivado em 5 de fevereiro de 2016. Recuperado em 30 de janeiro de 2016.

[102]. Szegedy, Christian; et al. (2015).

"Indo mais fundo com convoluções". Conferência IEEE sobre Visão Computacional

and Pattern Recognition, CVPR 2015, Boston, MA, EUA, 7-12 de junho de 2015.

IEEE Computer Society. pp. 1-9. arXiv.

[103]. Russakovsky, Olga; et al. (2014). "Imagem líquida visual em grande escala

Desafio de reconhecimento". arXiv:1409.0575 [cs.CV].

[104]. "O Algoritmo de Deteção de Rosto definido para revolucionar a pesquisa de imagens".

Technology Review. 16 de fevereiro de 2015. Arquivado em 20 de setembro de 2020.

Recuperado em 27 de outubro de 2017.

[105]. Baccouche, Moez; et al. (2011).

"Aprendizagem profunda sequencial para o reconhecimento da ação humana". Em Salah,

Albert Ali; Lepri, Bruno (eds.). Human Behavior Unterstanding. Dissertação

Notes in Computer Sci. Vol. 7065. Springer Berlin Heidelberg. pp. 29-39.

[106]. Ji, Shuiwang; Xu, Wei; Yang, Ming; Yu, Kai (2013-01-01).
"Redes Neurais Convolucionais 3D para o Reconhecimento da Ação Humana". IEEE
Trans. on Pattern Analysis and Machine Intelligence. 35 (1): 221-231.

[107]. Huang, Jie; Zhou, W.; Zhang, Qilin; Li, Houqiang; Li, Weiping (2018).
"Segmentação temporal de reconhecimento de língua gestual baseada em vídeo".
arXiv:1801.10111 [cs.CV].

[108]. Karpathy, Andrej, et al.
"Classificação de vídeos em grande escala com redes neurais convolucionais.
Arquivado 06/08/2019 no Máquina Wayback." IEEE Conf. on Compu-
ter Vision and Pattern Recognition (CVPR). 2014.

[109]. Simonyan, Karen; Zisserman, Andrew (2014).
"Redes Convolucionais de Dois Fluxos para Reconhecimento de Acções em Vídeos".
arXiv:1406.2199 [cs.CV]. (2014).

[110]. Wang, Le; et al. (2018).
"Segment-Tube: Ação espácio-temporal com segmentação por fotograma".
Sensores. 18 (5): 1657.

[111]. Duan, Xuhuan; et al. (2018).
"Segmentação conjunta de quadros não aparados para localização espácio-temporal".
2018 25ª Conferência Internacional do IEEE sobre Processamento de Imagem (ICIP). 25ª
Conferência Internacional do IEEE sobre Processamento de Imagem (ICIP). pp. 918-922.

[112]. Taylor, Graham W.; Fergus, Rob; LeCun, Yann; Bregler, Christoph (2010).
Aprendizagem convolucional de caraterísticas espácio-temporais. Actas do
11ª Conferência Europeia sobre Visão por Computador: Parte VI. ECCV'10. Berlim,
Heidelberg: Springer-Verlag. pp. 140-153. ISBN 978-3-642-15566-6.

[113]. Le, Q. V.; Zou, W. Y.; Yeung, S. Y.; Ng, A. Y. (2011-01-01).
"Aprendizagem da análise do subespaço independente invariante hierárquico".

CVPR 2011. CVPR '11. Washington, DC, EUA: IEEE Computer Society.

pp. 3361-3368.

[114]. Grefenstette, E.; Blunsom, Ph.; de Freitas, N.; Hermann, K. Moritz (2014).

"Uma arquitetura profunda para análise semântica". arXiv:1404.7296 [cs.CL].

[115]. Mesnil, G.; Deng, Li; Gao, J.; He, Xiaodong; Sh., Y. (2014).

"Aprender representações semânticas utilizando a pesquisa - Microsoft Research".

Microsoft Research. Arquivado em 2017-09-15. Recuperado em 2015-12-17.

[116]. Kalchbrenner, Nal; Grefenstette, Edward; Blunsom, Phil (2014-04-08).

"Uma rede neural convolucional para modelar frases".

arXiv:1404.2188 [cs.CL].

[117]. Kim, Y (2014). "Classificação de frases de redes neurais convolucionais".

arXiv:1408.5882 [cs.CL].

[118]. Collobert, Ronan, e Jason Weston.

"Uma arquitetura unificada: redes neurais profundas com aprendizagem multitarefa.

Arquivado 04/09/2019 no Máquina Wayback. "Anais do 25º
conferência internacional sobre aprendizagem automática. ACM, 2008.

[119]. Collobert, Ronan; et al. (2011).

"Processamento de linguagem natural (quase) do zero".

arXiv:1103.0398 [cs.LG].

[120]. Yin, W; Kann, K; Yu, M; Schütze, H (2017-03-02).

"Estudo comparativo de CNN e RNN para processamento de linguagem natural".

arXiv:1702.01923 [cs.LG].

[121]. Bai, S.; Kolter, J.S.; Koltun, V. (2018).

"Uma avaliação empírica da modelação de sequências convolucionais genéricas".

arXiv:1803.01271 [cs.LG].

[122]. Gruber, N. (2021).

"Detetar a dinâmica da ação no texto com uma rede neural recorrente".

Computação Neural e Aplicações. 33 (12): 15709-15718.

[123]. Haotian, J.; Zhong, Li; Qianxiao, Li (2021).

"Teoria da Aproximação Arquitetura Convolucional. Modelação de Séries Temporais".

Conferência Internacional sobre Aprendizagem Automática. arXiv:2107.09355.

[124]. Ren, Hansheng; et al. (2019).

Serviço de Deteção de Anomalias de Séries Temporais na Microsoft | Proceedings of the

25ª Conferência Internacional ACM SIGKDD sobre Descoberta de Conhecimento e

Data Mining. arXiv:1906.03821.

[125]. Wallach, Izhar; Dzamba, Michael; Heifets, Abraham (2015-10-09).

"AtomNet: A Deep Convolutional NN Structure-based Drug Discovery".

arXiv:1510.02855 [cs.LG].

[126]. Yosinski, Jason; Clune, Jeff; Nguyen, Anh; Fuchs, Th.; Lipson, H. (2015).

"Compreender as redes neurais através da visualização profunda".

arXiv:1506.06579 [cs.CV].

[127]. "A startup de Toronto tem uma forma mais rápida de descobrir medicamentos eficazes". O

Globe and Mail. Arquivado em 2015-10-20. Recuperado em 09/11/2015.

[128]. "Startup Harnesses Supercomputers to Seek Cures". KQED Future of You.

2015-05-27. Arquivado em 2018-12-06. Recuperado em 2015-11-09.

[129]. Chellapilla, K; Fogel, DB (1999).

"Evolução das redes neuronais para jogar damas sem depender do conhecimento".

IEEE Trans Neural Netw. 10 (6): 1382-91.

[130]. Chellapilla, K.; Fogel, D.B. (2001).

"Evolução de um programa de jogo de damas especializado sem conhecimentos humanos".

IEEE Transactions on Evolutionary Computation. 5 (4): 422-428.

[131]. Fogel, David (2001). Blondie24: Playing at the Edge of AI. São Francisco,

CA: Morgan Kaufmann. ISBN 978-1558607835.

[132]. Clark, Christopher; Storkey, Amos (2014).

"Ensinar Redes Neuronais Convolucionais Profundas a Jogar Go".

arXiv:1412.3409 [cs.AI].

[133]. Maddison, Chris J.; Huang, Aja; Sutskever, Ilya; Silver, David (2014).

"Avaliação de movimentos em Go usando redes neurais convolucionais profundas".

arXiv:1412.6564 [cs.LG].

[134]. "AlphaGo - Google DeepMind". Arquivo em 30 de janeiro de 2016. Recuperado em 30

janeiro de 2016.

[135]. Bai, Shaojie; Kolter, J. Zico; Koltun, Vladlen (2018-04-19).

"Uma avaliação empírica da modelação de sequências convolucionais genéricas".

arXiv:1803.01271 [cs.LG].

[136]. Yu, Fisher; Koltun, Vladlen (2016-04-30).

"Agregação de contexto em várias escalas por convoluções dilatadas".

arXiv:1511.07122 [cs.CV].

[137]. Borovykh, Anastasia; Bohte, Sander; Oosterlee, Cornelis W. (2018-09-17).

"Redes Neuronais Convolucionais para Previsão de Séries Temporais Condicionais".

arXiv:1703.04691 [stat.ML].

[138]. Mittelman, Roni (2015-08-03).

"Modelação de séries temporais em redes neurais totalmente convolucionais não-decimadas".

arXiv:1508.00317 [stat.ML].

[139]. Chen, Yitian; Kang, Yanfei; Chen, Yixiong; Wang, Zizhuo (2019-06-11).

"Previsão Probabilística com Rede Neural Convolucional Temporal".

arXiv:1906.04397 [stat.ML].

[140]. Zhao, Bendong; et al. (2017).

"Redes neurais convolucionais para classificação de séries temporais". Revista de Sistemas

Engenharia e Eletrónica. 28 (1): 162-169.

[141]. Petneházi, G. (2019). "QCNN: Rede Neural Convolucional Quantile".

arXiv:1908.07978 [cs.LG].

[142]. Hubert Mara (2019-06-07), HeiCuBeDa Hilprecht - Cuneiforme de Heidelberg

Conjunto de dados de referência para a coleção Hilprecht (em alemão), heiDATA -

repositório institucional de dados de investigação da Universidade de Heidelberg.

[143]. Hubert Mara e Bartosz Bogacz (2019), "Breaking the Code on Broken

Tabletes: O desafio da aprendizagem da escrita cuneiforme anotada em
Conjuntos de dados 2D e 3D normalizados", Actas da 15ª Conferência Internacional de
Conferência sobre Análise e Reconhecimento de Documentos (ICDAR) (em alemão),
Sydney, Austrália, pp. 148-153.
[144]. Bogacz, Bartosz; Mara, Hubert (2020), "Period Classification of 3D
Tabletes Cuneiformes com Redes Neuronais Geométricas", Actas da
17ª Conferência Internacional sobre as Fronteiras do Reconhecimento da Escrita Manual
(ICFHR), Dortmund, Alemanha
[145]. Apresentação do documento do ICFHR sobre a Classificação de Períodos do Cuneiforme 3D.
[146]. Durjoy Sen Maitra; Ujjwal Bhattacharya; S.K. Parui,
"Reconhecimento de caracteres de múltiplas escritas com base numa abordagem comum baseada na CNN"
Arquivado 2023-10-16 no Máquina Wayback, em Análise de documentos e
Recognition (ICDAR), 2015 13th International Conference on, vol., no,
pp.1021-1025, 23-26 Ago. 2015
[147]. "NIPS 2017". Simpósio de ML interpretável. 2017-10-20. Arquivado em
2019-09-07. Recuperado em 2018-09-12.
[148]. Zang, Jinliang; et al. (2018).
"Reconhecimento de acções convolucionais ponderadas temporais com base na atenção".
Aplicações e Inovações da Inteligência Artificial. IFIP Avanços em
Tecnologias da Informação e da Comunicação. Vol. 519. Cham: Springer
International Publishing. pp. 97-108. arXiv:1803.07179.
[149]. Wang, Le; et al. (2018).
"Reconhecimento de acções através de uma rede neural convolucional sensível à atenção".
Sensores. 18 (7): 1979. Recuperado em 2018-09-14.
[150]. Ong, Hao Yi; Chavez, Kevin; Hong, Augustus (2015-08-18).
"Distributed Deep Q-Learning". arXiv:1508.04186v2 [cs.LG].
[151]. Mnih, Volodymyr; et al. (2015).

"Controlo ao nível humano através da aprendizagem por reforço profundo".

Natureza. 518 (7540): 529-533.

[152]. Sun, R.; Sessions, C. (junho de 2000).

"Sequências de auto-segmentação: comportamentos sequenciais de formação automática".

IEEE Transactions on Systems, Man, and Cybernetics - Parte B: Cibernética. 30 (3): 403-418.

[153]. "Redes de crenças profundas convolucionais no CIFAR-10". Arquivado em 2017-

08-30. Recuperado em 2017-08-18.

[154]. Lee, Honglak; et al. (2009).

"Redes convolucionais de crenças profundas para representações hierárquicas".

Actas da 26ª Conferência Internacional Anual sobre Máquinas Aprendizagem. ACM. pp. 609-616. CiteSeerX 10.1.1.149.6800.

Capítulo (3)
Rede Neuronal Recorrente (RNN)

3.1. Prefácio

Uma rede neural recorrente (RNN) é um dos dois grandes tipos de redes neurais artificiais, caracterizado pela direção do fluxo de informação entre as suas camadas. Em contraste com o outro tipo, a rede neural unidirecional feed-forward, é uma rede neural artificial bidirecional, o que significa que permite que a saída de alguns nós afecte a entrada subsequente nos mesmos nós. A sua capacidade de utilizar o estado interno (memória) para processar sequências arbitrárias de entradas [1-3] torna-as aplicáveis a tarefas como o reconhecimento de escrita manual não segmentada e ligada [4] ou o reconhecimento da fala [5, 6]. O termo "rede neural recorrente" é utilizado para designar a classe de redes com uma resposta impulsiva infinita, enquanto "rede neural convolucional" se refere à classe de resposta impulsiva finita. Ambas as classes de redes apresentam um comportamento dinâmico temporal [7]. Uma rede recorrente de impulsos finitos é um grafo acíclico dirigido que pode ser desenrolado e substituído por uma rede neural estritamente de avanço, enquanto uma rede recorrente de impulsos infinitos é um grafo cíclico dirigido que não pode ser desenrolado.

Os estados armazenados adicionais e o armazenamento sob controlo direto da rede podem ser adicionados às redes de impulso infinito e de impulso finito. Outra rede ou gráfico também pode substituir o armazenamento se este incorporar atrasos de tempo ou tiver circuitos de feedback. Estes estados controlados são designados por estados gated ou memória gated e fazem parte das redes de memória de curto prazo longa (LSTM) e das unidades recorrentes gated. São também designadas por redes neuronais de realimentação (FNN). As redes neuronais recorrentes são teoricamente Turing completas e podem executar programas arbitrários para processar sequências arbitrárias de entradas [8].

3.2. História

O modelo de Ising (1925) de Wilhelm Lenz [9] e Ernst Ising [10, 11] foi a primeira arquitetura de RNN que não aprendia. Shun'ichi Amari tornou-a adaptativa em 1972 [12, 13]. Esta arquitetura foi também designada por rede de Hopfield (1982). Ver também o trabalho de David Rumelhart em 1986 [14]. Em 1993, um sistema de compressão da história neural resolveu uma tarefa de "aprendizagem muito profunda" que exigia mais de 1000 camadas subsequentes numa RNN desdobrada no tempo [15].

3.3. Memória de curto prazo (LSTM)

As redes de memória de curto prazo longa (LSTM) foram inventadas por Hochreiter e Schmidhuber em 1997 e estabeleceram recordes de precisão em vários domínios de aplicação [16].

Por volta de 2007, a LSTM começou a revolucionar o reconhecimento de fala, superando os modelos tradicionais em certas aplicações de fala [17]. Em 2009, uma rede LSTM treinada com CTC (Connec-tionist Temporal Classification) foi a primeira RNN a ganhar concursos de reconhecimento de padrões, ao vencer várias competições de reconhecimento de escrita conectada [18, 19]. Em 2014, a empresa chinesa Baidu usou RNNs treinadas com CTC para quebrar o conjunto de dados de reconhecimento de fala 2S09 Switchboard Hub5'00 [20], sem usar nenhum método tradicional de processamento de fala [21].

O LSTM também melhorou o reconhecimento de fala de vocabulário extenso [5, 6] e a síntese de texto para fala [22] e foi utilizado no Google Android [23]. Em 2015, o reconhecimento de voz da Google registou um salto dramático de desempenho de 49% através da LSTM treinada por CTC [24]. A LSTM bateu recordes em termos de melhoria da tradução automática [25], modelação da linguagem [26] e processamento multilingue da linguagem [27]. O LSTM combinado com convo-
As redes neuronais evolutivas (CNN) melhoraram a legendagem automática de imagens [28].

3.4. Arquitecturas
3.4.1. Totalmente recorrente

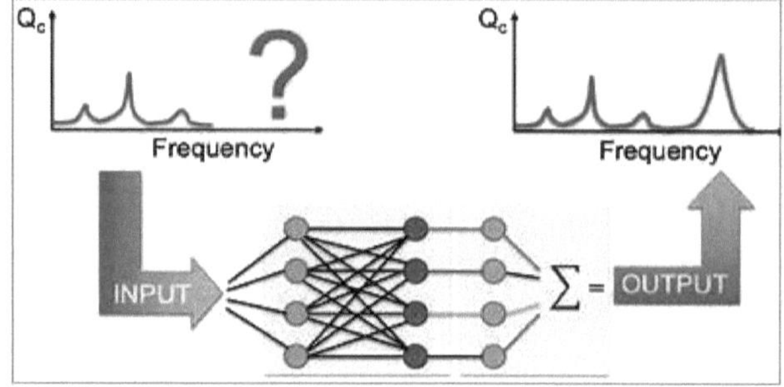

As redes neuronais totalmente recorrentes (FRNN) ligam as saídas de todos os neurónios às entradas de todos os neurónios. Esta é a topologia de rede neural mais geral, porque todas as outras topologias podem ser representadas definindo alguns pesos de ligação como zero para simular a falta de ligações entre esses neurónios. A ilustração à direita pode ser enganadora para muitos, porque as topologias práticas de redes neurais são frequentemente organizadas em "camadas" e o desenho dá essa aparência. No entanto, o que parece ser camadas são, na verdade, diferentes etapas no tempo da mesma rede neural totalmente recorrente. O item mais à esquerda na ilustração mostra as conexões recorrentes como o arco rotulado como 'v'. Ele é "desdobrado" no tempo para produzir a aparência de camadas.

3.4.2. Redes Elman e redes Jordan

Elman Network & Jordan Network

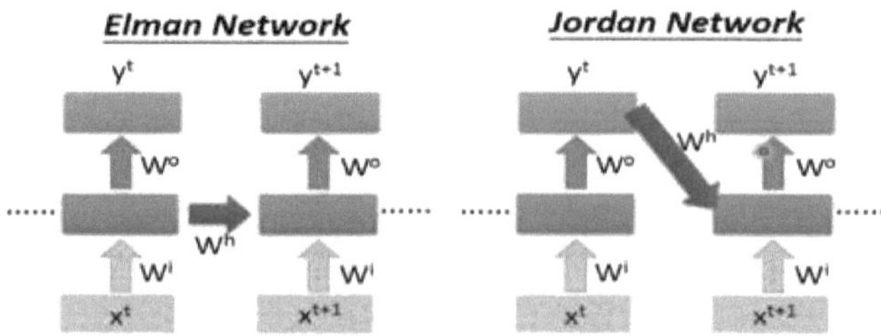

As redes Elman e Jordan.

Uma rede Elman é uma rede de três camadas (dispostas horizontalmente como x, y e z na ilustração) com a adição de um conjunto de unidades de contexto (u na ilustração). A camada intermédia (oculta) está ligada a estas unidades de contexto fixas com um peso de um [29]. Em cada passo de tempo, a entrada é alimentada e é aplicada uma regra de aprendizagem. As ligações posteriores fixas guardam uma cópia dos valores anteriores das unidades ocultas nas unidades de contexto (uma vez que se propagam pelas ligações antes de a regra de aprendizagem ser aplicada). Assim, a rede pode manter uma espécie de estado, o que lhe permite realizar tarefas como a previsão de sequências que estão para além do poder de um perceptron multicamada normal.

As redes Jordan são semelhantes às redes Elman. As unidades de contexto são alimentadas a partir da camada de saída em vez da camada oculta. As unidades de contexto numa rede Jordan são também designadas por camada de estado. Têm uma ligação recorrente com elas próprias [29].
As redes de Elman e Jordan são também conhecidas como "redes recorrentes simples" (SRN) 30, 31].

3.4.3. Hopfield

A rede de Hopfield é uma RNN em que todas as conexões entre camadas têm o mesmo tamanho. Requer entradas estacionárias e, portanto, não é uma RNN geral, pois não processa seqüências de padrões. No entanto, garante a sua convergência. Se as conexões forem treinadas usando aprendizagem hebbiana, a rede Hopfield pode funcionar como uma memória endereçável por conteúdo robusta, resistente a alterações nas conexões.

3.4.4. Memória associativa bidirecional

Introduzida por Bart Kosko [32], uma rede de memória associativa bidirecional (BAM) é uma variante de uma rede Hopfield que armazena dados associativos como um vetor. A bidireccionalidade resulta da passagem de informação através de uma matriz e da sua transposta. Normalmente, a codificação bipolar é preferida à codificação binária dos pares associativos. Recentemente, os modelos BAM estocásticos que utilizam o passo de Markov foram optimizados para aumentar a estabilidade da rede e a sua relevância para aplicações do mundo real [33].

Uma rede BAM tem duas camadas, qualquer uma das quais pode ser acionada como entrada para recordar uma associação e produzir uma saída na outra camada [34].

3.4.5. Estado do eco

As redes de estado de eco (ESN) têm uma camada oculta aleatória com poucas ligações. Os pesos dos neurónios de saída são a única parte da rede que pode mudar (ser treinada). As ESN são boas na reprodução de determinadas séries temporais [35]. Uma variante para os neurónios em espiral é conhecida como máquina de estado líquido [36].

3.4.6. RNN independente (IndRNN)

A rede neural recorrente independente (IndRNN) [37] aborda os problemas de desaparecimento e explosão do gradiente na RNN tradicional totalmente conectada. Cada neurónio de uma camada recebe apenas o seu próprio estado passado como informação de contexto (em vez de conetividade total com todos os outros neurónios dessa camada), pelo que os neurónios são independentes da história uns dos outros. A retropropagação do gradiente pode ser regulada para evitar o desaparecimento e a explosão do gradiente, a fim de manter a memória de longo ou curto prazo. A informação dos neurónios cruzados é explorada nas camadas seguintes. A IndRNN pode ser treinada de forma robusta com funções não lineares não saturadas, como a ReLU. As redes profundas podem ser treinadas utilizando ligações de saltos.

3.4.7. Recursivo

Uma rede neural recursiva [38] é criada através da aplicação do mesmo conjunto de wei-ghts recursivamente sobre uma estrutura diferenciável do tipo gráfico, percorrendo a estrutura por ordem topológica. Estas redes são também normalmente treinadas pelo modo inverso de diferenciação automática [39, 40]. Podem processar representações distribuídas de estruturas, tais como termos lógicos. Um caso especial de redes neurais recursivas é a RNN cuja estrutura corresponde a uma cadeia linear. As redes neurais recursivas têm sido aplicadas ao processamento de linguagem natural [41]. A Rede Neural Tensorial Recursiva utiliza uma função de composição baseada em tensores para todos os nós da árvore [42].

3.4.8. Compressor de histórico neural

O compressor de histórico neural é uma pilha não supervisionada de RNNs [43]. Ao nível da entrada, aprende a prever a sua entrada seguinte a partir das entradas anteriores. Apenas as entradas não previsíveis de alguma RNN na hierarquia se tornam entradas para a RNN de nível superior seguinte, que, por conseguinte, só raramente volta a computar o seu estado interno. Cada RNN de nível superior estuda assim uma representação comprimida da informação do RNN inferior. Isto é feito de forma a que a sequência de entrada possa ser reconstruída com precisão a partir da representação no nível mais elevado.

O sistema minimiza efetivamente o comprimento da descrição ou o logaritmo negativo.
thm da probabilidade dos dados [44]. Dada a existência de muita previsibilidade aprendível na sequência de dados de entrada, a RNN de nível mais elevado pode utilizar a aprendizagem supervisionada para classificar facilmente até sequências profundas com longos intervalos entre eventos importantes.

É possível destilar a hierarquia das RNNs em duas RNNs: o chunker "consciente" (nível superior) e o auto-matizador "subconsciente" (nível inferior) [43]. Uma vez que o fragmentador tenha aprendido a prever e a comprimir as entradas que são imprevisíveis para o auto-matizador, então o auto-matizador pode ser forçado, na fase seguinte de aprendizagem, a prever ou imitar, através de unidades adicionais, as unidades ocultas do fragmentador que muda mais lentamente. Isto facilita a aprendizagem de memórias apropriadas, que raramente mudam em intervalos longos. Por sua vez, isto ajuda o auto-matizador a tornar previsíveis muitas das suas entradas, outrora imprevisíveis, de modo a que o fragmentador se possa concentrar nos restantes eventos imprevisíveis [43].

Um modelo generativo superou parcialmente o problema do gradiente decrescente [45] de
diferenciação automática ou retropropagação em redes neuronais em 1992. Em 1993, um sistema deste tipo resolveu uma tarefa de "aprendizagem muito profunda" que exigia mais de 1000 camadas subsequentes numa RNN desdobrada no tempo [15].

3.4.9. RNNs de segunda ordem

As RNNs de segunda ordem usam pesos de ordem superior dos padrão, e os estados podem ser um produto. Isto permite um mapeamento direto para uma máquina de estado finito, tanto na formação, estabilidade, e representação [46, 47]. A memória de curto prazo longa é um exemplo disso, mas não tem tais mapeamentos formais ou prova de estabilidade.

3.4.10. Memória de curto prazo

TYPES OF MEMORY

Unidade de memória de longo prazo

A memória de curto prazo longa (LSTM) é um sistema de aprendizagem profunda que evita o problema do gradiente de desaparecimento. O LSTM é normalmente aumentado por portas recorrentes denominadas "forget gates" [48]. O LSTM evita que os erros retropropagados desapareçam ou explodam [45]. Em vez disso, os erros podem fluir para trás através de um número ilimitado de camadas virtuais desdobradas no espaço. Isto é, o LSTM pode aprender tarefas[18] que requerem memórias de eventos que aconteceram milhares ou mesmo milhões de passos de tempo discretos antes. Podem ser desenvolvidas topologias do tipo LSTM para problemas específicos [49]. O LSTM funciona mesmo com grandes atrasos entre eventos significativos e pode lidar com sinais que misturam componentes de baixa e alta frequência.

Muitas aplicações utilizam pilhas de RNNs LSTM [50] e treinam-nas através da classificação temporal conexionista (CTC) [51] para encontrar uma matriz de pesos RNN que maximize a probabilidade das sequências de etiquetas num conjunto de treino, dadas as sequências de entrada correspondentes. A CTC consegue tanto o alinhamento como o reconhecimento.

O LSTM pode aprender a reconhecer línguas sensíveis ao contexto, ao contrário dos modelos anteriores baseados em modelos ocultos de Markov (HMM) e conceitos semelhantes [52].

3.4.11.   Unidade recorrente fechada

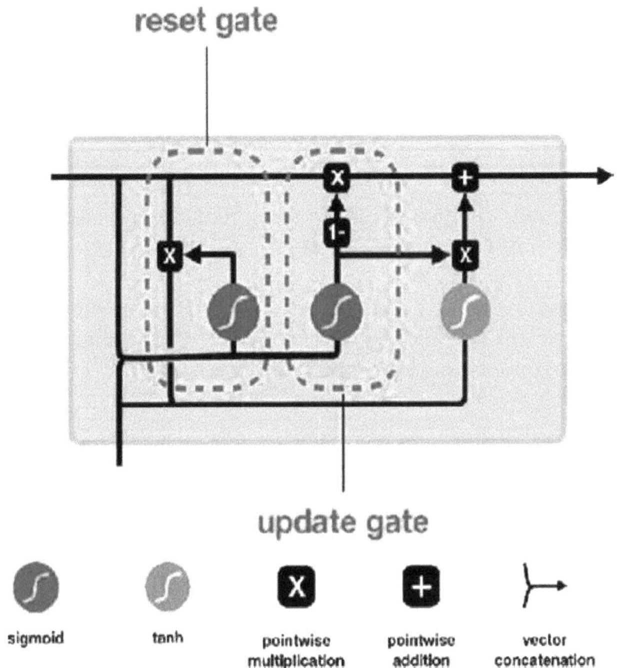

As unidades recorrentes fechadas (GRU) são um mecanismo de fecho das redes neuronais recorrentes introduzido em 2014. São utilizadas na sua forma completa e em diversas variantes simplificadas [53, 54]. O seu desempenho na modelação de música polifónica e na modelação de sinais de fala foi considerado semelhante ao da memória de longo prazo [55] Têm menos parâmetros do que os LSTM, uma vez que não têm uma porta de saída [56].

3.4.12.   Bi-direcional

As RNNs bidireccionais utilizam uma sequência finita para prever ou rotular cada elemento da sequência com base nos contextos passado e futuro do elemento. Isto é feito através da concatenação das saídas de duas RNNs, uma processando a sequência da esquerda para a direita e a outra da direita para a esquerda. As saídas combinadas são as previsões dos sinais-alvo dados pelo professor. Esta técnica provou ser especialmente útil quando combinada com RNNs LSTM [57, 58].

3.4.13.   Tempo contínuo

Uma rede neural recorrente em tempo contínuo (CTRNN) utiliza um sistema de equações diferenciais ordi-nárias para modelar os efeitos num neurónio das entradas. As CTRNNs têm sido aplicadas à robótica evolutiva, onde têm sido utilizadas para tratar a visão [59], a cooperação [60] e o comportamento cognitivo mínimo [61]. Note-se que, pelo teorema da amostragem de Shannon, as redes neuronais recorrentes em tempo discreto podem ser vistas como redes neuronais recorrentes em tempo contínuo, em que as equações diferenciais se transformaram em equações de diferenças equivalentes [62].

Esta transformação pode ser considerada como ocorrendo depois de as funções de ativação do nó pós-sináptico terem sido filtradas de forma passa-baixo, mas antes da amostragem.

3.4.14.   Rede Neural Recorrente Hierárquica

As redes neuronais recorrentes hierárquicas (HRNN) ligam os seus neurónios de várias formas para decompor o comportamento hierárquico em subprogramas úteis [63]. Estas estruturas hierárquicas da cognição estão presentes nas teorias da memória apresentadas pelo filósofo Henri Bergson, cujos pontos de vista filosóficos inspiraram modelos hierárquicos [64].

As redes neuronais recorrentes hierárquicas são úteis na previsão, ajudando a prever componentes de inflação desagregados do índice de preços no consumidor (IPC). O modelo HRNN utiliza informações de níveis superiores na hierarquia do IPC para melhorar as previsões de nível inferior. A avaliação de um conjunto substancial de dados do índice IPC-U dos EUA demonstra o desempenho superior do modelo HRNN em comparação com vários métodos estabelecidos de previsão da inflação [65].

3.4.15.   Rede Perceptron Recorrente de Múltiplas Camadas

Geralmente, uma rede perceptrónica recorrente multicamada (rede RMLP) consiste em sub-redes em cascata, cada uma contendo várias camadas de nós. Cada sub-rede é de realimentação, exceto a última camada, que pode ter ligações de realimentação. Cada uma destas sub-redes está ligada apenas por ligações de feed-forward [66].

3.4.16. Modelo de escalas temporais múltiplas

Uma rede neural recorrente de escalas temporais múltiplas (MTRNN) é um modelo computacional de base neural que pode simular a hierarquia funcional do cérebro através da auto-organização, dependendo da ligação espacial entre neurónios e de tipos distintos de actividades neuronais, cada uma com propriedades temporais distintas [67, 68]. Com estas actividades neuronais variadas, as sequências contínuas de qualquer conjunto de comportamentos são segmentadas em primitivas reutilizáveis, que por sua vez são integradas de forma flexível em diversos comportamentos sequenciais. A aprovação biológica de tal tipo de hierarquia foi discutida na teoria de previsão de memória da função cerebral por Hawkins em seu livro On Intelligence [citação necessária]. Tal hierarquia também concorda com as teorias de memória postuladas pelo filósofo Henri Bergson, que foram incorporadas em um modelo MTRNN [69].

3.4.17. Máquinas de Turing Neurais

As máquinas de Turing neuronais (NTM) são um método para alargar as redes neuronais recorrentes, associando-as a recursos de memória externa com os quais podem interagir através de processos de atenção. O sistema combinado é análogo a uma máquina de Turing ou a uma arquitetura Von Neumann, mas é diferenciável de ponta a ponta, o que permite que seja treinado de forma eficiente com descida de gradiente [70].

3.4.18. Computador Neural Diferenciável

Os computadores neuronais diferenciáveis (DNC) são uma extensão das máquinas de Turing neuronais, permitindo a utilização de quantidades difusas de cada endereço de memória e um registo de cronologia.

3.4.19. Autómatos pushdown de redes neuronais

Os autómatos pushdown de rede neuronal (NNPDA) são semelhantes aos NTM, mas as fitas são substituídas por pilhas analógicas que são diferenciáveis e treinadas. Desta forma, são semelhantes em complexidade aos reconhecedores de gramáticas livres de contexto (CFGs) [71].

3.4.20.   Redes Memristive

Greg Snider, dos HP Labs, descreve um sistema de computação cortical com nanodispositivos memristores [72]. Os memristores (resistências de memória) são implementados através de materiais de película fina em que a resistência é regulada eletricamente através do transporte de iões ou de vagas de oxigénio no interior da película. O projeto SyNAPSE da DARPA financiou a IBM Research e os HP Labs, em colaboração com o Departamento de Sistemas Cognitivos e Neuronais (CNS) da Universidade de Boston, para desenvolver arquitecturas neuromórficas que podem ser baseadas em sistemas memristores. As redes memristive são um tipo particular de rede neural física que tem propriedades muito semelhantes às redes (Little-) Hopfield, uma vez que têm uma dinâmica contínua, uma capacidade de memória limitada e um relaxamento natural através da minimização de uma função que é assintótica ao modelo de Ising. Neste sentido, a dinâmica de um circuito memristivo tem a vantagem, em comparação com uma rede Resistência-Capacitor, de ter um comportamento não-linear mais interessante [73].

3.4.21.   Pseudocódigo

Dada uma série cronológica x de comprimento sequência_comprimento. Na rede neural recorrente, existe um ciclo que processa todas as entradas da série temporal x através das camadas da rede neural, uma após a outra. Estas têm como valor de retorno em cada passo de tempo a previsão y_pred e um estado oculto atualizado, que tem o comprimento hidden_size. Como resultado, após o ciclo, é devolvida a coleção de todas as previsões pred. O pseudocódigo a seguir (baseado na linguagem de programação Python) ilustra a funcionalidade de uma rede neural recorrente [74]. def RNN_forward(x, sequence_length, neural_network, hidden_size):

hidden = zeros(size=hidden_size) # inicializar com zeros para cada série temporal independente separadamente
y_pred = zeros(tamanho=comprimento_da_sequência)
for i in range(sequence_length):

y_pred[i], hidden = neural_network(x[i], hidden) # atualizar o estado oculto
return y_pred

As bibliotecas modernas fornecem implementações optimizadas em tempo de execução da funcionalidade acima referida ou permitem acelerar o ciclo lento através da compilação just-in-time.

3.4.22.   Formação

A descida de gradiente é um algoritmo de otimização iterativo de primeira ordem para encontrar o mínimo de uma função. Nas redes neurais, pode ser utilizado para minimizar o termo de erro alterando cada peso proporcionalmente à derivada do erro em relação a esse peso, desde que as funções de ativação não lineares sejam diferentes. Vários métodos para o efeito foram desenvolvidos na década de 1980 e no início da década de 1990 por Werbos, Williams, Robinson, Schmidhuber, Hochreiter, Pearlmutter e outros.

O método padrão é chamado de "backpropagation through time" ou BPTT, e é uma generalização do back-propagation para redes feed-forward [75, 76]. Tal como esse método, é uma instância de diferenciação automática no modo de acumulação inversa do princípio mínimo de Pontryagin. Uma variante em linha mais dispendiosa do ponto de vista computacional é a chamada "Aprendizagem Recorrente em Tempo Real" ou RTRL [77, 78], que é uma instância de diferenciação automática no modo de acumulação progressiva com vectores tangentes empilhados. Ao contrário do BPTT, este algoritmo é local no tempo mas não local no espaço.

Neste contexto, local no espaço significa que o vetor de peso de uma unidade pode ser atualizado utilizando apenas a informação armazenada nas unidades ligadas e na própria unidade, de modo que a complexidade da atualização de uma única unidade é linear na dimensionalidade do vetor de peso. Local no tempo significa que as actualizações ocorrem continuamente (em linha) e dependem apenas do passo de tempo mais recente e não de vários passos de tempo num determinado horizonte temporal, como na BPTT. As redes neuronais biológicas parecem ser locais tanto no que respeita ao tempo como ao espaço [79, 80].

Para calcular recursivamente as derivadas parciais, a RTRL tem uma complexidade temporal de O(número de ocultos x número de pesos) por passo de tempo para calcular as matrizes jacobianas, enquanto a BPTT apenas necessita de O(número de pesos) por passo de tempo, com o custo de armazenar todas as activações avançadas dentro do horizonte temporal dado [81]. Existe um híbrido online entre BPTT e RTRL com complexidade intermédia [82, 83], juntamente com variantes para tempo contínuo [84].

Um grande problema com a descida de gradiente para arquitecturas RNN padrão é que os gradientes de erro desaparecem exponencialmente rápido com o tamanho do intervalo de tempo entre eventos importantes [85].

O algoritmo on-line denominado causal recursive backpropagation (CRBP), implementa e combina os paradigmas BPTT e RTRL para redes localmente recorrentes [86]. Funciona com as redes localmente recorrentes mais gerais. O algoritmo CRBP pode minimizar o termo de erro global. Este facto melhora a estabilidade do algoritmo, proporcionando uma visão unificadora das técnicas de cálculo do gradiente para redes recorrentes com realimentação local.

Uma abordagem ao cálculo da informação de gradiente em RNNs com arquitecturas arbitrárias baseia-se na derivação diagramática de gráficos de fluxo de sinal [87]. Utiliza o algoritmo de lote BPTT, baseado no teorema de Lee para cálculos de sensibilidade da rede [88]. Foi proposto por Wan e Beaufays, enquanto a sua versão online rápida foi proposta por Campolucci, Uncini e Piazza [88].

3.5. Métodos de otimização global

O treino dos pesos de uma rede neuronal pode ser modelado como um problema de otimização global não linear. Uma função-alvo pode ser formada para avaliar a aptidão ou o erro de um determinado vetor de pesos da seguinte forma: Primeiro, os pesos da rede são definidos de acordo com o vetor de pesos. Em seguida, a rede é avaliada em relação à sequência de treino. Normalmente, a diferença da soma dos quadrados entre as previsões e os valores-alvo especificados na sequência de treino é utilizada para representar o erro do vetor de pesos atual. Podem então ser utilizadas técnicas de otimização global arbitrárias para minimizar esta função-alvo.

O método de otimização global mais comum para treinar RNNs são os algoritmos genéticos, especialmente em redes não estruturadas [89-91].

Inicialmente, o algoritmo genético é codificado com os pesos da rede neural de uma forma predefinida, em que um gene no cromossoma representa uma ligação de peso. A rede inteira é representada por um único cromossoma. A função de aptidão é avaliada da seguinte forma:

- Cada peso codificado no cromossoma é atribuído ao respetivo elo de peso da rede.
- O conjunto de treino é apresentado à rede que propaga os sinais de entrada para a frente.
- O erro médio quadrático é devolvido à função de aptidão.
- Esta função impulsiona o processo de seleção genética.

A população é constituída por muitos cromossomas; por conseguinte, são desenvolvidas muitas redes neuronais diferentes até que seja satisfeito um critério de paragem. Um esquema de paragem comum é:

- Quando a rede neural tiver aprendido uma determinada percentagem dos dados de treino ou
- Quando o valor mínimo do erro médio quadrático é satisfeito ou
- Quando o número máximo de gerações de treino tiver sido atingido.

A função de aptidão avalia o critério de paragem à medida que recebe o recíproco do erro quadrático médio de cada rede durante o treino. Portanto, o objetivo do algoritmo genético é maximizar a função de aptidão, reduzindo o erro quadrático médio.

Podem ser utilizadas outras técnicas de otimização global (e/ou evolutiva) para procurar um bom conjunto de pesos, como o recozimento simulado ou a otimização por enxame de partículas.

3.6. Domínios e modelos relacionados

As RNN podem ter um comportamento caótico. Nesses casos, a teoria dos sistemas dinâmicos pode ser utilizada para análise.

De facto, são redes neuronais recursivas com uma estrutura particular: a de uma cadeia linear. Enquanto as redes neuronais recursivas operam em qualquer estrutura hierárquica, combinando representações filhas em representações pai, as redes neuronais recorrentes operam na progressão linear do tempo, combinando o passo de tempo anterior e uma representação oculta na representação do passo de tempo atual.

Em particular, as RNNs podem aparecer como versões não lineares de filtros de resposta impulsiva finita e de resposta impulsiva infinita e também como um modelo exógeno autoregressivo não linear (NARX) [92]. O efeito da aprendizagem baseada na memória para o reconhecimento de sequências pode também ser implementado através de um modelo de base mais biológica que utiliza o mecanismo de silenciamento exibido em neurónios com uma atividade de picos de frequência relativamente elevada [93, 94].

3.7. Aplicações

As aplicações das redes neuronais recorrentes incluem:

- Tradução automática [25]
- Controlo de robôs [95]
- Previsão de séries cronológicas [96-98]
- Reconhecimento da fala [99, 100]
- Síntese de fala [101]
- Interfaces cérebro-computador [102]
- Deteção de anomalias em séries cronológicas [103]
- Modelo texto-vídeo [104]
- Aprendizagem do ritmo [105]
- Composição musical [106]
- Aprendizagem da gramática [107, 108]
- Reconhecimento de escrita à mão [109, 110]
- Reconhecimento de acções humanas [111]
- Deteção de homologia de proteínas [112]
- Previsão da localização subcelular de proteínas [58]
- Várias tarefas de previsão no domínio da gestão de processos empresariais [113]
- Previsão nos percursos de cuidados médicos [114]
- Previsões de perturbações do plasma de fusão em reactores (código da Rede Neuronal Recorrente de Fusão (FRNN)) [115]

3.8. Referências

[1]. Dupond, Samuel (2019).

"Uma revisão exaustiva sobre o avanço atual das estruturas de redes neuronais".

Revisões Anuais em Controlo. 14: 200-230.

[2]. Abiodun, O. I.; et al. (2018-11-01).

"Estado da arte em aplicações de redes neurais artificiais: A survey".

Heliyon. 4 (11): e00938.

[3]. Tealab, Ahmed (2018-12-01).

"Previsão de séries temporais utilizando metodologias de redes neurais artificiais".

Future Computing and Informatics Journal. 3 (2): 334-340.

[4]. Graves, Alex; et al. (2009).

"Reconhecimento de escrita à mão sem restrições melhorado por um novo conexionista".

IEEE Transactions on Pattern Analysis and Machine Intelligence. 31 (5):

855-868. CiteSeerX 10.1.1.139.4502.

[5]. Sak, Haşim; Sénior, Andrew; Beaufays, Françoise (2014).

"Modelação acústica recorrente à escala N.N. da Memória de Curto Prazo Longo".

Pesquisa Google.

[6]. Li, Xiangang; Wu, Xihong (2014-10-15).

"Construir o reconhecimento do discurso do vocabulário da memória de curto prazo".

arXiv:1410.4281 [cs.CL].

[7]. Miljanovic, Milos (Fev-Mar 2012).

"Análise comparativa da previsão de séries recorrentes e temporais".

Indian Journal of Computer and Engineering. 3 (1).

[8]. Hyötyniemi, H. (1996). "As máquinas de Turing são redes neuronais recorrentes".

Proc. of STeP '96/Publications Finnish Artificial Intelligence Soc.: 13-24.

[9]. Lenz, W. (1920),

"Beiträge zum Verständnis der magnetischen Eigenschaften Körpern",

Physikalische Zeitschrift, 21: 613-615.

[10]. Ising, E. (1925), "Beitrag zur Theorie des Ferromagnetismus",

Z. Phys., 31 (1): 253-258.

[11]. Brush, Stephen G. (1967). "História do modelo Lenz-Ising". Revisões de

Física Moderna. 39 (4): 883-893.

[12]. Amari, Shun-Ichi (1972).

"Aprendizagem de padrões e sequências de padrões através de elementos de redes auto-organizáveis".

IEEE Transactions on Computers. C (21): 1197-1206.

[13]. Schmidhuber, J. (2022). "História anotada da aprendizagem profunda da IA moderna".

arXiv:2212.11279 [cs.NE].

[14]. Williams, R. J.; Hinton, Geoffrey E.; Rumelhart, David E. (outubro de 1986).

"Aprendizagem de representações através da retropropagação de erros". Nature. 323 (6088):

533-536.

[15]. Schmidhuber, Jürgen (1993).

Tese de habilitação: Modelação e otimização de sistemas. Página 150

demonstra a atribuição de créditos através do equivalente a 1.200 camadas num

RNN desdobrada.

[16]. Hochreiter, Sepp; Schmidhuber, J. (1997). "Memória longa de curto prazo".

Computação Neural. 9 (8): 1735-1780.

[17]. Fernández, Santiago; Graves, Alex; Schmidhuber, Jürgen (2007).

"Uma aplicação de N. N. recorrente à deteção discriminatória de palavras-chave".

Actas da 17ª Conferência Internacional sobre Neurónios Artificiais

Redes. ICANN'07. Berlim, Heidelberg: Springer-Verlag. pp. 220-229. ISBN 978-3-540-74693-5.

[18]. Schmidhuber, Jürgen (janeiro de 2015).

"Aprendizagem profunda em redes neurais: Uma visão geral". Neural Networks. 61:

85-117. arXiv:1404.7828.

[19] Graves, Alex; Schmidhuber, Jürgen (2009).

"Reconhecimento de escrita à mão offline com N. N. recorrente multidimensional".

Em Koller, D.; Schuurmans, D.; Bengio, Y.; Bottou, L. (eds.). Advances in

Sistemas Neurais de Processamento de Informação. Vol. 21. Informação Neural

Processing Systems (NIPS) Foundation. pp. 545-552.

[20]. "Discurso de avaliação do inglês HUB5 2000 - Consórcio de dados linguísticos".

catalog.ldc.upenn.edu.

[21]. Hannun, Awni; et al. (2014-12-17).

"Deep Speech: Aumentar a escala do reconhecimento do discurso de ponta a ponta".
arXiv:1412.5567 [cs.CL].

[22]. Fan, Bo; Wang, Lijuan; Soong, Frank K.; Xie, Lei (2015).
"Cabeça falante foto-real com LSTM bidirecional profundo". Actas de
ICASSP 2015 Conferência Internacional do IEEE sobre Acústica, Fala e
Processamento de sinais. pp. 4884-8.

[23]. Zen, Heiga; Sak, Haşim (2015).
"Síntese de fala unidirecional de curta duração e baixa latência".
Actas da Conferência Internacional de Acústica do IEEE ICASSP 2015,
Speech and Signal Processing. pp. 4470-4.

[24]. Sak, H.; Senior, A.; Rao, K.; Beaufays, F.; Schalkwyk, J. (2015).
"Pesquisa por voz do Google: mais rápida e mais precisa".

[25]. Sutskever, Ilya; Vinyals, Oriol; Le, Quoc V. (2014).
"Aprendizagem sequência a sequência com redes neuronais" (PDF). Eletrónica
Actas da Conferência sobre Sistemas de Processamento de Informação Neural. 27:
5346. arXiv:1409.3215.

[26]. Jozefowicz, Rafal; et al. (2016-02-07).
"Explorando os limites da modelação da linguagem". arXiv:1602.02410.

[27]. Gillick, Dan; et al. (2015-11-30).
"Processamento de linguagem multilingue a partir de bytes". arXiv:1512.00103.

[28].   Vinyals, Oriol; Toshev, Alexander; Bengio, Samy; Erhan, Dumitru (2014).
"Mostrar e contar: um gerador neural de legendas de imagens".
arXiv:1411.4555 [cs.CV].

[29]. Cruse, Holk; Neural Networks as Cybernetic Systems, 2ª edição revista
Edição.

[30]. Elman, J. (1990). "Finding Structure Time". Ciência Cognitiva. 14: 179-
211.

[31]. Jordan, Michael I. (1997-01-01).
"Ordem em série: Uma abordagem de processamento distribuído paralelo". Neural-
Modelos de rede da cognição - Fundamentos bio-comportamentais. Avanços em

Psicologia. Vol. 121. pp. 471-495.

[32]. Kosko, Bart (1988). "Memórias associativas bidireccionais". IEEE Transacções em Sistemas, Homem e Cibernética. 18 (1): 49-60.

[33]. Rakkiyappan, Rajan; et al. (2015). Complexity. 20 (3): 39-65.

[34]. Rojas, Rául (1996). Redes neuronais: uma introdução sistemática. Springer.
p. 336. ISBN 978-3-540-60505-8.

[35]. Jaeger, Herbert; Haas, Harald (2004-04-02). "Aproveitamento da não-linearidade:
Previsão de sistemas caóticos e poupança de energia em redes sem fios
Comunicação". Science. 304 (5667): 78-80.

[36]. Maass, Wolfgang; Natschläger, Thomas; Markram, Henry (2002).
"Computação em tempo real sem estados estáveis: uma nova abordagem baseada em perturbações".
Neural Computation. 14 (11): 2531-2560.

[37]. Shuai; Li, Wanqing; Cook, Chris; Zhu, Ce; Yanbo, Gao (2018).
"Rede Neural Recorrente Independente: Construindo e aprofundando a RNN".
arXiv:1803.04831 [cs.CV].

[38]. Goller, Christoph; Küchler, Andreas (1996).
"Aprender representações distribuídas dependentes da tarefa através da estrutura".
Actas da Intr. Conf. sobre Redes Neurais (ICNN'96). Vol. 1. p. 347.

[39]. Linnainmaa, Seppo (1970).
A representação do erro de arredondamento acumulado de um algoritmo como um
Expansão de Taylor dos erros locais de arredondamento (MSc). Universidade de Helsínquia.

[40]. Griewank, Andreas; Walther, Andrea (2008).
SIAM. ISBN 978-0-89871-776-1.

[41]. Socher, Richard; et al.
"Analisar cenas naturais e linguagem natural com N. N. recursivo",
28ª Conferência Internacional sobre Aprendizagem Automática (ICML 2011)

[42]. Socher, Richard; et al. (2013).
"Modelos profundos recursivos Composição semântica do banco de dados de sentimentos".
Emnlp 2013.

[43]. Schmidhuber, Jürgen (1992).

"Aprendizagem de sequências complexas e alargadas utilizando a compressão do histórico".

Computação Neural. 4 (2): 234-242.

[44]. Schmidhuber, Jürgen (2015).

"Aprendizagem profunda". Scholarpedia. 10 (11): 32832.

[45]. Hochreiter, Sepp (1991).

Investigações sobre redes neuronais dinâmicas (Diploma). Institut f.

Informatik, Technische University Munich.

[46]. Giles, C. Lee; et al. (1992).

"Aprendizagem e extração de estado finito de segunda ordem recorrente N. N.".

Computação Neural. 4 (3): 393-405.

[47]. Omlin, Christian W.; Giles, C. Lee (1996).

"Construção de autómatos determinísticos de estado finito em N. N. recorrente".

Journal of the ACM. 45 (6): 937-972. CiteSeerX 10.1.1.32.2364.

[48]. Gers, Felix A.; Schraudolph, Nicol N.; Schmidhuber, Jürgen (2002).

"Aprendizagem de tempos exactos com redes recorrentes LSTM" (PDF). Revista

de Investigação em Aprendizagem Automática. 3: 115-143. Recuperado em 2017-06-13.

[49]. Bayer, J.; Wierstra, Daan; Togelius, Julian; Schmidhuber, Jürgen (2009).

"Evolução das estruturas das células de memória para a aprendizagem de sequências".

Redes Neurais Artificiais - ICANN 2009 (PDF). Notas de aula em

Ciência da Computação. Vol. 5769. Berlim, Heidelberg: Springer. pp. 755-764.

[50]. Fernández, Santiago; Graves, Alex; Schmidhuber, Jürgen (2007).

"Etiquetagem de sequências de domínios estruturados com N.N. recorrente hierárquica".

Actas da 20ª Conferência Internacional Conjunta sobre Artificial Inteligência, Ijcai 2007. pp. 774-9. CiteSeerX 10.1.1.79.1887.

[51]. Graves, Alex; Fernández, Santiago; Gomez, Faustino J. (2006).

Actas da Conferência Internacional sobre Aprendizagem Automática. pp. 369-376.

[52]. Gers, Felix A.; Schmidhuber, Jürgen (2001).

"As redes recorrentes LSTM aprendem línguas simples sensíveis ao contexto".

IEEE Transactions on Neural Networks. 12 (6): 1333-40. Arquivado em

2020-07-10. Recuperado em 2017-12-12.

[53]. Heck, Joel; Salem, Fathi M. (2017-01-12).
"Redes Neuronais Recorrentes Simplificadas de Variações de Unidades Mínimas Fechadas".
arXiv:1701.03452 [cs.NE].

[54]. Dey, Rahul; Salem, Fathi M. (2017-01-20).
"Variantes de porta das redes neurais de unidades recorrentes fechadas (GRU)".
arXiv:1701.05923 [cs.NE].

[55]. Chung, J.; Gulcehre, Caglar; Cho, KyungHyun; Bengio, Yoshua (2014).
"Avaliação empírica de N. N. Recorrente com Gated na Modelação de Sequências".
arXiv:1412.3555 [cs.NE].

[56]. Britz, Denny (27 de outubro de 2015).
Wildml.com. Recuperado em 18 de maio de 2016.

[57]. Graves, Alex; Schmidhuber, Jürgen (2005-07-01).
"Arquitecturas de rede bidireccionais de classificação de fonemas por enquadramento".
Redes Neuronais. IJCNN 2005. 18 (5): 602-610.

[58]. Thireou, Trias; Reczko, Martin (julho de 2007). "Bidirecional Long Short-
Redes de memória de termo para prever a localização subcelular de
Proteínas eucarióticas". Transacções IEEE/ACM sobre Biologia Computacional
e Bioinformática. 4 (3): 441-446.

[59]. Harvey, Inman; Husbands, Phil; Cliff, Dave (1994),
"Ver a luz: Evolução artificial, visão real", 3ª Conferência Internacional de
conferência sobre a simulação do comportamento adaptativo: dos animais aos animados 3,
pp. 392-401

[60]. Quinn, Matt (2001).
"Evolução da comunicação sem canais de comunicação específicos".
Avanços na Vida Artificial: 6ª Conf. Europeia, ECAL 2001. pp. 357-366.

[61]. Beer, R. D. (1997). "A dinâmica do comportamento adaptativo: Programa de investigação".
Robótica e Sistemas Autónomos. 20 (2-4): 257-289.

[62]. Sherstinsky, Alex, et al. (2018-12-07).

Workshop de crítica e correção de aprendizagem automática no NeurIPS-2018.

[63]. Paine, Rainer W.; Tani, Jun (2005-09-01).
"Como o controlo hierárquico se auto-organiza nos sistemas adaptativos artificiais".
Comportamento adaptativo. 13 (3): 211-225.

[64]. "Burns, Benureau, Tani (2018).
Um Modelo de Rede Neuronal Recorrente de Múltiplas Escalas Temporais. JNNS" .

[65]. Barkan, Oren; et al. (2023).
"Previsão dos componentes da inflação do IPC com N. N. Recorrente Hierárquica".
Jornal Internacional de Previsões. 39 (3): 1145-1162.

[66]. Tutschku, Kurt (junho de 1995).
Identificação e Controlo Recorrente de Multicamadas: O caminho para as aplicações.
Relatório de Investigação do Instituto de Informática. Vol. 118. Universidade de
Würzburg Am Hubland. CiteSeerX 10.1.1.45.3527.

[67]. Yamashita, Yuichi; Tani, Jun (2008-11-07).
PLOS Computational Biology. 4 (11): e1000220.

[58]. Alnajjar, Fady; Yamashita, Yuichi; Tani, Jun (2013).
Fronteiras em Neurorobótica. 7: 2.

[69]. "Actas da 28ª Conf. da Sociedade Japonesa de Redes Neuronais".
outubro de 2018.

[70]. Graves, A.; Wayne, G.; Danihelka, Ivo (2014). "Máquinas de Turing Neurais".
arXiv:1410.5401 [cs.NE].

[71]. Sun, Guo-Zheng; Giles, C. Lee; Chen, Hsing-Hen (1998).
Autómato Pushdown de Rede Neural: Arquitetura, dinâmica e formação.
Em Giles, C. Lee; Gori, Marco (eds.). Processamento Adaptativo de Sequências e
Estruturas de dados. Notas de aula em Ciência da Computação. Berlim, Heidelberg:
Springer. pp. 296-345.

[72]. Snider, Greg (2008), "Cortical computing with memristive nanodevices" [Computação cortical com nanodispositivos memrísticos],
Sci-DAC Review, 10: 58-65, arquivado em 2016-05-16, recuperado em 2019-09-06

[73]. Caravelli, F.; Traversa, Fabio Lorenzo; Di Ventra, Massimiliano (2017).

"A dinâmica complexa dos circuitos de memória: relaxamento lento universal".

Physical Review E. 95 (2): 022140.

[74]. Chollet, François; Kalinowski, Tomasz; Allaire, J. J. (2022-09-13).

Deep Learning with R, Segunda Edição. Simon and Schuster. ISBN 978-1-63835-078-1.

[75]. Werbos, Paul J. (1988).

"Generalização do backpropagation com modelo de mercado de gás recorrente".

Redes Neurais. 1 (4): 339-356.

[76]. Rumelhart, David E. (1985).

Aprendizagem de representações internas por propagação de erros. San Diego (CA):

Instituto de Ciências Cognitivas, Universidade da Califórnia.

[77]. Robinson, Anthony J.; Fallside, Frank (1987).

A Rede Dinâmica de Propagação de Erros Orientada por Utilidade. Relatório técnico.

Departamento de Engenharia, Universidade de Cambridge.

[78]. Williams, Ronald J.; Zipser, D. (1 de fevereiro de 2013).

"Algoritmos de aprendizagem baseados em gradientes para a complexidade computacional".

Psychology Press. ISBN 978-1-134-77581-1.

[79]. Schmidhuber, Jürgen (1989-01-01).

"Algoritmo de aprendizagem local Redes recorrentes dinâmicas com avanço".

Conexão Ciência. 1 (4): 403-412.

[80]. Príncipe, José C.; Euliano, Neil R.; Lefebvre, W. Curt (2000).

Sistemas neurais e adaptativos: fundamentos através de simulações. Wiley.

ISBN 978-0-471-35167-2.

[81]. Yann, Ollivier; Tallec, Corentin; Charpiat, Guillaume (2015-07-28).

"Treinar redes recorrentes online sem retrocesso".

arXiv:1507.07680 [cs.NE].

[82]. Schmidhuber, Jürgen (1992-03-01).

Computação Neural. 4 (2): 243-248.

[83]. Williams, Ronald J. (1989).

Relatório Técnico NU-CCS-89-27. Boston (MA): Northeastern University,

Faculdade de Informática. Arquivado em 2017-10-20. Recuperado em 2017-07-02.

[84]. Pearlmutter, Barak A. (1989-06-01).

"Aprendizagem de trajectórias no espaço de estados em redes neuronais recorrentes".

Computação Neural. 1 (2): 263-269.

[85]. Hochreiter, Sepp; et al. (15 de janeiro de 2001).

"Gradient flow in recurrent nets: the learning long-term dependencies".

Em Kolen, John F.; Kremer, Stefan C. (eds.). A Field Guide to Dynamical

Redes Recorrentes. John Wiley & Sons. ISBN 978-0-7803-5369-5.

[86]. Campolucci, P.; Uncini, A.; Piazza, Francesco; Rao, Bhaskar D. (1999).

"Algoritmos de aprendizagem em linha para redes neurais localmente recorrentes".

IEEE Transactions on Neural Networks. 10 (2): 253-271.

[87]. Wan, Eric A.; Beaufays, Françoise (1996).

"Derivação diagramática de algoritmos de gradiente para redes neurais".

Neural Computation. 8: 182-201.

[88]. Campolucci, Paolo; Uncini, Aurelio; Piazza, Francesco (2000).

"Uma abordagem de gráfico de fluxo de sinal para cálculo de gradiente em linha".

Computação Neural. 12 (8): 1901-1927.

[89]. Gomez, Faustino J.; Miikkulainen, Risto (1999),

"Resolução de tarefas de controlo não markoviano com neuroevolução",

IJCAI 99, Morgan Kaufmann, consultado em 5 de agosto de 2017

[90]. Syed, Omar (maio de 1995).

Aplicação de Algoritmos Genéticos à Arquitetura de Parâmetros N. N. Recorrente.

Departamento de Engenharia Eléctrica, Case Western Reserve University.

[91]. Gomez, Faustino J.; et al. (2008).

"Evolução Neural Acelerada Sinapses Cooperativamente Co-evoluídas".

Jornal de Investigação sobre Aprendizagem Automática. 9: 937-965.

[92]. Siegelmann, Hava T.; Horne, Bill G.; Giles, C. Lee (1995).

"Capacidades computacionais das redes neurais recorrentes NARX".

IEEE Trans. on Systems, Man, and Cybernetics - Parte B:
Cibernética. 27 (2): 208-15.

[93]. Hodassman, Shiri; et al. (2022).

"Identificação da sequência do mecanismo de silenciamento neuronal inspirado no cérebro".

Relatórios Científicos. 12 (1): 16003.

[94]. Metz, C. (maio). "O Google construiu seus próprios chips para alimentar seus bots de IA".

Com fio.

[95]. Mayer, Hermann; et al. (outubro de 2006).

"Um sistema para cirurgia cardíaca robótica que aprende a amarrar N. N. recorrente".

Conferência Internacional IEEE/RSJ 2006 sobre Robôs Inteligentes e

Sistemas. pp. 543-548.

[96]. Wierstra, Daan; Schmidhuber, Jürgen; Gomez, Faustino J. (2005).

"Evolino: Neuroevolução híbrida/Aprendizagem de sequências lineares óptimas".

Actas da 19ª Conferência Internacional Conjunta sobre Artificial Intelligence (IJCAI), Edimburgo. pp. 853-8. OCLC 62330637.

[97]. Petneházi, Gábor (2019-01-01).

"Redes neurais recorrentes para a previsão de séries cronológicas".

arXiv:1901.00069 [cs.LG].

[98]. Hewamalage, Hansika; Bergmeir, Christoph; Bandara, Kasun (2020).

"Previsão de séries temporais com redes neurais recorrentes: Direcções Futuras".

International Journal of Forecasting. 37: 388-427.

[99]. Graves, Alex; Schmidhuber, Jürgen (2005).

"Classificação de fonemas por quadros com arquitecturas N.N. bidireccionais".

Redes Neurais. 18 (5-6): 602-610.

[100]. Graves, Alex; Mohamed, Abdel-rahman; Hinton, Geoffrey E. (2013).

"Reconhecimento de fala com redes neurais recorrentes profundas". 2013 IEEE

Intr. Conf. sobre Acústica, Fala e Processamento de Sinais. pp. 6645-9.

[101]. Chang, E. F.; Chartier, J.; Anumanchipalli, G. K. (24 de abril de 2019).

"Síntese de fala a partir da descodificação neural de frases faladas".

Natureza. 568 (7753): 493-8.

[102]. Moses, David A.; et al. (2021).

"Neuroprótese para descodificar a fala de uma pessoa paralisada com anartria".

New England Journal of Medicine. 385 (3): 217-227.

[103]. Malhotra, P.; Vig, L.; Shroff, Gautam; Agarwal, Puneet (abril de 2015).

"Redes de Memória de Curto Prazo Longo Deteção de Anomalias em Séries Temporais".

Simpósio Europeu sobre Redes Neuronais Artificiais, Computação

Inteligência e aprendizado de máquina - ESANN 2015. Ciaco.

pp. 89-94. ISBN 978-2-87587-015-5.

[104]. "Artigos com código - DeepHS-HDRVideo: Reconstrução profunda de vídeo".

paperswithcode.com. Recuperado em 2022-10-13.

[105]. Gers, F. A.; Schraudolph, Nicol N.; Schmidhuber, Jürgen (2002).

"Aprendizagem de sincronização precisa com redes recorrentes LSTM".

Journal of Machine Learning Research. 3: 115-143.

[106]. Eck, Douglas; Schmidhuber, Jürgen (2002-08-28).

"Aprendendo a estrutura de longo prazo do Blues".

Redes Neurais Artificiais - ICANN 2002. Notas de aula em Computação

Ciência. Vol. 2415. Berlim, Heidelberg: Springer. pp. 284-289.

[107]. Schmidhuber, Jürgen; Gers, Felix A.; Eck, Douglas (2002).

"Aprendizagem de linguagem não regular Redes recorrentes de comparação LSTM".

Computação Neural. 14 (9): 2039-2041.

[108]. Pérez-Ortiz, Juan Antonio; Gers, F. A.; Eck, D.; Schmidhuber, J. (2003).

"Os filtros de Kalman melhoram o desempenho da rede LSTM em problemas

não solucionáveis por redes recorrentes tradicionais". Redes Neurais. 16 (2): 241-250.

[109]. Graves, Alex; Schmidhuber, Jürgen (2009).

"Reconhecimento de escrita à mão offline com N. N. recorrente multidimensional".

Avanços em Sistemas de Processamento de Informação Neural. Vol. 22, NIPS'22.

MIT Press. pp. 545-552.

[110]. Graves, Alex; et al. (2007).

"Reconhecimento de escrita à mão online sem restrições com N. N. recorrente".

Proc. da 20ª Conf. Conf. sobre Sistemas de Processamento de Informação Neural.

Curran Associates. pp. 577-584. ISBN 978-1-60560-352-0.

[111]. Baccouche, Moez; et al. (2011).

"Aprendizagem profunda sequencial para o reconhecimento da ação humana". Computador

Ciência. Vol. 7065. Amesterdão, Países Baixos: Springer. pp. 29-39.

[112]. Hochreiter, Sepp; Heusel, Martin; Obermayer, Klaus (2007).

"Deteção rápida de homologia de proteínas baseada em modelos sem alinhamento".

Bioinformática. 23 (14): 1728-1736.

[113]. Tax, Niek; Verenich, Ilya; La Rosa, Marcello; Dumas, Marlon (2017).

"Monitorização Preditiva de Processos Empresariais com Redes Neuronais LSTM".

Engenharia Avançada de Sistemas de Informação. Notas de aula em Computação

Ciência. Vol. 10253. pp. 477-492.

[114]. Choi, Edward; et al. (2016).

"Doctor AI: Previsão de eventos clínicos através de redes neurais recorrentes".

Actas do Workshop e da Conferência JMLR. 56: 301-318.

[115]. "A inteligência artificial ajuda a acelerar as reacções de fusão eficientes".

Universidade de Princeton. Recuperado em 2023-06-12.

## Capítulo 4

Rede Neural Quântica

4.1. Prefácio

As redes neuronais quânticas são modelos de redes neuronais computacionais que se baseiam nos princípios da mecânica quântica. As primeiras ideias sobre a computação neural quântica foram publicadas de forma independente em 1995 por Subhash Kak e Ron Chrisley [1, 2], envolvendo a teoria da mente quântica, que postula que os efeitos quânticos desempenham um papel na função cognitiva. No entanto, a investigação típica em redes neuronais quânticas envolve a combinação de modelos clássicos de redes neuronais artificiais (que são amplamente utilizados na aprendizagem automática para a importante tarefa de reconhecimento de padrões) com as vantagens da informação quântica, a fim de desenvolver algoritmos mais eficientes [3-5].

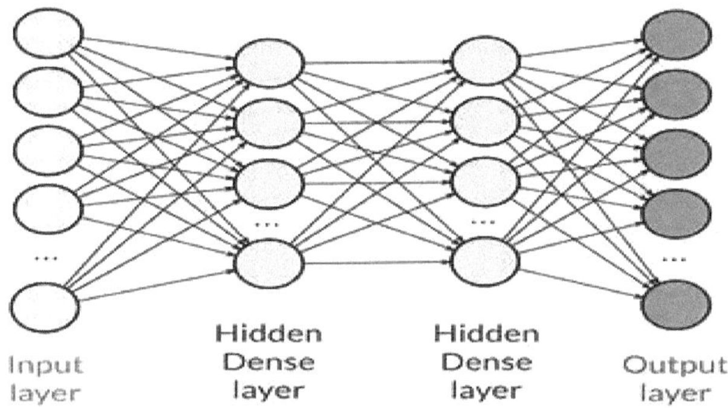

**Modelo de amostra de uma rede neural feed forward. Para uma rede neural profunda
rede de aprendizagem, aumentar o número de camadas ocultas.**

A maior parte das redes neuronais quânticas são desenvolvidas como redes de alimentação. Tal como as suas congéneres clássicas, esta estrutura recebe informação de uma camada de qubits e passa essa informação para outra camada de qubits. Esta camada de qubits avalia esta informação e passa o resultado para a camada seguinte. Eventualmente, o caminho leva à camada final de qubits [6, 7]. As camadas não precisam de ter a mesma largura, ou seja, não precisam de ter o mesmo número de qubits que a camada anterior ou posterior. Esta estrutura é treinada para saber qual o caminho a seguir, à semelhança das redes neuronais artificiais clássicas. Esta questão é abordada numa secção posterior. As redes neuronais quânticas referem-se a três categorias diferentes: Computador quântico com dados clássicos, computador clássico com dados quânticos e computador quântico com dados quânticos [6].

4.2. Exemplos

A investigação sobre redes neuronais quânticas está ainda a dar os primeiros passos, tendo sido apresentado um conglomerado de propostas e ideias de âmbito e rigor matemático variáveis. A maior parte delas baseia-se na ideia de substituir os neurónios binários clássicos ou os neurónios McCulloch-Pitts por um qubit (que pode ser designado por "quron"), resultando em unidades neuronais que podem estar numa sobreposição dos estados de "disparo" e "repouso".

4.3. Perceptrões quânticos

Muitas propostas tentam encontrar um equivalente quântico para a unidade perceptron a partir da qual são construídas as redes neuronais. Um problema é que as funções de ativação não lineares não correspondem imediatamente à estrutura matemática da teoria quântica, uma vez que uma evolução quântica é descrita por operações lineares e conduz a uma observação probabilística. As ideias para imitar a função de ativação do perceptron com um formalismo mecânico quântico vão desde as medições especiais [8, 9] até aos operadores quânticos não lineares postu-lados (um quadro matemático que é contestado) [10, 11]. Uma implementação direta da função de ativação utilizando o modelo de computação quântica baseado em circuitos foi recentemente proposta por Schuld, Sinayskiy e Petruccione com base no algoritmo de estimativa de fase quântica [12].

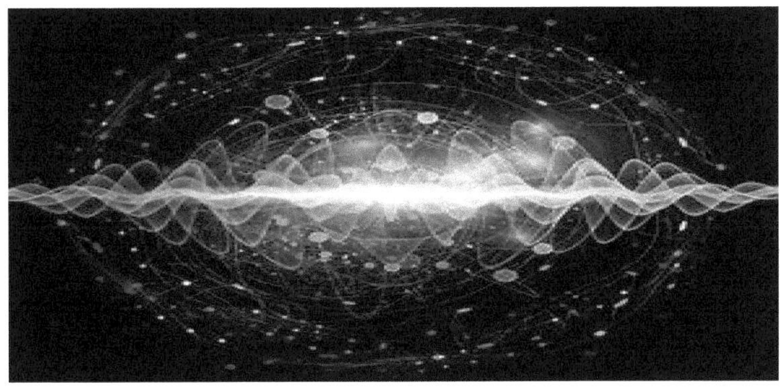

4.4. Redes Quânticas

A uma escala maior, os investigadores tentaram generalizar as redes neuronais para o contexto quântico. Uma forma de construir um neurónio quântico é começar por gerar neurónios clássicos e depois generalizá-los para criar portas unitárias. As interações entre neurónios podem ser controladas quanticamente, com portas unitárias, ou classicamente, através da medição dos estados da rede. Esta técnica teórica de alto nível pode ser aplicada de forma ampla, tomando diferentes tipos de redes e diferentes implementações de neurónios quânticos, como os neurónios implementados fotonicamente [13] e o processador de reservatório quântico (versão quântica da computação de reservatório) [14]. A maioria dos algoritmos de aprendizagem segue o modelo clássico de treino de uma rede neural artificial para aprender a função de entrada-saída de um determinado conjunto de treino e utiliza circuitos de feedback clássicos para atualizar os parâmetros do sistema quântico até convergirem para uma configuração óptima. A aprendizagem como um problema de otimização de parâmetros foi também abordada por modelos adiabáticos de computação quântica [15].

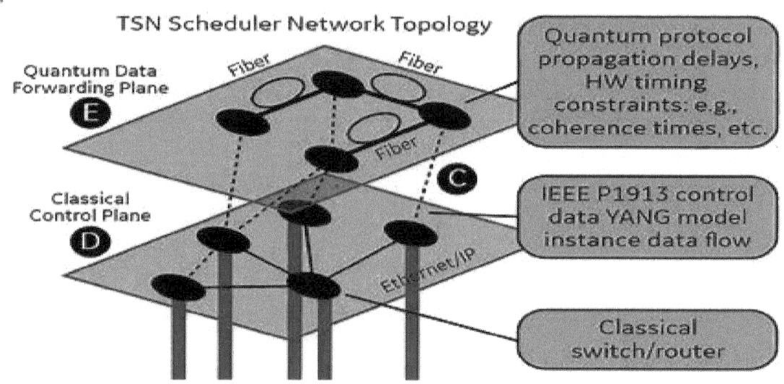

As redes neurais quânticas podem ser aplicadas à conceção de algoritmos: dados qubits com interações mútuas sintonizáveis, pode-se tentar aprender as interações seguindo a regra clássica de retropropagação a partir de um conjunto de treino de relações de entrada-saída desejadas, consideradas como o comportamento do algoritmo de saída desejado [16, 17].

4.5. Memória associativa quântica

O primeiro algoritmo de memória associativa quântica foi apresentado por Dan Ventura e Tony Martinez em 1999 [18]. Os autores não tentam traduzir a estrutura dos modelos de redes neuronais artificiais para a teoria quântica, mas propõem um algoritmo para um computador quântico baseado em circuitos que simula a memória associativa. Os estados de memória (nas redes neuronais de Hopfield, guardados nos pesos das ligações neuronais) são escritos numa sobreposição e um algoritmo de pesquisa quântica do tipo Grover recupera o estado de memória mais próximo de uma dada entrada. Como tal, não se trata de uma memória totalmente endereçável ao conteúdo, uma vez que apenas podem ser recuperados padrões incompletos.

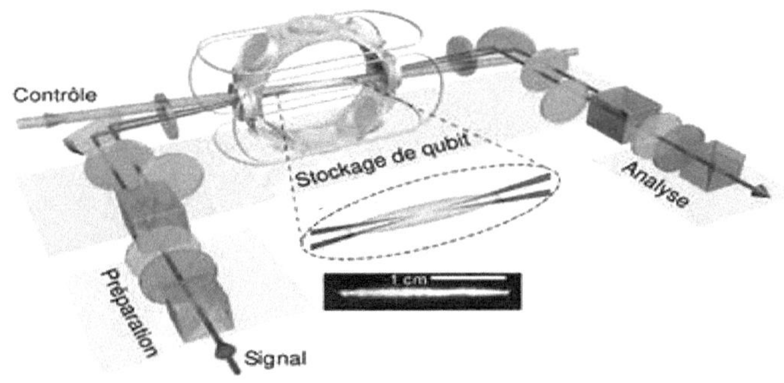

A primeira memória quântica verdadeiramente endereçável por conteúdo, que pode recuperar padrões também a partir de entradas corrompidas, foi proposta por Carlo A. Trugenberger [19-21]. Ambas as memórias podem armazenar um número exponencial (em termos de n qubits) de padrões, mas só podem ser utilizadas uma vez devido ao teorema da não clonagem e à sua destruição aquando da medição.

Trugenberger [20], no entanto, mostrou que o seu modelo proababilístico de memória associativa quântica pode ser implementado de forma eficiente e reutilizado múltiplas vezes para qualquer número polinomial de padrões armazenados, uma grande vantagem em relação às memórias associativas clássicas.

4.6. Redes Neuronais Clássicas Inspiradas na Teoria Quântica

Um modelo "inspirado na quântica" que utiliza ideias da teoria quântica para implementar uma rede neural baseada na lógica difusa [22] tem suscitado grande interesse.

4.7. Formação

As Redes Neuronais Quânticas podem ser treinadas teoricamente de forma semelhante ao treino das redes neuronais clássicas/artificiais. A principal diferença reside na comunicação entre as camadas de uma rede neuronal. Nas redes neuronais clássicas, no final de uma determinada operação, o perceptron atual copia o seu resultado para a camada seguinte de perceptron(s) da rede. No entanto, numa rede neural quântica, em que cada perceptron é um qubit, isto violaria o teorema da não clonagem [23, 24].

Utilizando a rede quântica feed-forward, as redes neuronais profundas podem ser calculadas e treinadas de forma eficiente. Uma rede neural profunda é essencialmente uma rede com muitas camadas ocultas, como se pode ver no modelo de rede neural acima. Uma vez que a rede neural Quantum que estamos a discutir utiliza operadores unitários fan-out e cada operador actua apenas na respectiva entrada, apenas são utilizadas duas camadas de cada vez. Uma vez que os computadores quânticos são famosos pela sua capacidade de executar múltiplas iterações num curto período de tempo, a eficiência de uma rede neural quântica depende apenas do número de qubits numa determinada camada, e não da profundidade da rede [24].

4.8. Planaltos estéreis

A descida de gradiente é amplamente utilizada e bem sucedida em algoritmos clássicos. No entanto, embora a estrutura simplificada seja muito semelhante à das redes neuronais, como as CNN, as QNN têm um desempenho muito pior.

Uma vez que o espaço quântico se expande exponencialmente à medida que o q-bit cresce, as observações concentrar-se-ão em torno do valor médio a uma taxa exponencial, onde também têm gradientes exponencialmente pequenos [26].

Esta situação é conhecida como "Barren Plateaus", porque a maioria dos parámetros iniciais estão presos num "plateau" de gradiente quase nulo, o que se aproxima mais do "ran-dom wandering" [26] do que da descida do gradiente. Isto torna o modelo não treinável.

4.9. Referências

[1]. Kak, S. (1995). "Sobre a computação neural quântica". Avanços em Imagiologia e
Física dos Electrões. 94: 259-313.
[2]. Chrisley, R. (1995). "Aprendizagem Quântica". Novas direcções no domínio cognitivo
ciência: Actas do simpósio internacional, Saariselka, 4-9 de agosto
1995, Lapónia, Finlândia. Helsínquia: Associação Finlandesa de Engenharia Artificial
Inteligência. pp. 77-89. ISBN 951-22-2645-6.
[3]. da Silva, Adenilton J.; Ludermir, Teresa B.; de Oliveira, Wilson R. (2016).
"Perceptrão quântico sobre um campo e seleção de arquitetura de rede neural
num computador quântico". Neural Networks. 76: 55-64. arXiv:1602.00709.
[4]. Panella, Massimo; Martinelli, Giuseppe (2011). "Redes neurais com
arquitetura quântica e aprendizagem quântica".
Revista Internacional de Teoria e Aplicações de Circuitos. 39: 61-77.
[5]. Schuld, M.; Sinayskiy, I.; Petruccione, F. (2014). "A busca por um Quantum
Rede Neural". Quantum Information Processing. 13 (11): 2567-2586.

[6].   Beer, K.; et al. (2020). "Treinamento de redes neurais quânticas profundas".
        Nature Communications. 11 (1): 808. arXiv:1902.10445.
[7].   Wan, Kwok-Ho; et al. (2017). "Generalização quântica de feedforward
        redes neurais". npj Quantum Information. 3: 36.
[8].   Perus, M. (2000). "Redes Neuronais como base para a tecnologia associativa quântica
        memória". Neural Network World. 10 (6): 1001.
[9].   Zak, M.; Williams, C. P. (1998). "Redes Neurais Quânticas". Internacional
        Jornal de Física Teórica. 37 (2): 651-684.
[10].   Gupta, Sanjay; Zia, R.K.P. (2001). "Redes Neuronais Quânticas". Jornal de
        Ciências da Computação e dos Sistemas. 63 (3): 355-383.
[11].   Faber, J.; Giraldi, G. A. (2002).
        "Modelos Quânticos para Redes Neuronais Artificiais".
[12].   Schuld, M.; Sinayskiy, I.; Petruccione, F. (2014). "Simulando um perceptron
        num computador quântico". Physics Letters A. 379 (7): 660-663.
[13].   Narayanan, A.; Menneer, T. (2000). "Rede neural artificial quântica
        arquitecturas e componentes". Ciências da Informação. 128 (3-4): 231-255.
[14].   Ghosh, S.; Opala, A.; Matuszewski, M.; Paterek, P.; Liew, T. C. H. (2019).
        "Quantum reservoir processing". npj Quantum Information. 5: 35.
[15].   Neven, H.; et al. (2008). "Treino de um classificador binário com o Quantum
        Adiabatic Algorithm". arXiv:0811.0416 [quant-ph].
[16].   Bang, J.; et al. (2014). "Uma estratégia para a conceção de algoritmos quânticos assistida por
        aprendizagem automática". Novo Jornal de Física. 16 (7): 073017.
[17].   Behrman, E. C.; et al. (2008). "Conceção de algoritmos quânticos utilizando
        aprendizagem". Quantum Information and Computation. 8 (1-2): 12-29.
[18].   Ventura, D.; Martinez, T. (1999).
        "Uma Memória Associativa Quântica Baseada no Algoritmo de Grover".
        Artificial Neural Nets and Genetic Algorithms (Redes Neuronais Artificiais e Algoritmos Genéticos). pp. 22-27.

[19].	Trugenberger, C. A. (2001). "Memórias Quânticas Probabilísticas".
Physical Review Letters. 87 (6): 067901. arXiv:quant-ph/0012100.
[20].	Trugenberger, Carlo A. (2002). "Reconhecimento quântico de padrões". Quantum
Processamento de Informação. 1 (6): 471-493.
[21].	Trugenberger (2002). "Transições de fase no reconhecimento de padrões quânticos".
Physical Review Letters. 89 (27): 277903. arXiv:quant-ph/0204115.
[22].	Purushothaman, G.; Karayiannis, N. (1997).
"Redes Neuronais Quânticas: Inherently Fuzzy Feedforward N. N.".
IEEE Trans. on Neural Networks. 8 (3): 679-93. Arquivado em 2017-09-11.
[23].	Nielsen, Michael A; Chuang, Isaac L (2010).
Computação quântica e informação quântica. Cambridge; Nova Iorque:
Cambridge University Press. ISBN 978-1-107-00217-3. OCLC 665137861.
[24].	Feynman, Richard P. (1986-06-01).
"Computadores mecânicos quânticos". Fundamentos de Física. 16 (6): 507-531.
[25].	Wang, Samson; et al. (2021-11-29).
"Platôs estéreis induzidos pelo ruído em algoritmos quânticos variacionais".
Nature Communications. 12 (1): 6961.
[26].	McClean, Jarrod R.; et al. (2018-11-16).
"Platôs estéreis em paisagens de treinamento de redes neurais quânticas".
Nature Communications. 9 (1): 4812.

(5)
Aprendizagem profunda

5.1. Prefácio

A aprendizagem profunda é o subconjunto de métodos de aprendizagem automática baseados em redes neurais com aprendizagem por representação. O adjetivo "profunda" refere-se à utilização de várias camadas na rede. Os métodos utilizados podem ser supervisionados, semi-supervisionados ou não supervisionados [1, 2].

As arquitecturas de aprendizagem profunda, como as redes neuronais profundas, as redes de crenças profundas, as redes neuronais recorrentes, as redes neuronais convolucionais e os transformadores, têm sido aplicadas em domínios como a visão computacional, o reconhecimento da fala, o processamento de linguagem natural, a tradução automática, a bioinformática, a conceção de medicamentos, a análise de imagens médicas, a ciência climática, a inspeção de materiais e os programas de jogos de tabuleiro, onde produziram resultados comparáveis e, em alguns casos, superiores ao desempenho de peritos humanos [3-5].

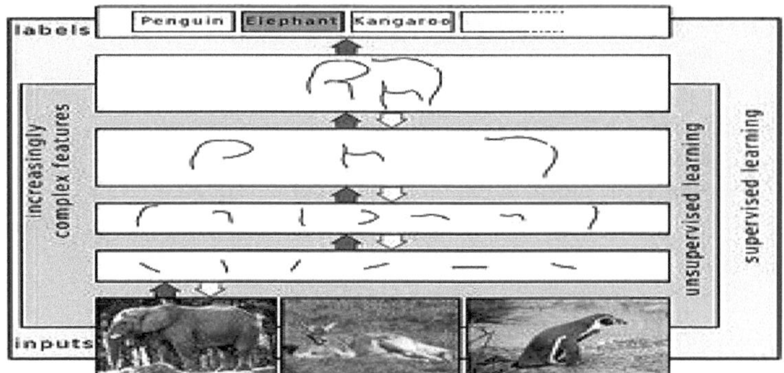

Representação de imagens em várias camadas de abstração na aprendizagem profunda [1].

As primeiras formas de redes neuronais foram inspiradas no processamento da informação e nos nós de comunicação distribuídos nos sistemas biológicos, em especial no cérebro humano. No entanto, as redes neuronais actuais não pretendem modelar a função cerebral dos organismos, sendo geralmente consideradas modelos de baixa qualidade para esse efeito [6].

5.2. Visão geral

A maioria dos modelos modernos de aprendizagem profunda baseia-se em redes neuronais multicamadas, como as redes neuronais convolucionais e os transformadores, embora também possam incluir fórmulas proposicionais ou variáveis latentes organizadas por camadas em modelos generativos profundos, como os nós das redes de crenças profundas e das máquinas de Boltzmann profundas [7].

É importante notar que um processo de aprendizagem profunda pode aprender sozinho quais as caraterísticas a colocar de forma óptima em que nível. Antes da aprendizagem profunda, as técnicas de aprendizagem automática envolviam frequentemente a engenharia de caraterísticas artesanais para transformar os dados numa representação mais adequada para um algoritmo de classificação operar. Na abordagem de aprendizagem profunda, as caraterísticas não são criadas manualmente e o modelo descobre automaticamente representações de caraterísticas úteis a partir dos dados. Isto não elimina a necessidade de afinação manual; por exemplo, a variação do número de camadas e do tamanho das camadas pode proporcionar diferentes graus de abstração [8].

A palavra "profundo" em "aprendizagem profunda" refere-se ao número de camadas através das quais os dados são transformados. Mais precisamente, os sistemas de aprendizagem profunda têm uma profundidade de caminho de atribuição de créditos (CAP) sub-stantial. O CAP é a cadeia de transformações da entrada para a saída. Os CAPs descrevem ligações potencialmente causais entre a entrada e a saída. Para uma rede neural feed-forward, a profundidade dos CAPs é a da rede e é o número de camadas ocultas mais um (uma vez que a camada de saída também é parametrizada). Para as redes neuronais recorrentes, em que um sinal pode propagar-se através de uma camada mais do que uma vez, a profundidade do CAP é potencialmente ilimitada [9]. Não existe um limiar de profundidade universalmente aceite que separe a aprendizagem superficial da aprendizagem profunda, mas a maioria dos investigadores concorda que a aprendizagem profunda implica uma profundidade de CAP superior a 2. Foi demonstrado que o CAP de profundidade 2 é um aproximador universal, no sentido em que pode emular qualquer função [10].

As arquitecturas de aprendizagem profunda podem ser construídas com um método guloso camada a camada [11]. A aprendizagem profunda ajuda a separar estas abstracções e a identificar as caraterísticas que melhoram o desempenho [8]. Além disso, os algoritmos de aprendizagem profunda podem ser aplicados a tarefas de aprendizagem não supervisionada. Esta é uma vantagem importante porque os dados não rotulados são mais abundantes do que os dados rotulados. Exemplos de estruturas profundas que podem ser treinadas de forma não supervisionada são as redes de crenças profundas [12].

5.3. Interpretações

As redes neuronais profundas são geralmente interpretadas em termos do teorema da aproximação universal [13-17] ou da inferência probabilística [18-20].

O teorema clássico de aproximação universal diz respeito à capacidade das redes neuronais feed-forward com uma única camada oculta de tamanho finito para se aproximarem de funções contínuas [13-16]. Em 1989, a primeira prova foi publicada por George Cybenko para funções de ativação sigmóides [13] e foi generalizada para arquitecturas multicamadas feed-for-ward em 1991 por Kurt Hornik [14]. Trabalhos recentes também mostraram que a aproximação universal também se aplica a funções de ativação não limitadas, como a unidade linear rectificada de Kunihiko Fukushima [21, 22].

O teorema de aproximação universal para as redes neuronais profundas diz respeito à capacidade das redes com largura limitada, mas cuja profundidade pode aumentar. Lu et al [17] provaram que, se a largura de uma rede neuronal profunda com ativação ReLU for estritamente superior à dimensão de entrada, então a rede pode aproximar qualquer função integrável de Lebesgue; se a largura for menor ou igual à dimensão de entrada, então uma rede neuronal profunda não é um aproximador universal.

A interpretação probabilística [20] deriva do domínio da aprendizagem automática. Apresenta inferência [19, 20], bem como os conceitos de otimização de treino e teste, relacionados com o ajuste e a generalização, respetivamente. Mais especificamente, a interpretação probabilística considera a não linearidade da ativação como uma função de distribuição cumulativa [20]. A interpretação probabilística levou à introdução do dropout como regularizador em redes neurais. A interpretação probabilística foi introduzida por investigadores como Hopfield, Widrow e Narendra e popularizada em estudos como o de Bishop [23].

5.4. História

Existem dois tipos de redes neuronais artificiais (RNA): as redes neuronais feed-forward (FNNs) e as redes neuronais recorrentes (RNNs). As RNNs têm ciclos na sua estrutura de conetividade, enquanto as FNNs não têm. Na década de 1920, Wilhelm Lenz e Ernst Ising criaram e analisaram o modelo de Ising [24], que é essencialmente uma arquitetura RNN sem aprendizagem constituída por elementos de limiar semelhantes a neurónios. Em 1972, Shun'ichi Amari tornou esta arquitetura adaptativa [25, 26]. A sua RNN de aprendizagem foi popularizada por John Hopfield em 1982 [27].

Charles Tappert escreve que Frank Rosenblatt desenvolveu e explorou todos os ingredientes básicos dos sistemas de aprendizagem profunda actuais [28], referindo-se ao livro de Rosenblatt de 1962 [29] que introduziu o perceptron multicamada (MLP) com 3 camadas: uma camada de entrada, uma camada oculta com pesos aleatórios que não aprendem e uma camada de saída. Introduziu também variantes, incluindo uma versão com perceptrons de quatro camadas em que as duas últimas camadas têm pesos aprendidos (e, por conseguinte, um perceptron multicamada correto) [29]. Além disso, o termo aprendizagem profunda foi proposto em 1986 por Rina Dechter [30], embora a história do seu aparecimento seja aparentemente mais complicada [31].

O primeiro algoritmo de aprendizagem geral e funcional, supervisionado, profundo, feed-forward, perceptrons multicamadas foi publicado por Alexey Ivakhnenko e Lapa em 1967 [32]. Um artigo de 1971 descrevia uma rede profunda com oito camadas treinadas pelo método de grupo de tratamento de dados [33].

O primeiro perceptron multicamada de aprendizagem profunda treinado por descida de gradiente estocástico [34] foi publicado em 1967 por Shun'ichi Amari [35, 36]. Em 1987, Matthew Brand referiu que os perceptrões não lineares de 12 camadas largas podiam ser treinados de ponta a ponta para reproduzir funções lógicas de profundidade de circuito não trivial através da descida de gradiente em pequenos lotes de amostras aleatórias de entrada/saída, mas concluiu que o tempo de treino no hardware atual (computadores sub-megaflop) tornava a técnica impraticável e propôs a utilização de camadas iniciais aleatórias fixas como um hash de entrada para uma única camada modificável [36].

Em 1970, Seppo Linnainmaa publicou o modo inverso de diferenciação automática de redes ligadas discretas de funções diferenciáveis aninhadas [37-39]. Este método ficou conhecido como retropropagação [9]. É uma aplicação eficiente da regra da cadeia derivada por Gottfried Wilhelm Leibniz em 1673 [40] a redes de nós diferenciáveis [26]. A terminologia "retropropagação de erros" foi introduzida em 1962 por Rosenblatt [26, 29], mas ele não sabia como implementá-la, embora Henry J. Kelley tenha apresentado um precursor contínuo da retropropagação [41] já em 1960 no contexto da teoria do controlo [26]. Em 1982, Werbos aplicou a retropropagação a MLPs da forma que se tornou padrão [42, 43]. Em 1985,
David E. Rumelhart. publicou uma análise experimental da técnica [44].

As arquitecturas de aprendizagem profunda para redes neuronais convolucionais (CNN) com camadas convolucionais e camadas de downsampling começaram com o Neocognitron introduzido por Kunihiko Fukushima em 1980 [45]. Em 1969, ele também introduziu o ReLU
(unidade linear rectificada). O retificador tornou-se a função de ativação mais popular para as CNN e a aprendizagem profunda em geral [46].
O termo Aprendizagem Profunda foi introduzido na comunidade da aprendizagem automática por Rina Dechter em 1986 [30] e nas redes neuronais artificiais por Igor Aizenberg e colegas em 2000, no contexto dos neurónios de limiar booleano [47, 48].

Em 1988, Wei Zhang et al. aplicaram o algoritmo de retropropagação a uma rede neural convolucional (um Neocognitron simplificado com interconexões convolucionais entre as camadas de caraterísticas da imagem e a última camada totalmente conectada) para o reconhecimento do alfabeto. Também propuseram uma implementação da CNN com um sistema de computação ótica [49, 50]. Em 1989, Yann LeCun et al. aplicaram a retropropagação a uma CNN com o objetivo de reconhecer códigos postais manuscritos no correio. Embora o algoritmo funcionasse, o treino exigia 3 dias [51]. Posteriormente, Wei Zhang, et al. modificaram o seu modelo removendo a última camada totalmente conectada e aplicaram-no à segmentação de objectos em imagens médicas em 1991 [52] e à deteção de cancro da mama em mamografias em 1994 [53]. LeNet-5 (1998), uma CNN de 7 níveis criada por Yann LeCun et al. [54].

Na década de 1980, a retropropagação não funcionava bem para a aprendizagem profunda com longos caminhos de atribuição de créditos. Para ultrapassar este problema, Jürgen Schmidhuber (1992) propôs uma hierarquia de RNNs pré-treinadas um nível de cada vez através de aprendizagem auto-supervisionada [55]. Utiliza a codificação preditiva para aprender representações internas em várias escalas temporais auto-organizáveis. Isto pode facilitar substancialmente a aprendizagem profunda a jusante. A hierarquia RNN pode ser colapsada numa única RNN, destilando uma rede chunker de nível superior numa rede auto-matizadora de nível inferior [55]. Em 1993, uma rede de fragmentação resolveu uma tarefa de aprendizagem profunda cuja profundidade excedia 1000 [56].

Em 1992, Jürgen Schmidhuber também publicou uma alternativa às RNNs [57] que atualmente se designa por Transformador linear ou Transformador com linearizado [58, 59]. Aprende com focos de atenção internos: [60] uma rede lenta aprende por gradiente des-cent para controlar os pesos rápidos de outra rede neural através de produtos externos de padrões de ativação auto-gerados FROM e TO (que agora são chamados de chave e valor para auto-atenção) [58].

O transformador moderno foi introduzido por Ashish Vaswani et al. no seu artigo de 2017 "Attention Is All You Need" [61]. Combina-o com um operador softmax e uma matriz de projeção [26]. Os transformadores têm-se tornado cada vez mais o modelo de eleição para o processamento de linguagem natural [62].

Em 1991, Jürgen Schmidhuber também publicou redes neurais adversárias que competem entre si na forma de um jogo de soma zero, em que o ganho de uma rede é a perda da outra [63-65]. A primeira rede é um modelo generativo que modela uma distribuição de probabilidade sobre os padrões de saída. A segunda rede aprende, por descida de gradiente, a prever as reacções do ambiente a esses padrões. A isto chamou-se "curiosidade artificial". Em 2014, este princípio foi utilizado numa rede adversária gene-rativa (GAN) por Ian Goodfellow et al [66]. Neste caso, a reação do ambiente é 1 ou 0, dependendo de o resultado da primeira rede se encontrar num determinado conjunto. Isto pode ser utilizado para criar deepfakes realistas [67]. A excelente qualidade de imagem é alcançada pelo StyleGAN da Nvidia (2018)[68] com base no Progressive GAN de Tero Karras et al. [69].

Não só testou o compressor de história neural [55], como também identificou e analisou o problema do gradiente de fuga [70, 71].

Hochreiter propôs ligações residuais recorrentes para resolver este problema. Isto conduziu ao método de aprendizagem profunda designado memória de curto prazo longa (LSTM), publicado em 1997 [72]. As redes neuronais recorrentes LSTM podem aprender tarefas de "aprendizagem muito profunda" [9] com longos caminhos de atribuição de créditos que exigem memórias de eventos que aconteceram milhares de passos de tempo discretos antes. A "vanilla LSTM" com forget gate foi introduzida em 1999 por Felix Gers, Schmidhuber e Fred Cummins [73]. A LSTM tornou-se a rede neural mais citada do século XX. Em 2015, Rupesh Kumar Srivastava, Klaus Greff e Schmidhuber utilizaram os princípios da LSTM para criar a rede Highway, uma rede neural feedforward com centenas de camadas, muito mais profunda do que as redes anteriores [74, 75]. Meses mais tarde, Kaiming He, Xiangyu Zhang; Shaoqing Ren e Jian Sun venceram o concurso ImageNet 2015 com uma rede de portas abertas ou sem portas High-
variante designada por rede neural residual [76].

Em 1994, André de Carvalho, juntamente com Mike Fairhurst e David Bisset, publicou resultados experimentais de uma rede neural booleana de várias camadas, também conhecida como rede neural sem peso, composta por um módulo de rede neural de extração de caraterísticas auto-organizável de 3 camadas (SOFT) seguido de um módulo de rede neural de classificação de várias camadas (GSN), que foram treinados independentemente. Cada camada do módulo de extração de caraterísticas extraiu caraterísticas com complexidade crescente em relação à camada anterior [77].

Em 1995, Brendan Frey demonstrou que era possível treinar (durante dois dias) uma rede com seis camadas totalmente ligadas e várias centenas de unidades ocultas utilizando o algoritmo wake-sleep, desenvolvido em conjunto com Peter Dayan e Hinton [78].

Desde 1997, Sven Behnke alargou a abordagem convolucional hierárquica feed-forward na Pirâmide de Abstração Neural [79] através de ligações laterais e para trás, a fim de incorporar de forma flexível o contexto nas decisões e resolver iterativamente ambiguidades locais.

A aprendizagem superficial e profunda (por exemplo, redes recorrentes) de RNAs para reconhecimento de fala tem sido explorada há muitos anos [80-82]. Esses métodos nunca superaram a tecnologia de modelo de mistura gaussiana/modelo de Markov oculto (GMM-HMM) não uniforme, baseada em modelos generativos de fala treinados discriminativamente [83]. As principais dificuldades foram analisadas, incluindo a diminuição do gradiente [70] e a fraca estrutura de correlação temporal nos modelos preditivos neurais [84, 85]. Outras dificuldades foram a falta de dados de treino e o poder de computação limitado. A equipa de reconhecimento de altifalantes liderada por Larry Heck relatou um sucesso significativo com as redes neurais profundas no processamento da fala na avaliação de 1998 do National Institute of Standards and Tech-nology Speaker Recognition [86]. A rede neural profunda do SRI foi então implantada no Nuance Verifier, representando a primeira grande aplicação industrial da aprendizagem profunda [87]. O princípio de elevar as caraterísticas "brutas" em detrimento da otimização artesanal foi explorado com sucesso pela primeira vez na arquitetura do autoencoder profundo no espetrograma "bruto" ou nas caraterísticas do banco de filtros lineares no final da década de 1990 [87], mostrando a sua superioridade em relação às caraterísticas Mel-Cepstral que contêm fases de transformação fixa dos espectrogramas. As caraterísticas brutas da fala, formas de onda, produziram mais tarde excelentes resultados em maior escala [88].

O reconhecimento da fala foi assumido pelo LSTM. Em 2003, o LSTM começou a tornar-se competitivo com os reconhecedores de fala tradicionais em determinadas tarefas [89]. Em 2006, Alex Graves, Santiago Fernández, Faustino Gomez e Schmidhuber combinaram-no com a classificação temporal conexionista (CTC) [90] em pilhas de RNNs LSTM [91]. Em 2015, o reconhecimento de voz da Google registou um salto dramático no desempenho de 49% através de LSTM treinados com CTC, que foram disponibilizados através do Google Voice Search [92]. O impacto da aprendizagem profunda na indústria começou no início da década de 2000, quando as CNN já processavam cerca de 10% a 20% de todos os cheques emitidos nos EUA, de acordo com Yann LeCun [93].

Em 2006, as publicações de Geoff Hinton, Ruslan Salakhutdinov, Osindero e Teh [94-96] mostraram como uma rede neural feed-forward com muitas camadas podia ser eficazmente pré-treinada uma camada de cada vez, tratando cada camada, por sua vez, como uma máquina de Boltzmann restrita não supervisionada e, em seguida, afinando-a utilizando a retropropagação supervisionada [97].

O Workshop NIPS de 2009 sobre Aprendizagem Profunda para Reconhecimento da Fala foi motivado pelas limitações dos modelos generativos profundos da fala e pela possibilidade de, com hardware mais capaz e conjuntos de dados em grande escala, as redes neurais profundas se tornarem práticas. O modelo de Markov (HMM) e também os sistemas baseados em modelos generativos mais avançados [98]. A natureza dos erros de reconhecimento produzidos pelos dois tipos de sistemas era caraterísticamente diferente [99], oferecendo conhecimentos técnicos sobre a forma de integrar a aprendizagem profunda no atual sistema de descodificação da fala em tempo de execução, altamente eficiente, utilizado por todos os principais sistemas de reconhecimento da fala [100, 101]. A análise efectuada por volta de 2009-2010, contrastando os modelos GMM (e outros modelos generativos da fala) com os modelos DNN, estimulou o investimento industrial inicial na aprendizagem profunda para o reconhecimento da fala [99]. Essa análise foi efectuada com um desempenho comparável (menos de 1,5% na taxa de erro) entre DNNs discriminativas e modelos generativos [98-102]. Em 2010, os investigadores alargaram a aprendizagem profunda do TIMIT ao reconhecimento da fala com vocabulário extenso, adoptando grandes camadas de saída do DNN com base em estados HMM dependentes do contexto construídos por árvores de decisão [103-105].

A aprendizagem profunda faz parte dos sistemas mais avançados em várias disciplinas, nomeadamente na visão computacional e no reconhecimento automático da fala (ASR). Os resultados em conjuntos de avaliação comummente utilizados, como o TIMIT (ASR) e o MNIST (classificação de imagens), bem como numa série de tarefas de reconhecimento da fala de grande vocabulário, têm vindo a melhorar constantemente [98, 106].

Os avanços no hardware têm vindo a suscitar um interesse renovado na aprendizagem profunda. Em 2009, a Nvidia esteve envolvida naquilo a que se chamou o "big bang" da aprendizagem profunda, "uma vez que as redes neuronais de aprendizagem profunda foram treinadas com unidades de processamento gráfico (GPU) da Nvidia" [110]. Nesse ano, Andrew Ng determinou que as GPUs podiam aumentar a velocidade dos sistemas de aprendizagem profunda em cerca de 100 vezes [111]. Em particular, as GPU são adequadas para os cálculos matriciais/vectoriais envolvidos na aprendizagem automática [112-114]. As GPUs aceleram os algoritmos de treino em ordens de grandeza, reduzindo os tempos de execução de semanas para dias [115, 116]. Além disso, podem ser utilizadas optimizações especializadas de hardware e algoritmos para o processamento eficiente de modelos de aprendizagem profunda [117].

5.5. Revolução da aprendizagem profunda

No final da década de 2000, a aprendizagem profunda começou a superar outros métodos em competições de aprendizagem automática.

Em 2009, uma memória de longo prazo treinada por classificação temporal conexionista (Alex Graves, Santiago Fernández, Faustino Gomez e Jürgen Schmidhuber, 2006) foi a primeira RNN a ganhar concursos de reconhecimento de padrões, vencendo três concursos de reconhecimento de escrita conectada [25]. Mais tarde, a Google utilizou LSTM treinadas por CTC para o reconhecimento de voz no smart-phone [26].

Os impactos significativos no reconhecimento de imagens ou objectos fizeram-se sentir de 2011 a 2012. Embora as CNNs treinadas por retropropagação existissem há décadas e as implementações de NNs em GPU há anos [112], incluindo CNNs, eram necessárias implementações mais rápidas de CNNs em GPUs para progredir na visão computacional. Em 2011, a DanNet [27], de Dan Ciresan, Ueli Meier, Jonathan Masci, Luca Maria Gambardella e Jürgen Schmidhuber, alcançou pela primeira vez um desempenho sobre-humano num concurso de reconhecimento de padrões visuais, superando os métodos tradicionais por um fator de 3. Também em 2011, a DanNet venceu o concurso de escrita manual chinesa ICDAR e, em maio de 2012, venceu o concurso de segmentação de imagens ISBI [28]. Até 2011, as CNNs não desempenhavam um papel importante nas conferências sobre visão computacional, mas em junho de 2012, um artigo de Ciresan et al. na principal conferência CVPR [3] mostrou como as CNNs de pooling máximo em GPU podem melhorar drasticamente muitos registos de referência de visão. Em setembro de 2012, a DanNet também ganhou o concurso ICPR sobre análise de grandes imagens médicas para deteção de cancro e, no ano seguinte, também o MICCAI Grand Challenge sobre o mesmo tema [29]. Em outubro de 2012, a rede semelhante AlexNet de Alex Krizhevsky, Ilya Sutskever e Geoffrey Hinton [4] venceu o concurso ImageNet em grande escala por uma margem significativa em relação aos métodos de aprendizagem automática superficial. A rede VGG-16 de Karen Simonyan e Andrew Zisserman [30] reduziu ainda mais a taxa de erro e venceu a competição ImageNet 2014, seguindo uma tendência semelhante no reconhecimento de voz em grande escala. A classificação de imagens foi depois alargada à tarefa mais exigente de classificar geneticamente as descrições (legendas) das imagens, muitas vezes como uma combinação de CNNs e LSTMs [30-32].

Como a aprendizagem profunda é um subconjunto da aprendizagem automática e como a aprendizagem automática é um subconjunto da inteligência artificial (IA).

Em 2012, uma equipa liderada por George E. Dahl venceu o "Merck Molecular Activity Challenge" utilizando redes neuronais profundas multitarefa para prever o alvo biomolecular de um medicamento [33, 34]. Em 2014, o grupo de Sepp Hochreiter utilizou a aprendizagem profunda para detetar efeitos tóxicos e fora do alvo de produtos químicos ambientais em nutrientes, produtos domésticos e medicamentos e ganhou o "Tox21 Data Challenge" dos NIH, FDA e NCATS [35-37].

Em 2016, Roger Parloff mencionou uma "revolução da aprendizagem profunda" que transformou o sector da IA [38].

Em março de 2019, Yoshua Bengio, Geoffrey Hinton e Yann LeCun foram galardoados com o Prémio Turing pelos avanços conceptuais e de engenharia que tornaram as redes neuronais profundas uma componente essencial da computação.

5.6. Redes Neuronais

Exemplo simplificado de treino de uma rede neural na deteção de objectos: A rede é treinada com várias imagens que se sabe representarem estrelas-do-mar e ouriços-do-mar, que estão correlacionadas com "nós" que representam caraterísticas visuais. As estrelas-do-mar correspondem a uma textura anelada e a um contorno de estrela, enquanto a maioria dos ouriços-do-mar correspondem a uma textura às riscas e a uma forma oval. No entanto, o exemplo de um ouriço-do-mar com textura anelar cria uma associação fracamente ponderada entre eles.

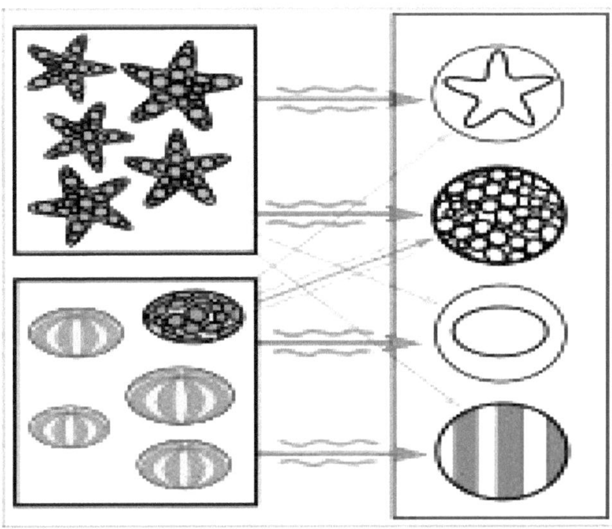

Execução subsequente da rede numa imagem de entrada (esquerda) [39]: A rede detecta corretamente a estrela-do-mar. No entanto, a associação fracamente ponderada entre a textura anelada e o ouriço-do-mar também confere um sinal fraco a este último a partir de um dos dois nós intermédios. Além disso, uma concha que não foi incluída no treino dá um sinal fraco para a forma oval, resultando também num sinal fraco para a saída do ouriço-do-mar.

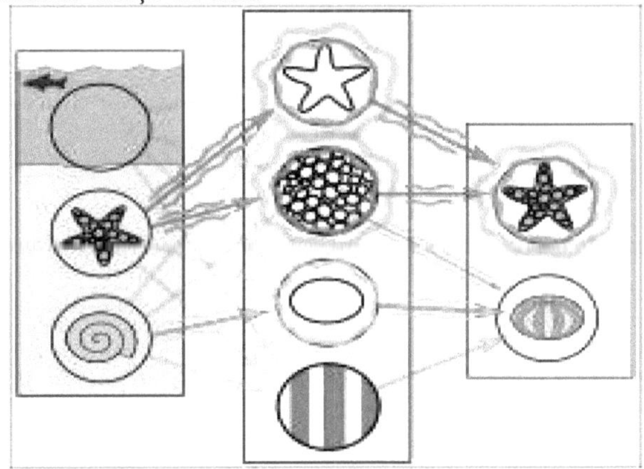

Uma RNA baseia-se num conjunto de unidades ligadas chamadas neurónios artificiais (análogas aos neurónios biológicos num cérebro biológico). Cada ligação (sinapse) entre neurónios pode transmitir um sinal a outro neurónio. O neurónio recetor (pós-sináptico) pode processar o(s) sinal(is) e depois sinalizar os neurónios a jusante a ele ligados. Os neurónios podem ter um estado, geralmente representado por números reais, normalmente entre 0 e 1. Os neurónios e as sinapses também podem ter um peso que varia à medida que a aprendizagem avança, o que pode aumentar ou diminuir a força do sinal que envia a jusante.

Normalmente, os neurónios estão organizados em camadas. As diferentes camadas podem efetuar diferentes tipos de transformações nas suas entradas. Os sinais viajam da primeira (entrada) para a última (saída) camada, possivelmente depois de atravessarem as camadas várias vezes. O objetivo original da abordagem das redes neuronais era resolver problemas da mesma forma que um cérebro humano o faria. Com o tempo, a atenção centrou-se na correspondência com capacidades mentais específicas, o que levou a desvios da biologia, como a retropropagação ou a passagem de informação no sentido inverso e o ajuste da rede para refletir essa informação.

A partir de 2017, as redes neuronais têm normalmente alguns milhares a alguns milhões de unidades e milhões de ligações. Apesar de este número ser várias ordens de grandeza inferior ao número de neurónios de um cérebro humano, estas redes podem realizar muitas tarefas a um nível superior ao dos seres humanos (por exemplo, reconhecer rostos ou jogar "Go"[40]).

5.6.1. Redes Neuronais Profundas

Uma rede neural profunda (DNN) é uma rede neural artificial com várias camadas entre as camadas de entrada e de saída [7, 9]. Existem diferentes tipos de redes neuronais, mas são sempre constituídas pelos mesmos componentes: neurónios, sinapses, pesos, enviesamentos e funções [41].

As DNN podem modelar relações não lineares complexas. As arquitecturas DNN geram modelos de composição em que o objeto é expresso como uma composição em camadas de primitivos [42]. As camadas extra permitem a composição de caraterísticas das camadas inferiores, modelando potencialmente dados complexos com menos unidades do que uma rede superficial com desempenho semelhante. Por exemplo, foi provado que os polinómios multivariados esparsos são exponencialmente mais fáceis de aproximar com DNNs do que com redes superficiais [43].

As redes neuronais recorrentes, nas quais os dados podem fluir em qualquer direção, são utilizadas em aplicações como a modelização da linguagem [44-46]. A memória de longo prazo é particularmente eficaz para esta utilização [144].

As redes neuronais convolucionais (CNN) são utilizadas na visão por computador [45, 46]. As CNNs também têm sido aplicadas à modelação acústica para reconhecimento automático da fala (ASR) [47-53].

5.7. Desafios

Tal como acontece com as ANNs, podem surgir muitos problemas com as DNNs treinadas de forma ingénua. Dois problemas comuns são o sobreajuste e o tempo de computação. As DNNs são propensas a sobreajuste devido às camadas adicionais de abstração, que lhes permitem modelar dependências raras nos dados de treino. Métodos de regularização como a poda de unidades de Ivakhnenko ou o decaimento de peso) ou a esparsidade) podem ser aplicados durante o treinamento para combater o over-fitting [54]. Em alternativa, a regularização de dropout omite aleatoriamente unidades das camadas ocultas durante o treino. Isto ajuda a excluir dependências raras [55]. Finalmente, os dados podem ser aumentados através de métodos como o recorte e a rotação, de modo a que os conjuntos de treino mais pequenos possam ser aumentados em tamanho para reduzir as hipóteses de sobreajuste [56].

As DNN devem ter em conta muitos parâmetros de formação, como a dimensão (número de camadas e número de unidades por camada), a taxa de aprendizagem e os pesos iniciais. A varredura do espaço de parâmetros em busca de parâmetros óptimos pode não ser viável devido ao custo em tempo e recursos computacionais. Vários truques, tais como a velocidade de cálculo de lotes [57], aceleram a computação. As grandes capacidades de processamento das arquitecturas de muitos núcleos (como as GPU ou o Intel Xeon Phi) produziram acelerações significativas na formação, devido à adequação dessas arquitecturas de processamento para os cálculos matriciais e vectoriais [58, 59].

Em alternativa, os engenheiros podem procurar outros tipos de redes neuronais com algoritmos de formação mais simples e convergentes. A CMAC (cerebellar model arti-culation controller) é um desses tipos de rede neural. Não requer taxas de aprendizagem nem pesos iniciais aleatórios. É possível garantir que o processo de formação converge num único passo com um novo lote de dados, e a complexidade computacional do algoritmo de formação é linear em relação ao número de neurónios envolvidos [60, 61].

5.8. Hardware

Desde a década de 2010, os avanços nos algoritmos de aprendizagem automática e no hardware informático conduziram a métodos mais eficientes de formação de redes neuronais profundas que contêm muitas camadas de unidades ocultas não lineares e uma camada de saída muito grande. [62]. Em 2019, as unidades de processamento gráfico (GPU), muitas vezes com melhorias específicas para a IA, tinham substituído as CPU como método dominante para treinar a IA comercial em grande escala na nuvem [63]. OpenAI O OpenAI estimou a computação de hardware utilizada nos maiores projetos de aprendizagem profunda, desde o AlexNet (2012) até ao AlphaZero (2017), e constatou um aumento de 300 000 vezes na quantidade de computação necessária, com uma linha de tendência de duplicação do tempo de 3,4 meses [64, 65].

Foram concebidos circuitos electrónicos especiais, denominados processadores de aprendizagem profunda, para acelerar os algoritmos de aprendizagem profunda. Os processadores de aprendizagem profunda incluem unidades de processamento neural (NPU) nos telemóveis Huawei [66] e servidores de computação em nuvem, como as unidades de processamento tensorial (TPU) na Google Cloud Platform [67]. A Cerebras Systems também construiu um sistema dedicado para lidar com grandes modelos de aprendizagem profunda, o CS-2, baseado no maior processador da indústria, o Wafer Scale Engine (WSE-2) de segunda geração [68, 69].

Os semicondutores atomicamente finos são considerados promissores para hardware de aprendizagem profunda eficiente em termos energéticos, em que a mesma estrutura básica de dispositivo é utilizada tanto para operações lógicas como para armazenamento de dados. Em 2020, Marega et al. publicaram experiências com um material de canal ativo de grande área para o desenvolvimento de dispositivos e circuitos de lógica na memória baseados em transístores de efeito de campo de porta flutuante (FGFET) [70].

Em 2021, J. Feldmann et al. propuseram um accele-rador de hardware fotónico integrado para processamento convolucional paralelo

[71]. Os autores identificam duas vantagens fundamentais da fotónica integrada em relação às suas contrapartes electrónicas:

- transferência de dados maciçamente paralela através da multiplexagem por divisão de comprimento de onda em conjunto com pentes de frequência, e
- velocidades de modulação de dados extremamente elevadas [71].

O seu sistema pode executar triliões de operações de multiplicação-acumulação por segundo, o que indica o potencial da fotónica integrada em aplicações de IA com grande volume de dados [71].

5.9. Aplicações
5.9.1. Reconhecimento automático da fala

O reconhecimento automático da fala em grande escala é o primeiro e mais convincente caso de sucesso da aprendizagem profunda. As RNNs LSTM podem aprender tarefas de "aprendizagem muito profunda" [9] que envolvem intervalos de vários segundos contendo eventos de fala separados por milhares de passos de tempo discretos, em que um passo de tempo corresponde a cerca de 10 ms. O LSTM com portas de esquecimento [51] é competitivo com os reconhecedores de fala tradicionais em determinadas tarefas.

O sucesso inicial no reconhecimento da fala baseou-se em tarefas de reconhecimento em pequena escala baseadas no TIMIT. O conjunto de dados contém 630 falantes de oito dialectos principais do inglês americano, em que cada falante lê 10 frases [72]. A sua pequena dimensão permite experimentar muitas configurações. Mais importante ainda, a tarefa TIMIT diz respeito ao reconhecimento de sequências fonéticas, que, ao contrário do reconhecimento de sequências de palavras, permite modelos de linguagem de bigramas fonéticos fracos. Isto permite que a força dos aspectos de modelação acústica do reconhecimento da fala seja mais facilmente analisada. As taxas de erro listadas abaixo, incluindo estes primeiros resultados e medidas como taxas percentuais de erro de fone (PER), foram resumidas desde 1991.

Método	Taxa de erro telefónico percentual (PER) (%)
RNN inicializada aleatoriamente [73]	26.1

GMM-HMM trifónico bayesiano	25.6
Modelo de trajetória oculta (generativo)	24.8
DNN monofónica inicializada aleatoriamente	23.4
Monofone DBN-DNN	22.4
GMM-HMM trifónico com treino BMMI	21.7
DBN-DNN monofónico no fbank	20.7
DNN convolucional [74]	20.0
DNN convolucional com pooling heterogéneo	18.7
Conjunto DNN/CNN/RNN [75]	18.3
LSTM bidirecional	17.8
Rede hierárquica convolucional profunda Maxout [76]	16.5

O aparecimento das DNN para o reconhecimento de falantes no final dos anos 90 e para o reconhecimento da fala por volta de 2009-2011 e das LSTM por volta de 2003-2007 acelerou o progresso em oito domínios principais:

- Treino e descodificação acelerados de DNNs em escala/fora de escala
- Formação discriminativa de sequências
- Processamento de caraterísticas por modelos profundos com uma sólida compreensão dos mecanismos subjacentes
- Adaptação de DNNs e modelos profundos relacionados
- Aprendizagem multitarefa e de transferência por DNNs e modelos profundos relacionados
- CNNs e como concebê-las para melhor explorar o conhecimento do domínio da fala
- RNN e as suas variantes LSTM ricas
- Outros tipos de modelos profundos, incluindo modelos baseados em tensores e modelos generativos/discriminativos profundos integrados.

Todos os principais sistemas comerciais de reconhecimento de voz (por exemplo, Microsoft Cortana, Xbox, Skype Translator, Amazon Alexa, Google Now, Apple Siri, pesquisa por voz Baidu e iFlyTek, e uma série de produtos de voz Nuance, etc.) baseiam-se na aprendizagem profunda [77, 78].

5.9.2. Reconhecimento de imagens

Um conjunto de avaliação comum para a classificação de imagens é o conjunto de dados da base de dados MNIST. A MNIST é composta por dígitos manuscritos e inclui 60.000 exemplos de treino e 10.000 exemplos de teste. Tal como no TIMIT, a sua pequena dimensão permite aos utilizadores testar múltiplas configurações. Está disponível uma lista exaustiva dos resultados obtidos com este conjunto [79].

O reconhecimento de imagens baseado na aprendizagem profunda tornou-se "sobre-humano", produzindo resultados mais exactos do que os concorrentes humanos. Isto aconteceu pela primeira vez em 2011, no reconhecimento de sinais de trânsito, e em 2014, com o reconhecimento de rostos humanos [80, 81].

Os veículos treinados em aprendizagem profunda interpretam agora vistas de câmaras de 360° [82]. Outro exemplo é a Análise de Novelas de Dismorfologia Facial (FDNA), utilizada para analisar casos de malformação humana ligados a uma grande base de dados de síndromes genéticas.

5.9.3. Processamento de arte visual

Processamento de arte visual de Jimmy Wales em França, com o estilo de "O Grito" de Munch aplicado utilizando a transferência de estilo neural Estreitamente relacionada com os progressos realizados no reconhecimento de imagens está a aplicação crescente de técnicas de aprendizagem profunda a várias tarefas de arte visual. As DNNs provaram ser capazes, por exemplo, de:

- identificar o período estilístico de uma determinada pintura [83, 84]
- Transferência de estilo neural - captar o estilo de uma determinada obra de arte e aplicá-lo de uma forma visualmente agradável a uma fotografia ou vídeo arbitrário
- gerar imagens impressionantes com base em campos de entrada visuais aleatórios.

5.9.4. Processamento de linguagem natural

As redes neuronais têm sido utilizadas para implementar modelos linguísticos desde o início dos anos 2000. As LSTM ajudaram a melhorar a tradução automática e a modelação linguística [57-59].

Outras técnicas fundamentais neste domínio são a amostragem negativa [85] e a incorporação de palavras. A incorporação de palavras, como a word2vec, pode ser considerada como uma camada de representação numa arquitetura de aprendizagem profunda que transforma uma palavra atómica numa representação posicional da palavra em relação a outras palavras no conjunto de dados; a posição é representada como um ponto num espaço vetorial. A utilização da incorporação de palavras como uma camada de entrada RNN permite à rede analisar frases e expressões utilizando uma gramática vetorial composicional eficaz. Uma gramática vetorial composicional pode ser considerada como uma gramática probabilística livre de contexto (PCFG) implementada por uma RNN [86]. Os auto-codificadores recursivos construídos a partir de palavras incorporadas podem avaliar a semelhança entre frases e detetar paráfrases. As arquitecturas neuronais profundas fornecem os melhores resultados para análise de constituições [87], análise de sentimentos [88], recuperação de informação [89, 90], compreensão da linguagem falada [91], tradução automática [92], ligação de entidades contextuais [93], reconhecimento de estilos de escrita [94], reconhecimento de entidades nomeadas (classificação de tokens) [94], classificação de texto e outros [95].

O Google Translate (GT) utiliza uma grande rede de memória de curto prazo longa (LSTM) de ponta a ponta [96-99]. O Google Neural Machine Translation (GNMT) utiliza um método de tradução automática baseado em exemplos, em que o sistema "aprende com milhões de exemplos". Traduz "frases inteiras de cada vez, em vez de partes". O Google Trans-late suporta mais de cem línguas. A rede analisa a "semântica da frase em vez de se limitar a memorizar as translações frase a frase" [100]. O GT usa o inglês como intermediário entre a maioria dos pares de línguas [100].

5.9.5. Descoberta de medicamentos e toxicologia

Uma grande percentagem de medicamentos candidatos não consegue obter aprovação regulamentar. Estas falhas são causadas por uma eficácia insuficiente (efeito no alvo), interações indesejadas (efeitos fora do alvo) ou efeitos tóxicos imprevistos [101, 102]. A investigação tem explorado a utilização da aprendizagem profunda para prever os alvos biomoleculares, os efeitos fora do alvo e os efeitos tóxicos dos produtos químicos ambientais em nutrientes, produtos domésticos e medicamentos.

O AtomNet é um sistema de aprendizagem profunda para a conceção racional de medicamentos com base na estrutura [103]. O AtomNet foi utilizado para prever novas biomoléculas candidatas a alvos de doenças como o vírus Ébola [104] e a esclerose múltipla [104, 105].

Em 2017, as redes neurais gráficas foram utilizadas pela primeira vez para prever várias propriedades das moléculas num grande conjunto de dados toxicológicos [106]. Em 2019, as redes neuronais generativas foram utilizadas para produzir moléculas que foram validadas experimentalmente até aos ratinhos [107, 108].

5.9.6. Gestão da relação com o cliente

A aprendizagem por reforço profundo foi utilizada para aproximar o valor de possíveis acções de marketing direto, definidas em termos de variáveis RFM. Foi demonstrado que a função de valor estimado tem uma interpretação natural como valor do tempo de vida do cliente [109].

5.9.7. Sistemas de recomendação

Os sistemas de recomendação utilizaram a aprendizagem profunda para extrair caraterísticas significativas para um modelo de fator latente para recomendações de música e revistas baseadas em conteúdos [110, 111]. A aprendizagem profunda com múltiplas perspectivas foi aplicada para aprender as preferências dos utilizadores em vários domínios [112]. O modelo utiliza uma abordagem híbrida colaborativa e baseada em conteúdos e melhora as recomendações em várias tarefas.

5.9.8. Bioinformática

Uma RNA auto-codificadora foi utilizada em bioinformática para prever anotações de ontologia genética e relações gene-função [113].

No domínio da informática médica, a aprendizagem profunda foi utilizada para prever a qualidade do sono com base em dados de dispositivos portáteis [114] e para prever complicações de saúde a partir de dados de registos de saúde electrónicos [115].

As redes neuronais profundas têm demonstrado um desempenho sem paralelo na previsão da estrutura das proteínas, de acordo com a sequência dos aminoácidos que as compõem. Em 2020, o AlphaFold, um sistema baseado na aprendizagem profunda, atingiu um nível de precisão significativamente superior a todos os métodos computacionais anteriores [116, 117].

5.9.9. Estimativas de redes neurais profundas

As redes neurais profundas podem ser utilizadas para estimar a entropia de um processo estocástico e designadas por Neural Joint Entropy Estimator (NJEE) [118]. Essa estimativa fornece informações sobre os efeitos das variáveis aleatórias de entrada numa variável aleatória independente. Na prática, o DNN é treinado como um classificador que mapeia um vetor ou matriz de entrada X para uma distribuição de probabilidade de saída sobre as classes possíveis da variável aleatória Y, dada a entrada X. O NJEE utiliza funções de ativação continuamente diferenciáveis, de modo a que as condições para o teorema da aproximação universal se mantenham. É demonstrado que este método fornece um estimador fortemente consistente e supera outros métodos no caso de alfabetos de grande dimensão [118].

5.9.10. Análise de imagens médicas

Foi demonstrado que a aprendizagem profunda produz resultados competitivos em aplicações médicas, como a classificação de células cancerígenas, a deteção de lesões, a segmentação de órgãos e o melhoramento de imagens [119, 120]. As ferramentas modernas de aprendizagem profunda demonstram a elevada precisão da deteção de várias doenças e a utilidade da sua utilização por listas específicas para melhorar a eficiência do diagnóstico [121, 122].

5.9.11. Publicidade móvel

Encontrar a audiência móvel adequada para a publicidade móvel é sempre um desafio, uma vez que muitos pontos de dados têm de ser considerados e analisados antes de um segmento-alvo poder ser criado e utilizado na apresentação de anúncios por qualquer servidor de anúncios [123]. A aprendizagem profunda tem sido utilizada para interpretar conjuntos de dados publicitários de grandes dimensões e com muitas dimensões.

5.9.12. Restauração de imagens

A aprendizagem profunda tem sido aplicada com sucesso a problemas inversos, como a desnaturação, a super-resolução, a pintura e a colorização de filmes [124]. Estas aplicações incluem métodos de aprendizagem como o "Shrinkage Fields for Effective Image Restoration" [125], que treina num conjunto de dados de imagens, e o Deep Image Prior, que treina na imagem que precisa de ser restaurada.

### 5.9.13.	Deteção de fraudes financeiras

A aprendizagem profunda está a ser aplicada com êxito à deteção de fraudes financeiras, à deteção da evasão fiscal [126] e à luta contra o branqueamento de capitais [127].

### 5.9.14.	Ciência dos materiais

Em novembro de 2023, investigadores da Google DeepMind e do Lawrence Berkeley National Laboratory anunciaram que tinham desenvolvido um sistema de IA conhecido como GNoME. Este sistema contribuiu para a ciência dos materiais ao descobrir mais de 2 milhões de novos materiais num período de tempo relativamente curto. O GNoME utiliza técnicas de aprendizagem profunda para explorar eficientemente potenciais estruturas de materiais, conseguindo um aumento significativo na identificação de estruturas cristalinas inorgânicas estáveis. As previsões do sistema foram validadas através de experiências robóticas autónomas, demonstrando uma notável taxa de sucesso de 71%. A utilização da IA e da aprendizagem profunda sugere a possibilidade de miniaturizar ou eliminar as experiências laboratoriais manuais e permitir que os cientistas se concentrem mais na conceção e análise de compostos únicos [128-130].

### 5.9.15.	Militar

O Departamento de Defesa dos Estados Unidos aplicou a aprendizagem profunda para treinar robots em novas tarefas através da observação [131].

### 5.9.16.	Equações Diferenciais Parciais

As redes neuronais informadas no domínio da física têm sido utilizadas para resolver equações diferenciais parciais em problemas diretos e inversos, com base em dados [132]. Um exemplo é a reconstrução do escoamento de fluidos regido pelas equações de Navier-Stokes. A utilização de redes neuronais informadas pela física não exige a geração de malhas, frequentemente dispendiosa, em que se baseiam os métodos CFD convencionais [133, 134].

5.9.17.   Reconstrução de imagens

A reconstrução de imagens é a reconstrução das imagens subjacentes a partir das medições relacionadas com a imagem. Vários trabalhos demonstraram o melhor e superior desempenho dos métodos de aprendizagem profunda em comparação com os métodos analíticos para várias aplicações, por exemplo, imagiologia espetral [135] e imagiologia por ultra-sons [136].

5.9.18.   Previsão do tempo

Os sistemas tradicionais de previsão meteorológica resolvem um sistema muito complexo de equações diferenciais patriarcais. O GraphCast é um modelo baseado em aprendizagem profunda, treinado num longo histórico de dados meteorológicos para prever como os padrões meteorológicos mudam ao longo do tempo. É capaz de prever as condições meteorológicas para até 10 dias a nível mundial, a um nível muito pormenorizado, e em menos de um minuto, com uma precisão semelhante à dos sistemas mais avançados [137, 138].

5.9.19.   Relógio epigenético

Um relógio epigenético é um teste bioquímico que pode ser utilizado para medir a idade. Galkin et al. utilizaram redes neuronais profundas para treinar um relógio de envelhecimento epigenético com uma precisão sem precedentes, utilizando >6 000 amostras de sangue [139]. O relógio utiliza informações de 1000 locais CpG e prevê que as pessoas com determinadas doenças são mais velhas do que os controlos saudáveis: DII, demência frontotemporal, cancro do ovário, obesidade.

5.9.20.   Relação com o desenvolvimento cognitivo e cerebral humano

A aprendizagem profunda está intimamente relacionada com uma classe de teorias do desenvolvimento do cérebro (especificamente, o desenvolvimento neocortical) propostas por neurocientistas cognitivos no início dos anos 90 [140-142]. Estas teorias de desenvolvimento foram instanciadas em modelos computacionais, tornando-os predecessores dos sistemas de aprendizagem profunda. Este processo produz uma pilha auto-organizável de transdutores, bem ajustada ao seu ambiente de funcionamento. Uma descrição de 1995 afirmava: "... o cérebro do bebé parece organizar-se sob a influência de ondas dos chamados factores tróficos... diferentes regiões do cérebro ligam-se sequencialmente, com uma camada de tecido a amadurecer antes de outra e assim por diante até que todo o cérebro esteja maduro" [143].

Foram utilizadas várias abordagens para investigar a plausibilidade dos modelos de aprendizagem profunda numa perspetiva neurobiológica. Por um lado, foram propostas várias variantes do algoritmo de retropropagação para aumentar o seu realismo de processamento [144-146]. Outros investigadores defenderam que as formas não supervisionadas de aprendizagem profunda, como as baseadas em modelos generativos hierárquicos e redes de crenças profundas, podem estar mais próximas da realidade biológica [147, 148]. A este respeito, os modelos de redes neuronais generativas têm sido relacionados com provas neurobiológicas sobre o processamento baseado na amostragem no córtex cerebral [149].

Embora ainda não tenha sido estabelecida uma comparação sistemática entre a organização do cérebro humano e a codificação neuronal nas redes profundas, foram registadas várias analogias. Por exemplo, os cálculos efectuados pelas unidades de aprendizagem profunda podem ser semelhantes aos dos neurónios reais [150] e das populações neuronais [151]. Do mesmo modo, as representações desenvolvidas pelos modelos de aprendizagem profunda são semelhantes às medidas no sistema visual dos primatas [152], tanto ao nível da unidade única [153] como ao nível da população [154].

5.9.21. Atividade comercial

O laboratório de IA do Facebook executa tarefas como a marcação automática de fotografias carregadas com os nomes das pessoas que nelas se encontram [155].

A DeepMind Technologies da Google desenvolveu um sistema capaz de aprender a jogar videojogos Atari utilizando apenas pixéis como dados de entrada. Em 2015, demonstraram o seu sistema AlphaGo, que aprendeu o jogo Go suficientemente bem para vencer um jogador profissional de Go [156-158].

Em 2017, foi lançada a Covariant.ai, que se centra na integração da aprendizagem profunda nas fábricas [159].

A partir de 2008 [160], pesquisadores da Universidade do Texas em Austin (UT) desenvolveram uma estrutura de aprendizado de máquina chamada Training an Agent Manually via Evaluative Reinforcement, ou TAMER, que propôs novos métodos para robôs ou programas de computador aprenderem a executar tarefas interagindo com um instrutor humano [161]. Desenvolvido inicialmente como TAMER, um novo algoritmo chamado Deep TAMER foi introduzido mais tarde em 2018 durante uma colaboração entre o Laboratório de Pesquisa do Exército dos EUA (ARL) e pesquisadores da UT. O Deep TAMER usou o aprendizado profundo para fornecer a um robô a capacidade de aprender novas tarefas por meio da observação [161]. Usando o Deep TAMER, um robô aprendeu uma tarefa com um treinador humano, assistindo a transmissões de vídeo ou observando um humano realizar uma tarefa pessoalmente. Mais tarde, o robô praticou a tarefa com a ajuda de algum treino do formador, que deu feedback como "bom trabalho" e "mau trabalho" [161].

5.10. Referências

[1].	Schulz, Hannes; Behnke, Sven (1 de novembro de 2012). "Aprendizagem profunda". KI -
	Inteligência artificial. 26 (4): 357-363.
[2].	LeCun, Yann; et al. (2015). "Aprendizagem profunda". Natureza. 521 (7553): 436-444.
[3].	Ciresan, D.; Meier, U.; Schmidhuber, J. (2012).
	"Redes neurais profundas multi-coluna para classificação de imagens". 2012 IEEE
	Conferência sobre Visão Computacional e Reconhecimento de Padrões. pp. 3642-3649.
[4].	Krizhevsky, Alex; Sutskever, Ilya; Hinton, Geoffrey (2012).
	"Classificação ImageNet com redes neurais convolucionais profundas". NIPS
	2012: Sistemas de Processamento de Informação Neural, Lake Tahoe, Nevada.
	Arquivado em 2017-01-10. Recuperado em 2017-05-24.
[5].	"O AlphaGo AI da Google vence uma série de 3 jogos contra o melhor jogador de Go do mundo".
	TechCrunch. 25 de maio de 2017. Arquivado em 17 de junho de 2018. Recuperado em 17
	junho de 2018.
[6].	"Estudo recomenda cautela ao comparar redes neurais com o cérebro". MIT
	Notícias | Instituto de Tecnologia de Massachusetts... 2022-11-02. Recuperado em 2023-12-06.

[7].   Bengio, Yoshua (2009). "Aprendizagem de arquitecturas profundas para IA". Fundações
e Tendências em Aprendizagem Automática. 2 (1): 1-127. CiteSeerX 10.1.1.701.9550.
[8].   Bengio, Y.; Courville, A.; Vincent, P. (2013). "Aprendizagem de representação: A
Revisão e Novas Perspectivas". IEEE Transactions on Pattern Analysis and
Inteligência artificial. 35 (8): 1798-1828. arXiv:1206.5538.
[9].   Schmidhuber, J. (2015). "Aprendizagem profunda em redes neurais: Overview".
Redes Neurais. 61: 85-117. arXiv:1404.7828.
[10].   Shigeki, Sugiyama (12 de abril de 2019).
IGI Global. ISBN 978-1-5225-8218-2.
[11].   Bengio, Yoshua; et al. (2007). Greedy layer-wise training of deep networks (Formação gulosa de redes profundas por camadas).
Avanços nos sistemas de processamento de informação neural. pp. 153-160.
Arquivado em 2019-10-20. Recuperado em 2019-10-06.
[12].   Hinton, G.E. (2009). "Redes de crenças profundas". Scholarpedia. 4 (5): 5947.
[13].   Cybenko (1989).
"Aproximações por sobreposições de funções sigmoidais".
Matemática de Controlo, Sinais e Sistemas. 2 (4): 303-314.
[14].   Hornik, Kurt (1991).
"Capacidades de aproximação das redes multicamadas feedforward". Neural
Redes. 4 (2): 251-257.
[15].   Haykin, Simon S. (1999). Neural Networks: A Comprehensive Foundation.
Prentice Hall. ISBN 978-0-13-273350-2.
[16].   Hassoun, Mohamad H. (1995). Fundamentos das Redes Neuronais Artificiais.
MIT Press. p. 48. ISBN 978-0-262-08239-6.
[17].   Lu, Z., Pu, H., Wang, F., Hu, Z., & Wang, L. (2017).
O poder expressivo das redes neurais: A View from the Width.
Arquivado 13/02/2019 no Máquina Wayback. Informação neural
Sistemas de processamento, 6231-6239.
[18].   Orhan, A. E.; Ma, W. J. (2017).
"Inferência probabilística eficiente em feedback genérico não probabilístico".
Nature Communications. 8 (1): 138.

[19].	Deng, L.; Yu, D. (2014). "Aprendizagem profunda: Métodos e Aplicações".
	Fundamentos e Tendências em Processamento de Sinais. 7 (3-4): 1-199. Arquivado em
	2016-03-14. Recuperado em 2014-10-18.
[20].	Murphy, Kevin P. (24 de agosto de 2012).
	Aprendizagem automática: A Probabilistic Perspective. MIT Press.
	ISBN 978-0-262-01802-9.
[21].	Fukushima, K. (1969).
	"Extração de caraterísticas visuais em rede multicamada com elemento de limiar analógico".
	IEEE Transactions on Systems Science and Cybernetics. 5 (4): 322-333.
[22].	Sonoda, Sho; Murata, Noboru (2017).
	"Rede neural com funções de ativação ilimitadas é um aproximador".
	Análise Harmónica Aplicada e Computacional. 43 (2): 233-268.
	arXiv:1505.03654.
[23].	Bishop, Christopher M. (2006). Pattern Recognition and Machine Learning (Reconhecimento de padrões e aprendizagem automática).
	Springer. Arquivado em 2017-01-11. Recuperado em 2017-08-06.
[24].	Brush, Stephen G. (1967). "História do modelo Lenz-Ising". Revisões de
	Física Moderna. 39 (4): 883-893.
[25].	Amari, Shun-Ichi (1972).
	"Aprendizagem de padrões e sequências de padrões através de elementos de auto-limiar".
	IEEE Transactions. C (21): 1197-1206.
[26].	Blogue de investigação do Google.
	As redes neuronais por detrás da transcrição do Google Voice. 11 de agosto de 2015.
	Por Françoise Beaufays
[27].	Ciresan, D. C.; (2011).
	"Rede Neural Convolucional Flexível e de Alto DesempenhoClassificação".
	Conferência Internacional Conjunta sobre Inteligência Artificial. Arquivado em 2014-
	09-29. Recuperado em 2017-06-13.
[28].	Ciresan, Dan; et al. (2012).
	Avanços em Sistemas de Processamento de Informação Neural 25. Curran Associates,

Inc. pp. 2843-2851. Arquivado em 2017-08-09. Recuperado em 2017-06-13.

[29]. Ciresan, D.; Giusti, A.; Gambardella, L.M.; Schmidhuber, J. (2013).
"Deteção de Mitose em Imagens de Cancro da Mama com Redes Neuronais Profundas".
Computação de imagens médicas e intervenção assistida por computador - MICCAI
2013. Notas de aula em Ciência da Computação. Vol. 7908. pp. 411-418.

[30]. Simonyan, Karen; Andrew, Zisserman (2014).
"Redes de convolução muito profundas para reconhecimento de imagens em grande escala".
arXiv:1409.1556 [cs.CV].

[31]. Vinyals, Oriol; Toshev, Alexander; Bengio, Samy; Erhan, Dumitru (2014).
"Mostrar e contar: um gerador neural de legendas de imagens".
arXiv:1411.4555 [cs.CV].

[32]. Fang, H.; et al. (2014). "De legendas a conceitos visuais e vice-versa".
arXiv:1411.4952 [cs.CV]...

[33]. Kiros, Ryan; Salakhutdinov, Ruslan; Zemel, Richard S (2014).
"Unificação de Embeddings Visual-Semânticos com Linguagem Neural Multimodal
Modelos". arXiv:1411.2539 [cs.LG]...

[34]. "Desafio de atividade molecular da Merck". kaggle.com. Arquivado em 2020-07-
16. Recuperado em 2020-07-16.

[35]. "Multi-task NN QSAR Predictions | Data Science Association".
www.datascienceassn.org. Arquivado em 30 de abril de 2017. Recuperado em 14
junho de 2017.

[36]. "Toxicologia no desafio dos dados do século XXI"

[37]. "NCATS anuncia os vencedores do desafio de dados Tox21". Arquivado em 2015-
09-08. Recuperado em 2015-03-05.

[38]. "NCATS anuncia os vencedores do desafio de dados Tox21". Arquivado em 28
fevereiro de 2015. Recuperado em 5 de março de 2015.

[39]. "Por que o aprendizado profundo está mudando sua vida de repente". Fortune.
2016. Arquivado em 14 de abril de 2018. Recuperado em 13 de abril de 2018.

[40]. Ferrie, C., & Kaiser, S. (2019). Redes neurais para bebés. Livros de referência.
ISBN 978-1492671206.
[41]. Silver, David; et al. (2016). "Dominar o jogo de Go com neural profundo
redes e pesquisa de árvores". Nature. 529 (7587): 484-489.
[42]. Um Guia para Aprendizagem Profunda e Redes Neuronais, arquivado a partir do original
em 2020-11-02, recuperado em 2020-11-16
[43]. Szegedy, Christian; Toshev, Alexander; Erhan, Dumitru (2013).
"Redes neurais profundas para deteção de objectos". Avanços em Neural
Sistemas de processamento de informação: 2553-2561. Arquivado em 2017-06-29.
Recuperado em 2017-06-13.
[44]. Rolnick, David; Tegmark, Max (2018).
"O poder das redes mais profundas para exprimir funções naturais".
Conferência Internacional sobre Representações de Aprendizagem. ICLR 2018.
Arquivado em 2021-01-07. Recuperado em 2021-01-05.
[45]. Hof, Robert D. "Is Artificial Intelligence Finally Coming into Its Own?
MIT Technology Review. Arquivado em 31 de março de 2019. Recuperado em 10
julho de 2018.
[46]. Gers, Felix A.; Schmidhuber, Jürgen (2001).
"As redes recorrentes LSTM aprendem línguas simples sensíveis ao contexto".
IEEE Transactions on Neural Networks. 12 (6): 1333-1340. Arquivado em
2020-01-26. Recuperado em 2020-02-25.
[47]. Sutskever, L.; Vinyals, O.; Le, Q. (2014).
"Aprendizagem sequência a sequência com redes neuronais".
Proc. NIPS. Arquivado em 2021-05-09. Recuperado em 2017-06-13.
[48]. Jozefowicz, R.; Vinyals, O.; Schuster, M.; Shazeer, N.; Wu, Y. (2016).
"Explorando os limites da modelação da linguagem". arXiv:1602.02410 [cs.CL].
[49]. Gillick, Dan; Brunk, Cliff; Vinyals, Oriol; Subramanya, Amarnag (2015).

"Processamento de linguagem multilingue a partir de bytes". arXiv:1512.00103 [cs.CL].

[50]. Mikolov, T.; et al. (2010).

"Modelo linguístico baseado em redes neurais recorrentes". Interspeech: 1045-

1048. Arquivado em 2017-05-16. Recuperado em 2017-06-13.

[51]. "Learning Precise Timing with LSTM Recurrent Networks" [Aprendizagem de temporização exacta com redes recorrentes LSTM].

ResearchGate. Arquivado em 9 de maio de 2021. Recuperado em 13 de junho de 2017.

[52]. LeCun, Y.; et al. (1998).

"Aprendizagem baseada em gradientes aplicada ao reconhecimento de documentos". Actas de

o IEEE. 86 (11): 2278-2324.

[53]. Sainath, T. N.; et al. (2013).

"Redes neurais convolucionais profundas para LVCSR". 2013 IEEE Internacional

Conferência sobre Acústica, Fala e Processamento de Sinais. pp. 8614-8618.

[54]. Bengio, Y.; Boulanger-L., Nicolas; Pascanu, Razvan (2013).

"Avanços na otimização de redes recorrentes". 2013 IEEE Internacional

Conferência sobre Acústica, Fala e Processamento de Sinais. pp. 8624-8628.

ISBN 978-1-4799-0356-6. S2CID 12485056.

[55]. Dahl, G.; et al. (2013).

"Melhorar as DNN para LVCSR utilizando unidades lineares rectificadas e abandono".

ICASSP. Arquivado em 2017-08-12. Recuperado em 2017-06-13.

[56]. "Aumento de dados - deeplearning.ai | Coursera". Coursera. Arquivado em 1

dezembro de 2017. Recuperado em 30 de novembro de 2017.

[57]. Hinton, G. E. (2010).

"Um guia prático para treinar máquinas de Boltzmann restritas". Tech. Rep.

UTML TR 2010-003. Arquivado em 2021-05-09. Recuperado em 2017-06-13.

[58]. You, Yang; Buluç, Aydın; Demmel, James (novembro de 2017).

"Escalonamento da aprendizagem profunda em GPU e clusters de aterragem de cavaleiros".

ACM. pp. 1-12. Arquivado em 29 de julho de 2020. Recuperado em 5 de março de 2018.

[59]. Viebke, André; Memeti, Suejb; Pllana, Sabri; Abraham, Ajith (2019).

"CHAOS: um esquema de paralelização para o treino de neurónios convolucionais

em redes Intel Xeon Phi". The Journal of Supercomputing. 75: 197-227.

[60]. Ting Qin, et al. "A learning algorithm of CMAC based on RLS". Neural

Cartas de Processamento 19.1 (2004): 49-61.

[61]. Ting Qin, et al. "Continuous CMAC-QRLS and systolic array".

Arquivado 18-11-2018 no Máquina Wayback. Cartas de processamento neural

22.1 (2005): 1-16.

[62]. Investigação, IA (23 de outubro de 2015).

"Redes Neuronais Profundas para Modelação Acústica no Reconhecimento da Fala".

airesearch.com. Arquivado em 1 de fevereiro de 2016. Recuperado em 23 de outubro de 2015.

[63]. "As GPUs continuam a dominar o mercado de aceleradores de IA por enquanto".

InformationWeek. Arquivado em 10 de junho de 2020. Recuperado em 11 de junho de 2020.

[64]. Ray, T. (2019). "A IA está a mudar toda a natureza da computação".

ZDNet. Arquivado em 25 de maio de 2020. Recuperado em 11 de junho de 2020.

[65]. "IA e computação". OpenAI. 16 de maio de 2018. Arquivado em 17 de junho de 2020.

Recuperado em 11 de junho de 2020.

[66]. "HUAWEI revela o futuro da IA móvel na IFA 2017 | HUAWEI Global".

consumidor.huawei.com.

[67]. P, JouppiNorman; et al. (2017).

"Análise de desempenho no centro de dados de uma unidade de processamento de tensores". ACM

SIGARCH Notícias sobre Arquitetura de Computadores. 45 (2): 1-12. arXiv:1704.04760.

[68]. Woodie, Alex (2021-11-01).

"Cerebras atinge o acelerador para cargas de trabalho de Deep Learning". Datanami.

Recuperado em 2022-08-03.

[69]. "Cerebras lança processador de supercomputação de IA de 2,6 trilhões de transistores".

VentureBeat. 2021-04-20. Recuperado em 2022-08-03.

[70]. Marega, Guilherme Migliato; et al. (2020).
"Lógica em memória baseada num semicondutor atomicamente fino".
Natureza. 587 (2): 72-77.

[71]. Feldmann, J.; Youngblood, N.; Karpov, M.; et al. (2021).
"Processamento convolucional paralelo utilizando um tensor fotónico integrado".
Natureza. 589 (2): 52-58. arXiv:2002.00281.

[72]. Garofolo, J.S.; et al. (1993).
Consórcio TIMIT Acoustic-Phonetic Continuous Speech Corpus. Recuperado em 27 de dezembro de 2023.

[73]. Robinson, Tony (30 de setembro de 1991).
"Várias melhorias num sistema de reconhecimento telefónico de erros recorrentes".
Relatório Técnico do Departamento de Engenharia da Universidade de Cambridge. CUED/F-INFENG/TR82.

[74]. Abdel-Hamid, O.; et al. (2014).
"Redes neurais convolucionais para reconhecimento de fala". IEEE/ACM
Transacções sobre Processamento de Áudio, Fala e Linguagem. 22 (10): 1533-1545. Arquivado em 2020-09-22. Recuperado em 2018-04-20.

[75]. Deng, L. (2014). "Ensemble Deep Learning for Speech Recognition". Proc.
Interspeech: 1915-1919.

[76]. Tóth, Laszló (2015).
"Redes Maxout Convolucionais Hierárquicas para Reconhecimento de Telefones".
EURASIP Journal on Audio, Speech, and Music Processing. 2015.
Arquivado em 2020-09-24. Recuperado em 2019-04-01.

[77]. McMillan, Robert (17 de dezembro de 2014).
"Como o Skype usou a IA para criar seu tradutor de idiomas | WIRED".
Com fio. Arquivado em 8 de junho de 2017. Recuperado em 14 de junho de 2017.

[78]. Hannun, Awni; et al. (2014).
"Deep Speech: Aumentar a escala do reconhecimento do discurso de ponta a ponta".
arXiv:1412.5567 .

[79].	"Base de dados de dígitos manuscritos MNIST, Yann LeCun, Corinna Chris Burges".

yann.lecun.com. Arquivado em 2014-01-13. Recuperado em 2014-01-28.

[80].	Cireşan, Dan; et al. (agosto de 2012).

"Rede neural profunda multi-colunas para classificação de sinais de trânsito". Neural

Redes. Artigos Selecionados do IJCNN 2011. 32: 333-338.

CiteSeerX 10.1.1.226.8219.

[81].	Chaochao Lu; Xiaoou Tang (2014). "Superando o rosto de nível humano

Reconhecimento". arXiv:1404.3840 [cs.CV].

[82].	Nvidia faz demonstração de um computador para automóvel treinado com "Deep Learning" (2015), David

Talbot, MIT Technology Review

[83].	G. W. Smith; Frederic Fol Leymarie (10 de abril de 2017).

"A Máquina como Artista: Uma Introdução". Artes. 6 (4): 5.

[84].	Blaise Agüera y Arcas (2017). "Arte na era da inteligência das máquinas".

Artes. 6 (4): 18.

[85].	Goldberg, Yoav; Levy, Omar (2014).

"word2vec Explicado: Derivação do método Mikolov eWord-Embedding".

arXiv:1402.3722 [cs.CL].

[86].	Socher, Richard; Manning, Christopher. "Aprendizagem profunda para PNL".

Arquivado em 6 de julho de 2014. Recuperado em 26 de outubro de 2014.

[87].	Socher, Richard; Bauer, John; Manning, Christopher; Ng, Andrew (2013).

"Análise com gramáticas vectoriais de composição". Actas da ACL

Conferência de 2013. Arquivado em 2014-11-27. Recuperado em 2014-09-03.

[88].	Socher, R.; et al. (2013).

"Modelos profundos recursivos Composição semântica do banco de dados de sentimentos".

Proc. da Conf. 2013 sobre Métodos Empíricos em Linguagem Natural

Processamento. Associação de Linguística Computacional. Arquivado em 28

Dez. 2016. Recuperado em 21 de dezembro de 2023.

[89].	Shen, Yelong; et al. (2014).

"Um modelo semântico latente com recuperação de informação convolucional".

Microsoft Research. Arquivado em 27 de outubro de 2017. Recuperado em 14 de junho de 2017.

[90]. Huang, Po-Sen; et al. (1 de outubro de 2013).

"Aprendizagem de pesquisa semântica estruturada profunda utilizando dados de cliques".

Microsoft Research. Arquivado em 27 de outubro de 2017. Recuperado em 14 de junho de 2017.

[91]. Mesnil, G.; et al. (2015).

"Utilização de uma rede neural recorrente para a compreensão da linguagem falada".

IEEE Transactions on Audio, Speech, and Language Processing. 23 (3):

530-539.

[92]. Gao, Jianfeng; He, Xiaodong; Yih, Scott Wen-tau; Deng, Li (1 de junho de 2014).

"Aprender representações de frases contínuas para modelação de traduções".

Microsoft Research. Arquivado em 27 de outubro de 2017. Recuperado em 14 de junho de 2017.

[93]. Brocardo, Marcelo Luiz; et al. (2017).

"Verificação de autoria utilizando sistemas de redes de crenças profundas". Internacional

Journal of Communication Systems. 30 (12): e3259.

[94]. Kariampuzha, William; et al. (2023).

"Extração de informações de precisão para a epidemiologia das doenças raras à escala".

Jornal de Medicina Translacional. 21 (1): 157.

[95]. (Tutorial CIKM2014) - Microsoft Research".

Microsoft Research. Arquivado em 13 de março de 2017. Recuperado em 14 de junho de 2017.

[96]. Turovsky, Barak (15 de novembro de 2016).

"Encontrado na tradução: Frases mais exactas e fluentes Google Translate".

Blogue do Google Keyword. Arquivado em 7 de abril de 2017. Recuperado em 23

março de 2017.

[97]. Schuster, Mike; Johnson, Melvin; Thorat, Nikhil (2016).

"Sistema de tradução automática neural do Google".

Blogue de investigação da Google. Arquivado em 10 de julho de 2017. Recuperado em 23

março de 2017.

[98]. Wu, Yonghui; et al. (2016).

"Tradução automática neural da Google Tradução humana e automática".

arXiv:1609.08144 [cs.CL].

[99]. Metz, Cade (27 de setembro de 2016).

"Uma infusão de IA torna o Google Translate mais poderoso do que nunca".

Com fio. Arquivado em 8 de novembro de 2020. Recuperado em 12 de outubro de 2017.

[100]. Boitet, Christian; et al. (2010). "MT na e para a Web". Arquivado em 29

março de 2017. Recuperado em 1 de dezembro de 2016.

[101]. Arrowsmith, J; Miller, P (2013).

"Observação de ensaios: Taxas de desgaste da fase II e da fase III 2011-2012".

Nature Reviews Drug Discovery. 12 (8): 569.

[102]. Verbist, B; et al. (2015).

"Utilização da transcriptómica para orientar a otimização de pistas do projeto QSTAR".

Drug Discovery Today. 20 (5): 505-513.

[103]. Wallach, Izhar; Dzamba, Michael; Heifets, Abraham (9 de outubro de 2015).

"AtomNet: A Deep Convolutional Structure-based Drug Discovery".

arXiv:1510.02855 [cs.LG].

[104]. "A startup de Toronto tem uma forma mais rápida de descobrir medicamentos eficazes".

Arquivado em 20 de outubro de 2015. Recuperado em 9 de novembro de 2015.

[105]. "Startup Harnesses Supercomputers to Seek Cures". KQED Future of You.

27 de maio de 2015. Arquivado em 24 de dezembro de 2015. Recuperado em 9 de novembro de 2015.

[106]. Gilmer, Justin; et al. (2017).

"Passagem de mensagem neural para química quântica". arXiv:1704.01212.

[107]. Zhavoronkov, Alex (2019).

"A aprendizagem profunda permite a identificação rápida de inibidores potentes da quinase DDR1".

Nature Biotechnology. 37 (9): 1038-1040.

[108]. Gregory, Barber.

"Uma molécula concebida por IA apresenta qualidades 'semelhantes a medicamentos'".

Wired. Arquivado em 2020-04-30. Recuperado em 05/09/2019.
[109]. Tkachenko, Yegor (8 de abril de 2015).
"Espaço de Ação Contínua de Aproximação CLV de CRM Autónomo".
arXiv:1504.01840 [cs.LG].
[110]. van den Oord, et al. (2013).
Advances in Neural Information Processing Systems 26. Curran Associates,
Inc. pp. 2643-2651. Arquivado em 2017-05-16. Recuperado em 2017-06-14.
[111]. Feng, X.Y.; et al. (2019).
"O sistema de recomendação baseado na aprendizagem profunda "Pubmender".
Journal of Medical Internet Research. 21 (5): e12957.
[112]. Elkahky, Ali Mamdouh; Song, Yang; He, Xiaodong (1 de maio de 2015).
"Uma abordagem de aprendizagem profunda de múltiplas perspectivas para sistemas de recomendação".
Microsoft Research. Arquivado em 25 de janeiro de 2018. Recuperado em 14 de junho de 2017.
[113]. Chicco, Davide; Sadowski, Peter; Baldi, Pierre (1 de janeiro de 2014).
"Previsões de anotação de ontologia genética de redes neurais de autoencoder profundo".
ACM. pp. 533-540. Arquivado em 9 de maio de 2021. Recuperado em 23 de novembro de 2015.
[114]. Sathyanarayana, Aarti (1 de janeiro de 2016).
"Previsão da qualidade do sono a partir de dados vestíveis utilizando a aprendizagem profunda".
JMIR mHealth e uHealth. 4 (4): e125.
[115]. Choi, Edward; Schuetz, Andy; Stewart, W. F.; Sun, J. (13 de agosto de 2016).
"Utilização de modelos de redes neurais recorrentes para a deteção precoce do início da insuficiência cardíaca".
Jornal da Associação Americana de Informática Médica. 24 (2): 361-370.
[116]. "A IA de dobragem de proteínas da DeepMind é um grande desafio da biologia com 50 anos".
MIT Technology Review. Recuperado em 2024-05-10.
[117]. Shead, Sam (2020-11-30).
"DeepMind resolve 'grande desafio' de 50 anos com I.A. de dobragem de proteínas".
CNBC. Recuperado em 2024-05-10.

[118]. Shalev, Y.; Painsky, A.; Ben-Gal, I. (2022).

"Estimativa de Entropia Conjunta Neural". IEEE Transactions on Neural Networks

e Sistemas de Aprendizagem. PP (4): 5488-5500.

[119]. Litjens, Geert; et al. (dezembro de 2017).

"Um inquérito sobre a aprendizagem profunda na análise de imagens médicas". Imagem Médica

Analysis. 42: 60-88. arXiv:1702.05747.

[120]. Forslid, Gustav; et al. (2017).

"N.N. Convolucional Profundo para Detetar Alterações Celulares Malignas".

2016 Conferência Internacional do IEEE sobre Workshops de Visão Computacional

(ICCVW). pp. 82-89. Arquivado em 2021-05-09. Recuperado em 12/11/2019.

[121]. Dong, Xin; et al. (2020).

"Deteção de câncer de fígado usando estrutura de aprendizado profundo hibridizado".

IEEE Access. 8: 129889-129898. Bibcode:2020IEEEA...8l9889D.

[122]. Lyakhov, P. A.; et al. (2022).

"Sistema de Reconhecimento de Pele Pigmentada Rede Neural Multimodal".

Cancros. 14 (7): 1819.

[123]. De, Sh.; Maity, Ab.; Goel, Vritti; Shitole, S.; Bhattacharya, Avik (2017).

"Prever a popularidade da revista de estilo de vida do instagram usando aprendizagem profunda".

2017 2ª Conferência Internacional sobre Sistemas de Comunicação, Computação

e aplicações informáticas (CSCITA). pp. 174-177.

[124]. "Colorir e restaurar imagens antigas com aprendizagem profunda". FloydHub

Blogue. 13 nov. 2018. Arquivado em 11 de outubro de 2019. Recuperado em 11 de outubro de 2019.

[125]. Schmidt, Uwe; Roth, Stefan. Campos de Encolhimento Restauração Eficaz de Imagens.

Visão computacional e reconhecimento de padrões (CVPR), Conferência IEEE 2014

em. Arquivado em 2018-01-02. Recuperado em 2018-01-01.

[126]. Kleanthous, Christos; Chatzis, Sotirios (2020).

"Gated Mixture Variational Autoencoders Added Tax audit case selection".

Sistemas baseados no conhecimento. 188: 105048.

[127]. Checo, Tomasz (28 de junho de 2018).

"Aprendizagem profunda: a próxima fronteira na deteção do branqueamento de capitais". Global

Revisão de finanças bancárias. Arquivado em 2018-11-16. Recuperado em 2018-07-15.

[128]. Nuñez, Michael (2023-11-29).

"A IA de materiais da Google DeepMind já descobriu 2,2 milhões de cristais".

VentureBeat. Recuperado em 2023-12-19.

[129]. Merchant, Amil; et al. (dezembro de 2023).

"Escalar a aprendizagem profunda para a descoberta de materiais". Natureza. 624 (7990): 80-

85. Bibcode:2023Natur.624...80M.

[130]. Peplow, M. (2023). "Google AI e robôs unem forças para construir novos materiais".

Natureza.

[131]. "Investigadores do exército desenvolvem novos algoritmos para treinar robots".

EurekAlert!. Arquivado em 28 de agosto de 2018. Recuperado em 29 de agosto de 2018.

[132]. Raissi, M.; Perdikaris, P.; Karniadakis, G. E. (2019-02-01).

"Redes neurais informadas pela física para equações diferenciais parciais não lineares".

Jornal de Física Computacional. 378: 686-707.

[133]. Mao, Zh.; Jagtap, A. D.; Karniadakis, George Em (2020-03-01).

"Redes neurais informadas pela física para fluxos de alta velocidade". Computador

Métodos em Mecânica Aplicada e Engenharia. 360: 112789.

[134]. Raissi, Maziar; Yazdani, Alireza; Karniadakis, George Em (2020-02-28).

"Mecânica dos fluidos oculta: Aprender a velocidade e a partir de visualizações de fluxo".

Ciência. 367 (6481): 1026-1030.

[135]. Oktem, F. S.; Kar, Oğuzhan F.; Bezek, Can D.; Kamalabadi, Farzad (2021).

"Imagiologia multi-espetral de alta resolução com reconstrução aprendida".

IEEE Transactions on Computational Imaging. 7: 489-504.

[136]. Bernhardt, Melanie; Vishnevskiy, V.; R., Richard; Goksel, O. (2020).

"Formação de redes variacionais com reconstrução de imagens sonoras".

IEEE Transactions on Ultrasonics, Ferroelectrics, and Frequency Controlo. 67 (12): 2584-2594. arXiv:2006.14395.

[137]. Lam, Remi; et al. (2023-12-22).
"Aprender a fazer previsões meteorológicas globais de médio alcance".
Ciência. 382 (6677): 1416-1421. arXiv:2212.12794.

[138]. Sivakumar, Ramakrishnan (2023-11-27).
"GraphCast: Um avanço na previsão do tempo". Médio.
Recuperado em 2024-05-19.

[139]. Galkin, F.; et al. (2020).
"DeepMAge: Um relógio de envelhecimento de metilação desenvolvido com aprendizado profundo".
Envelhecimento e doença.

[140]. Utgoff, P. E.; Stracuzzi, D. J. (2002). "Aprendizagem em muitas camadas". Neural
Computação. 14 (10): 2497-2529.

[141]. Elman, Jeffrey L. (1998).
Repensar a Inatualidade: A Connectionist Perspective on Development. MIT
Press. ISBN 978-0-262-55030-7.

[142]. Shrager, J.; Johnson, MH (1996).
"A plasticidade dinâmica influencia a emergência da função na matriz cortical".
Redes Neurais. 9 (7): 1119-1129.

[143]. Quartzo, SR; Sejnowski, TJ (1997).
"A base neural do desenvolvimento cognitivo: Um manifesto construtivista".
Ciências do Comportamento e do Cérebro. 20 (4): 537-556. CiteSeerX 10.1.1.41.7854.

[144]. S. Blakeslee, "In brain's early growth, timetable may be critical", The New
York Times, Secção de Ciência, pp. B5-B6, 1995.

[145]. Mazzoni, P.; Andersen, R. A.; Jordan, M. I. (15 de maio de 1991).
"Uma regra de aprendizagem mais plausível do ponto de vista biológico para as redes neuronais".
Actas da Academia Nacional de Ciências. 88 (10): 4433-4437.

[146]. O'Reilly, Randall C. (1 de julho de 1996).
"Biologicamente Plausível O Algoritmo de Recirculação Generalizado".
Computação Neural. 8 (5): 895-938.

[147]. Testolin, Alberto; Zorzi, Marco (2016).
Frontiers in Computational Neuroscience. 10: 73.

[148]. Testolin, Alberto; Stoianov, Ivilin; Zorzi, Marco (setembro de 2017).

"A perceção das letras emerge de caraterísticas de imagens naturais não supervisionadas".

Natureza Comportamento Humano. 1 (9): 657-664.

[149]. Buesing, Lars; Bill, Johannes; Nessler, Bernhard; Maass, Wolfgang (2011).

PLOS Computational Biology. 7 (11): e1002211.

[150]. Cash, S.; Yuste, R. (fevereiro de 1999).

"Somatório linear de entradas excitatórias por neurónios piramidais CA1".

Neurónio. 22 (2): 383-394.

[151]. Olshausen, B; Field, D (1 de agosto de 2004).

"Codificação esparsa de inputs sensoriais". Opinião Atual em Neurobiologia. 14 (4):

481-487.

[152]. Yamins, Daniel L K; DiCarlo, James J (março de 2016).

"Utilizar modelos de aprendizagem profunda orientados por objectivos para compreender o córtex sensorial".

Nature Neuroscience. 19 (3): 356-365.

[153]. Zorzi, Marco; Testolin, Alberto (19 de fevereiro de 2018).

"Uma perspetiva emergentista sobre a origem do sentido de número". Phil. Trans. R.

Soc. B. 373 (1740): 20170043.

[154]. Güçlü, Umut; van Gerven, Marcel A. J. (8 de julho de 2015).

"Redes Neurais Profundas Revelam um Gradiente em toda a Corrente Ventral".

Journal of Neuroscience. 35 (27): 10005-10014. arXiv:1411.6422.

[155]. Metz, C. (12 de dezembro de 2013).

"O guru da 'aprendizagem profunda' do Facebook revela o futuro da IA".

Com fio. Arquivado em 28 de março de 2014. Recuperado em 26 de agosto de 2017.

[156]. Gibney, E. (2016). "O algoritmo de IA do Google domina o antigo jogo de Go".

Natureza. 529 (7587): 445-446.

[157]. Silver, David; et al. (2016).

"Dominar o jogo de Go com redes neuronais profundas e pesquisa em árvore".

Natureza. 529 (7587): 484-489.

[158]. "Um algoritmo do Google DeepMind usa o G MIT Technology Review".

MIT Technology Review. Arquivado em 1 de fevereiro de 2016. Recuperado em 30
janeiro de 2016.
[159]. Metz, Cade (2017).
"Pesquisadores de IA deixam o laboratório de Elon Musk para iniciar uma startup de robótica". O
New York Times. Arquivado em 7 de julho de 2019. Recuperado em 5 de julho de 2019.
[160]. Bradley Knox, W.; Stone, Peter (2008).
"TAMER: Treinar um agente manualmente através de reforço avaliativo".
2008 7th IEEE Intr. Conf. sobre Desenvolvimento e Aprendizagem. pp. 292-297.
[161]. "Talk to the Algorithms: AI Becomes a Faster Learner".
governmentciomedia.com. 16 de maio de 2018. Arquivado em 28 de agosto de 2018.
Recuperado em 29 de agosto de 2018.
[162]. Marcus, Gary (2018). "Em defesa do ceticismo sobre o aprendizado profundo". Gary
Marcus. Arquivado em 12 de outubro de 2018. Recuperado em 11 de outubro de 2018.

## Capítulo 6

Modelos de computação neural

6.1. Prefácio

Os modelos de computação neural são tentativas de elucidar, de forma abstrata e matemática, os princípios fundamentais subjacentes ao processamento de informação nos sistemas nervosos biológicos, ou nos seus componentes funcionais. Este artigo tem por objetivo apresentar uma panorâmica dos modelos mais definitivos de computação neurobiológica, bem como as ferramentas habitualmente utilizadas para os construir e analisar.

6.2. Introdução

Devido à complexidade do comportamento do sistema nervoso, os limites de erro experimental associados são mal definidos, mas o mérito relativo dos diferentes modelos de um subsistema particular pode ser comparado de acordo com a proximidade com que reproduzem os comportamentos do mundo real ou respondem a sinais de entrada específicos. No domínio estreitamente relacionado da neuroetologia computacional, a prática consiste em incluir o ambiente no modelo de forma a que o ciclo seja fechado. Nos casos em que os modelos concorrentes não estão disponíveis, ou em que apenas foram medidas ou quantificadas respostas grosseiras, um modelo claramente formulado pode orientar o cientista na conceção de experiências para investigar mecanismos bioquímicos ou a conetividade da rede.

Exceto nos casos mais simples, as equações matemáticas que formam a base de um modelo não podem ser resolvidas com exatidão. No entanto, a tecnologia informática, por vezes sob a forma de arquitecturas especializadas de software ou hardware, permite aos cientistas efetuar cálculos iterativos e procurar soluções plausíveis. Um chip de computador ou um robot capaz de interagir com o ambiente natural de forma semelhante à do organismo original é uma forma de concretização de um modelo útil. A medida final do sucesso é, no entanto, a capacidade de fazer previsões testáveis.

6.3. Critérios gerais de avaliação dos modelos
6.3.1. Velocidade de processamento da informação

A taxa de processamento da informação nos sistemas neuronais biológicos é limitada pela velocidade a que um potencial de ação se pode propagar ao longo de uma fibra nervosa. Esta velocidade de condução varia entre 1 m/s e mais de 100 m/s, e geralmente aumenta com o diâmetro do processo neuronal. Lento nas escalas temporais de acontecimentos biologicamente relevantes ditadas pela velocidade do som ou pela força da gravidade, o sistema nervoso prefere esmagadoramente os cálculos paralelos aos cálculos em série em aplicações de tempo crítico.

6.3.2. Robustez

Um modelo é robusto se continuar a produzir os mesmos resultados computacionais sob variações nas entradas ou nos parâmetros de funcionamento introduzidos pelo ruído. Por exemplo, a direção do movimento, tal como calculada por um detetor de movimento robusto, não se alteraria com pequenas alterações de luminância, contraste ou variação de velocidade. Para modelos matemáticos simples de neurónios, por exemplo, a dependência dos padrões de picos em relação ao atraso do sinal é muito mais fraca do que a dependência de alterações nos "pesos" das ligações inter-neuronais [1].

6.3.3. Controlo de ganho

Isto refere-se ao princípio de que a resposta de um sistema nervoso deve manter-se dentro de certos limites, mesmo quando as entradas do ambiente mudam drasticamente. Por exemplo, ao ajustar entre um dia de sol e uma noite sem lua, a retina altera a relação entre o nível de luz e a produção neuronal por um fator superior a a que os sinais enviados para as fases posteriores do sistema visual se mantenham sempre dentro de uma gama muito mais estreita de amplitudes [2-4].

6.3.4. Linearidade versus não linearidade

Um sistema linear é aquele cuja resposta, numa unidade de medida especificada, a um conjunto de entradas consideradas de uma só vez, é a soma das suas respostas devidas às entradas consideradas individualmente.

Os sistemas lineares são mais fáceis de analisar matematicamente e constituem um pressuposto persuasivo em muitos modelos, incluindo o neurónio de McCulloch e Pitts, os modelos de codificação de populações e os neurónios simples frequentemente utilizados nas redes neuronais artificiais. A linearidade pode ocorrer nos elementos básicos de um circuito neuronal, como a resposta de um neurónio pós-sináptico, ou como uma propriedade emergente de uma combinação de subcircuitos não lineares [5]. Embora a linearidade seja frequentemente vista como incorrecta, há trabalhos recentes que sugerem que pode, de facto, ser biofisicamente plausível em alguns casos [6, 7].

6.4. Exemplos

Um modelo neural computacional pode ser limitado ao nível da sinalização bioquímica em neurónios individuais ou pode descrever um organismo inteiro no seu ambiente. Os exemplos aqui apresentados estão agrupados de acordo com o seu âmbito.

6.4.1. Modelos de transferência de informação nos neurónios

Os modelos mais utilizados para a transferência de informação nos neurónios biológicos baseiam-se em analogias com circuitos eléctricos. As equações a resolver são equações diferenciais dependentes do tempo com variáveis electrodinâmicas como a corrente, a condutância ou resistência, a capacitância e a tensão.

6.4.1.1. Modelo de Hodgkin-Huxley e seus derivados

O modelo de Hodgkin-Huxley, amplamente considerado como uma das grandes realizações da biofísica do século XX, descreve a forma como os potenciais de ação nos neurónios são iniciados e propagados nos axónios através de canais iónicos dependentes da voltagem. Trata-se de um conjunto de equações diferenciais ordinárias não lineares que foram introduzidas por Alan Lloyd Hodgkin e Andrew Huxley em 1952 para explicar os resultados de experiências com pinças de tensão no axónio gigante da lula. Não existem soluções analíticas, mas o algoritmo de Levenberg-Marquardt, um algoritmo de Gauss-Newton modificado, é frequentemente utilizado para ajustar estas equações aos dados da pinça de tensão.

O modelo de FitzHugh-Nagumo é uma simplificação do modelo de Hodgkin-Huxley. O modelo de Hindmarsh-Rose é uma extensão que descreve as explosões de picos neuronais. O modelo Morris-Lecar é uma modificação que não gera picos, mas descreve a propagação de ondas lentas, que está implicada nos mecanismos sinápticos inibitórios dos geradores de padrões centrais.

6.4.1.2. Solitões

O modelo de solitões é uma alternativa ao modelo de Hodgkin-Huxley que pretende explicar como os potenciais de ação são iniciados e conduzidos sob a forma de certos tipos de impulsos solitários de som (ou densidade) que podem ser modelados como solitões ao longo dos axónios, com base numa teoria termodinâmica da propagação de impulsos nervosos.

6.4.1.3. Funções de transferência e filtros lineares

Esta abordagem, influenciada pela teoria do controlo e pelo processamento de sinais, trata os neurónios e as sinapses como entidades invariantes no tempo que produzem resultados que são combinações lineares de sinais de entrada, frequentemente representados como ondas sinusoidais com frequências temporais ou espaciais bem definidas.

Todo o comportamento de um neurónio ou de uma sinapse é codificado numa função de transferência, apesar da falta de conhecimentos sobre o mecanismo exato subjacente. O problema da transferência de informação é, assim, objeto de uma matemática muito desenvolvida.

A taxonomia de filtros lineares que a acompanha revela-se útil na caraterização dos circuitos neuronais. Postula-se que tanto os filtros passa-baixo como os filtros passa-alto existem de alguma forma nos sistemas sensoriais, uma vez que actuam para evitar a perda de informação em ambientes de alto e baixo contraste, respetivamente. De facto, as medições das funções de transferência dos neurónios na retina do caranguejo-ferradura, de acordo com a análise de sistemas lineares, mostram que estes removem as flutuações de curto prazo dos sinais de entrada, deixando apenas as tendências de longo prazo, à maneira dos filtros passa-baixo. Estes animais são incapazes de ver objectos de baixo contraste sem a ajuda de distorções ópticas causadas por correntes submarinas [8, 9].

6.4.2. Modelos de computação em sistemas sensoriais
6.4.2.1. Inibição lateral na retina: equações de Hartline-Ratliff

Na retina, um recetor neural excitado pode suprimir a atividade dos neurónios circundantes numa área denominada campo inibitório. Este efeito, conhecido como inibição lateral, aumenta o contraste e a nitidez da resposta visual, mas conduz ao epifenómeno das bandas de Mach. Este fenómeno é frequentemente ilustrado pela ilusão ótica de riscas claras ou escuras junto a uma fronteira nítida entre duas regiões numa imagem de luminância diferente [10].

6.4.2.2. Correlação cruzada na localização de sons: Modelo de Jeffress

Segundo Jeffress [11], para calcular a localização de uma fonte sonora no espaço a partir de diferenças temporais interaurais, um sistema auditivo baseia-se em linhas de atraso: o sinal induzido de um recetor auditivo ipsilateral para um determinado neurónio é atrasado pelo mesmo tempo que o som original demora a passar no espaço desse ouvido para o outro. Cada célula pós-sináptica é diferentemente atrasada e, portanto, específica para uma determinada diferença de tempo interaural. Esta teoria é equivalente ao procedimento matemático da correlação cruzada [12].

Foram localizadas estruturas na coruja-das-torres que são consistentes com mecanismos do tipo Jeffress [13].
Correlação cruzada para deteção de movimento: Modelo Hassenstein-Reichardt[editar]
Um detetor de movimento deve satisfazer três requisitos gerais: entradas em pares, assimetria e não linearidade [14]. A operação de correlação cruzada implementada assimetricamente sobre as respostas de um par de fotorrecetores satisfaz estes critérios mínimos e, além disso, prevê caraterísticas que foram observadas na resposta dos neurónios da placa lobular em insetos birremes [15].

O modelo HR prevê um pico da resposta numa determinada frequência temporal de entrada. O modelo Barlow-Levick, conceutualmente semelhante, é deficiente no sentido em que um estímulo apresentado a apenas um recetor do par é suficiente para gerar uma resposta. Isto é diferente do modelo HR, que requer dois sinais correlacionados entregues de forma ordenada no tempo. No entanto, o modelo HR não mostra uma saturação da resposta a contrastes elevados, o que é observado na experiência. As extensões do modelo de Barlow-Levick podem resolver esta discrepância [16].

6.4.2.3. Modelo Watson-Ahumada para a estimativa de movimento em seres humanos

Este método utiliza uma correlação cruzada nas direcções espacial e temporal e está relacionado com o conceito de fluxo ótico [17].

6.4.2.4. Modelos de acoplamento sensório-motor
6.4.2.4.1. Metrónomos neurofisiológicos: Neural Circuitos para geração de padrões

Os processos mutuamente inibitórios são um motivo unificador de todos os geradores de padrões centrais. Este facto foi demonstrado no sistema nervoso estomatogástrico (STG) dos lagostins e das lagostas [18]. Foram construídas redes oscilantes de duas e três células baseadas no STG que são passíveis de análise matemática e que dependem de forma simples das forças sinápticas e da atividade global, presumivelmente os botões destas coisas [19]. A matemática envolvida é a teoria dos sistemas dinâmicos.

6.4.2.5. Feedback e Controlo: Modelos de controlo de voo na mosca

Acredita-se que o controlo do voo na mosca é mediado por informações provenientes do sistema visual e também dos halteres, um par de órgãos semelhantes a botões que medem a velocidade angular. Para investigar os pormenores do controlo do voo, foram construídos modelos informáticos integrados de Drosophila, que não incluem circuitos neuronais, mas se baseiam nas orientações gerais dadas pela teoria do controlo e nos dados obtidos com as moscas que voam amarradas [20, 21].

6.5. Cerebelo Controlo sensório-motor

A teoria das redes tensoriais é uma teoria da função cerebelar que fornece um modelo matemático da transformação das coordenadas sensoriais espaço-temporais em coordenadas motoras e vice-versa pelas redes neuronais cerebelares. A teoria foi desenvolvida por Andras Pellionisz e Rodolfo Llinas na década de 1980 como uma geo-metrização da função cerebral (especialmente do sistema nervoso central) usando tensores [22].

6.6. Abordagens e ferramentas de modelação de software
6.6.1. Redes Neuronais

Nesta abordagem, a força e o tipo, excitatório ou inibitório, das conexões sinápticas são representados pela magnitude e pelo sinal dos pesos, ou seja, coeficientes numéricos frente às entradasum determinado neurónio.

Esta resposta é depois introduzida como entrada noutros neurónios e assim sucessivamente. O objetivo é otimizar os pesos dos neurónios para obter uma resposta desejada na camada de saída, em função de um conjunto de entradas na camada de entrada. Esta otimização dos pesos dos neurónios é frequentemente realizada utilizando o algoritmo de retropropagação e um método de otimização como o método de descida gradiente ou o método de otimização de Newton. A retropropagação compara a saída da rede com a saída esperada dos dados de treino e, em seguida, actualiza os pesos de cada neurónio para minimizar a contribuição desse neurónio individual para o erro total da rede.

6.6.2. Algoritmos genéticos

Os algoritmos genéticos são utilizados para desenvolver propriedades neuronais (e por vezes corporais) num modelo de sistema cérebro-corpo-ambiente, de modo a apresentar um determinado desempenho comportamental desejado. Os agentes evoluídos podem então ser submetidos a uma análise pormenorizada para descobrir os seus princípios de funcionamento. Podem também ser úteis para explorar diferentes formas de completar um modelo de neuroetologia computacional quando apenas estão disponíveis circuitos neuronais parciais para um sistema biológico de interesse [24].

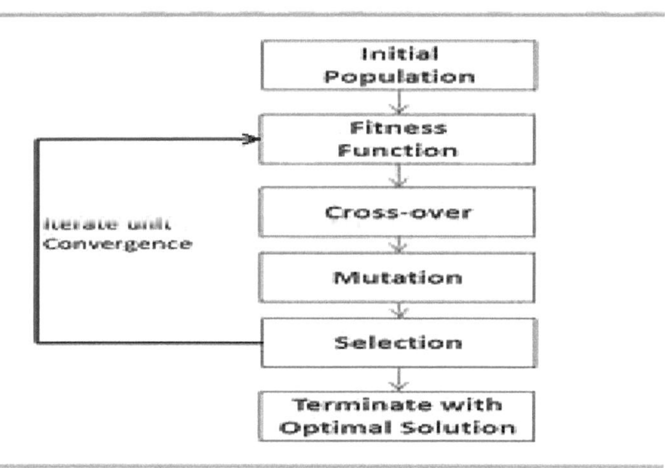

6.6.3. Neurónios

O software NEURON, desenvolvido na Duke Univ., é um ambiente de simulação para modelar neurónios individuais e redes de neurónios [25]. O ambiente Neuron é um ambiente autónomo que permite a interface através de GUI ou através de scripting com hoc ou python. O motor de simulação do NEURON baseia-se num modelo do tipo Hodgkin-Huxley usando uma formulação de Borg-Graham. Vários exemplos de modelos escritos em NEURON estão disponíveis na base de dados em linha ModelDB [26].

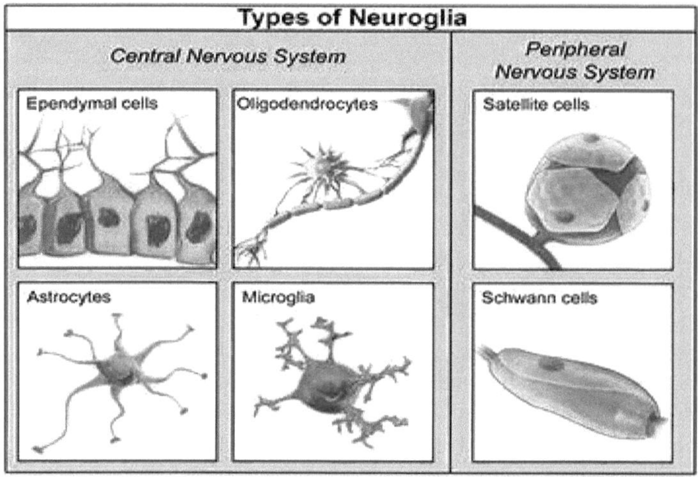

6.6.4. Incorporação em hardware eletrónico
6.6.4.1. Neurónios de silício baseados na condutância

Os sistemas nervosos diferem da maioria dos dispositivos de computação baseados em silício, na medida em que se assemelham a computadores analógicos (e não a processadores de dados digitais) e a processadores maciçamente paralelos, e não a processadores sequenciais. Para modelar sistemas nervosos com precisão, em tempo real, é necessário hardware alternativo.

Os circuitos mais realistas até à data utilizam as propriedades analógicas da eletrónica digital existente (operada em condições não normalizadas) para realizar modelos in silico do tipo Hodgkin-Huxley [27-29].

6.7. Referências

[1].   Cejnar, Pavel; Vyšata, Oldřich; Vališ, Martin; Procházka, Aleš (2019). "O
Comportamento complexo de um modelo simples de oscilador neural no ser humano
Cortex". IEEE Transactions on Neural Systems and Rehabilitation Engenharia. 27 (3): 337-347.

[2].   Nicholas J. Priebe & David Ferster (2002). "Um novo mecanismo para
Controlo de Ganho Neuronal". Vol. 35, no. 4. Neurónio. pp. 602-604.

[3].   Klein, S. A., Carney, T., Barghout-Stein, L., & Tyler, C. W. (1997, junho).
Sete modelos de mascaramento. Em Electronic Imaging'97 (pp. 13-24).
Sociedade Internacional de Ótica e Fotónica.

[4].   Barghout-Stein, Lauren. Sobre as diferenças entre a visão periférica e foveal
mascaramento de padrões. Diss. Universidade da Califórnia, Berkeley, 1999.

[5].   Molnar, Alyosha; et al. (2009).
"Inibição cruzada na retina: retificando a transmissão sináptica".
Journal of Computational Neuroscience. 27 (3): 569-590.

[6].   Singh, Chandan; Levy, William B. (13 de julho de 2017).
"Um neurónio piramidal da camada V consensual sustenta a codificação interpulso-intervalo".
PLOS ONE. 12 (7): e0180839. arXiv:1609.08213.

[7].   Cash, Sydney; Yuste, Rafael (1 de janeiro de 1998).
"Soma de entrada por neurónios piramidais cultivados independente da posição".
Journal of Neuroscience. 18 (1): 10-15.

[8].   Robert B. Barlow, Jr.; Ramkrishna Prakash; Eduardo Solessio (1993).
"A rede neural da retina do Limulus: do computador ao comportamento".
American Zoologist. 33: 66-78.

[9].   Robert B. Barlow, James M. Hitt e Frederick A. Dodge (2001).
"Visão do Limulus no ambiente marinho". O Boletim Biológico.
200(2): 169-176.

[10].   K. P. Hadeler, et al. (1987). "Estados estacionários do modelo Hartline-Ratliff".
Cibernética Biológica. 56 (5-6): 411-417.

[11].   Jeffress, L.A. (1948). "Uma teoria local de localização de som". Journal of
Psicologia Comparada e Fisiológica. 41 (1): 35-39.
[12].   Fischer, Brian J.; Anderson, Charles H. (2004).
"Um modelo computacional de localização sonora na coruja-das-torres".
Neurocomputação. 58-60: 1007-1012.
[13].   Catherine E. Carr, 1993. Modelos de linha de atraso de localização de som no
Coruja das torres "American Zoologist" Vol. 33, No. 1 79-85
[14].   Borst A, Egelhaaf M., 1989. Princípios da deteção visual de movimentos. "Tendências
em Neurociências" 12(8):297-306
[15].   Joesch, M.; et al. (2008). "Propriedades de resposta do sistema visual sensível ao movimento
interneurónios na placa lobular de Drosophila melanogaster" . Curr.
Biol. 18 (5): 368-374.
[16].   Gonzalo G. de Polavieja, 2006. Algoritmos Neuronais que Detectam a
Ordem temporal dos acontecimentos "Neural Computation" 18 (2006) 2102-2121
[17].   Andrew B. Watson e Albert J. Ahumada, Jr., 1985. Modelo de
deteção de movimento visual "J. Opt. Soc. Am. A" 2(2) 322-341
[18].   Michael P. Nusbaum e Mark P. Beenhakker, A small-systems approach to
motor pattern generation, Nature 417, 343-350 (16 de maio de 2002)
[19].   Cristina Soto-Treviño, Kurt A. Thoroughman e Eve Marder, L. F. Abbott,
2006. Modificação dependente da atividade das sinapses inibitórias em modelos de
redes neuronais rítmicas Nature Vol 4 No 3 2102-2121
[20].   "o modelo da Grande Mosca Unificada (GUF)".
[21].
http://www.mendeley.com/download/public/2464051/3652638122/d3/d1.pdf
[22].   Pellionisz, A., Llinás, R. (1980).
"Abordagem Tensorial eometria Função Cerebral: Cerebelar Um Tensor Métrico".
Neurociência. 5 (7): 1125 - 1136.
[23].   Pellionisz, A., Llinás, R. (1985).

"Teoria da Rede Tensorial da Metaorganização das Geometrias Funcionais
no Sistema Nervoso Central". Neuroscience. 16 (2): 245-273.
[24]. Beer, Randall; Chiel, Hillel (4 de março de 2008).
"Neuroetologia computacional". Scholarpedia. 3 (3): 5307.
[25]. "NEURON - para simulações de base empírica neurónios redes neurónios".
[26]. McDougal RA, et al. (2017). Vinte anos de ModelDB e mais além:
construção de ferramentas de modelação essenciais para o futuro da neurociência. J Comput
Neurosci. 2017; 42(1):1-10.
[27]. L. Alvadoa, J. Tomasa, S. Saghia, S. Renauda, T. Balb, A. Destexheb, G.
Le Masson, 2004. Computação em hardware de neurónios baseados na condutância
modelos. Neurocomputação 58-60 (2004) 109-115
[28]. Indiveri, Giacomo; Douglas, Rodney; Smith, Leslie (2008).
"Neurónios de silício". Scholarpedia. 3 (3): 1887.
[29]. Kwabena Boahen, "A Retinomorphic Chip with Parallel Pathways:
Codificação de sinais visuais de AUMENTO, LIGAÇÃO, REDUÇÃO e DESLIGAMENTO",
Analog Integrated Circuits and Signal Processing, 30, 121-135, 200.

Capítulo (7)
Modelos computacionais utilizados na Inteligência Artificial

7.1. Prefácio

Uma rede neural artificial é um grupo de nós interligados, inspirado numa simplificação dos neurónios de um cérebro. Aqui, cada nó circular representa um neurónio artificial e uma seta representa uma ligação entre a saída de um neurónio artificial e a entrada de outro.

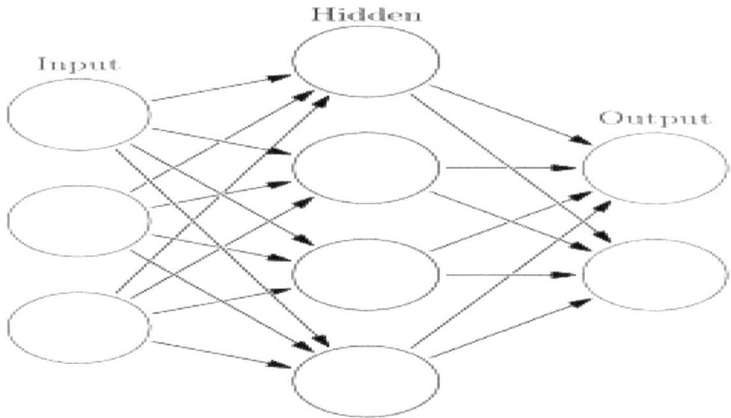

Aprendizagem automática e extração de dados
Mostrar paradigmas
Mostrar problemas
Mostrar Aprendizagem supervisionada (classificação - regressão)
Mostrar agrupamento
Mostrar redução da dimensionalidade
Mostrar previsão estruturada

Mostrar deteção de anomalias
Esconder Rede neural artificial
Autoencoder
Computação cognitiva
Aprendizagem profunda
Sonho profundo
Rede neural progressiva
Rede neural recorrente
LSTM
GRU
ESN
computação de reservatórios
Máquina de Boltzmann restrita
GAN
Modelo de difusão
SOM
Rede neural convolucional
U-Net
Transformador
Visão
Mamba
Rede neural de espigões
Memtransistor
RAM eletroquímica (ECRAM)
Mostrar Aprendizagem por reforço
Show- Aprender com os humanos
Mostrar - Diagnóstico do modelo
Mostrar Fundamentos matemáticos
Mostrar locais de aprendizagem automática
Mostrar artigos relacionados

No domínio da aprendizagem automática, uma rede neuronal (também designada por rede neuronal artificial ou rede neuronal, abreviadamente designada por RNA ou NN) é um modelo inspirado na estrutura e função das redes neuronais biológicas existentes no cérebro dos animais [1, 2].

Uma RNA é constituída por unidades ou nós ligados entre si, designados por neurónios artificiais, que modelam livremente os neurónios de um cérebro. Estes estão ligados por arestas, que modelam as sinapses num cérebro. Cada neurónio artificial recebe sinais de neurónios ligados, processa-os e envia um sinal para outros neurónios ligados. O "sinal" é um número real e a saída de cada neurónio é calculada por uma função não linear da soma das suas entradas, designada por função de ativação. A força do sinal em cada ligação é determinada por um peso, que se ajusta durante o processo de aprendizagem.

Normalmente, os neurónios são agregados em camadas. As diferentes camadas podem efetuar diferentes transformações nas suas entradas. Os sinais viajam da primeira camada (a camada de entrada) para a última camada (a camada de saída), possivelmente passando por várias camadas intermédias (camadas ocultas). Uma rede é normalmente designada por rede neural profunda se tiver pelo menos 2 camadas ocultas [3].

As redes neuronais artificiais são utilizadas para várias tarefas, incluindo a modelação preditiva, o controlo adaptativo e a resolução de problemas de inteligência artificial. Podem aprender com a experiência e tirar conclusões a partir de um conjunto de informações complexas e aparentemente não relacionadas.

7.2. Formação

Normalmente, as redes neurais são treinadas através da minimização do risco empírico. Este método baseia-se na ideia de otimizar os parâmetros da rede para minimizar a diferença, ou risco empírico, entre a saída prevista e os valores-alvo reais num determinado conjunto de dados [4]. Os métodos baseados em gradientes, como o backpropagation, são normalmente utilizados para estimar os parâmetros da rede [4]. Durante a fase de treino, as RNAs aprendem com dados de treino rotulados, actualizando iterativamente os seus parâmetros para minimizar uma função de perda definida [5]. Este método permite que a rede generalize para dados não vistos.

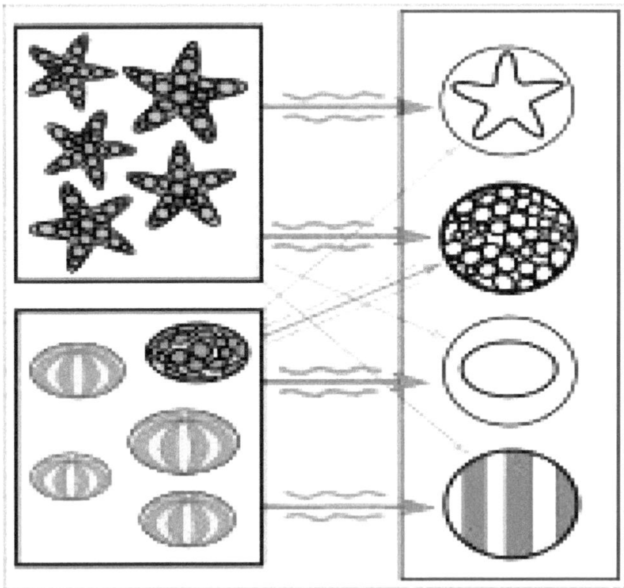

Exemplo simplificado de treino de uma rede neural na deteção de objectos: A rede é treinada com várias imagens que se sabe representarem estrelas-do-mar e ouriços-do-mar, que estão correlacionadas com "nós" que representam caraterísticas visuais. As estrelas-do-mar correspondem a uma textura anelada e a um contorno de estrela, enquanto a maioria dos ouriços-do-mar correspondem a uma textura às riscas e a uma forma oval. No entanto, o exemplo de um ouriço-do-mar com textura anelar cria uma associação fracamente ponderada entre eles.

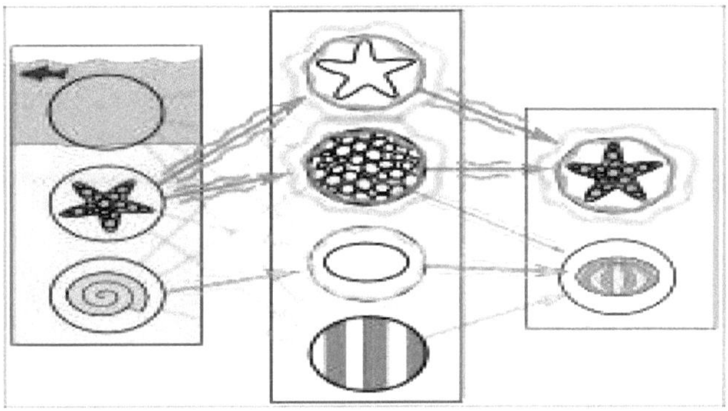

Execução subsequente da rede numa imagem de entrada (esquerda) [6]: A rede detecta corretamente a estrela-do-mar. No entanto, a associação fracamente ponderada entre a textura anelada e o ouriço-do-mar também confere um sinal fraco a este último a partir de um dos dois nós intermédios. Além disso, uma concha que não foi incluída no treino dá um sinal fraco para a forma oval, resultando também num sinal fraco para a saída do ouriço-do-mar. Estes sinais fracos podem dar origem a um resultado falso positivo para o ouriço-do-mar.

7.3. História

Historicamente, os computadores digitais evoluíram a partir do modelo de von Neumann e funcionam através da execução de instruções explícitas através do acesso à memória por vários processadores. As redes neuronais, por outro lado, tiveram origem nos esforços para modelar o processamento de informação em sistemas biológicos através da estrutura do conexionismo. Ao contrário do modelo de von Neumann, a computação conexionista não separa a memória do processamento. Esta técnica é conhecida há mais de dois séculos como o método dos mínimos quadrados ou regressão linear. Foi utilizada como meio de encontrar um bom ajuste linear aproximado a um conjunto de pontos por Legendre (1805) e Gauss (1795) para a previsão do movimento planetário [7-11].

Warren McCulloch e Walter Pitts [12] (1943) também consideraram um modelo computacional de não aprendizagem para as redes neuronais [13].

No final da década de 1940, D. O. Hebb [14] criou uma hipótese de aprendizagem baseada no mecanismo de plasticidade neural que ficou conhecida como aprendizagem hebbiana. A aprendizagem hebbiana é considerada uma regra de aprendizagem não supervisionada "típica" e as suas variantes posteriores foram os primeiros modelos de potenciação a longo prazo. Estas ideias começaram a ser aplicadas a modelos computacionais em 1948 com as "máquinas não organizadas" de Turing. Farley e Wesley A. Clark [15] foram os primeiros a simular uma rede Hebbian em 1954 no MIT. Utilizaram máquinas computacionais, na altura chamadas "calculadoras". Outras máquinas computacionais de redes neuronais foram criadas por Rochester, Holland, Habit e Duda [16] em 1956. Em 1958, o psicólogo Frank Rosenblatt inventou o perceptron, a primeira rede neuronal artificial implementada [17-20], financiada pelo Gabinete de Investigação Naval dos Estados Unidos [21].

A invenção do perceptron suscitou o entusiasmo do público pela investigação em Redes Neuronais Artificiais, levando o governo dos EUA a aumentar drasticamente o financiamento da investigação em aprendizagem profunda. Isto conduziu à "idade de ouro da IA", alimentada pelas afirmações optimistas dos cientistas informáticos quanto à capacidade dos perceptrões para emular a inteligência humana [22]. No entanto, não foi esse o caso, pois a investigação estagnou nos Estados Unidos na sequência do trabalho de Minsky e Papert (1969) [23], que descobriram que os perceptrons básicos eram incapazes de processar o circuito exclusivo ou e que os computadores não tinham potência suficiente para treinar redes neurais úteis. Este facto, juntamente com outros factores, como o relatório Light-hill de 1973, elaborado por James Lighthill, que afirmava que a investigação em Inteligência Artificial não tinha "produzido o grande impacto então prometido", fez cessar o financiamento da investigação no domínio da IA em todas as universidades do Reino Unido, exceto duas, e em muitas das principais instituições em todo o mundo [24]. Isto deu início a uma era designada por inverno da IA, com uma redução da investigação sobre o conexionismo devido a uma diminuição do financiamento governamental e a uma maior ênfase na inteligência artificial simbólica nos Estados Unidos e noutros países ocidentais [25].

A primeira MLP de aprendizagem profunda foi publicada por Alexey Grigorevich Ivakhnenko e Valentin Lapa em 1965, com o nome de Group Method of Data Handling [26-28]. A primeira MLP de aprendizagem profunda treinada por descida de gradiente estocástica [29] foi publicada em 1967 por Shun'ichi Amari [30, 31]. Em experiências computacionais conduzidas por Saito, aluno de Amari, um MLP de cinco camadas com duas camadas modificáveis aprendeu representações internas úteis para classificar classes de padrões não linearmente separáveis [31].

Os mapas auto-organizáveis (SOM) foram descritos por Teuvo Kohonen em 1982 [32, 33]. Os SOM são redes neuronais de inspiração neurofisiológica [34] que aprendem representações de baixa dimensão de dados de alta dimensão, preservando a estrutura topológica dos dados. São treinadas utilizando a aprendizagem competitiva [32].

A arquitetura da rede neural convolucional (CNN) com camadas convolucionais e camadas de redução da amostragem foi introduzida por Kunihiko Fukushima em 1980 [35]. Chamou-lhe "neocognitron". Em 1969, introduziu também a função de ativação ReLU (unidade linear rectificada) [36]. O retificador tornou-se a função de ativação mais popular para CNNs e redes neurais profundas em geral [37].

Uma chave para os avanços posteriores na investigação sobre redes neuronais artificiais foi o algoritmo de retropropagação, uma aplicação eficiente da regra da cadeia de Leibniz (1673) [38] a redes de nós diferenciáveis. É também conhecido como o modo inverso de diferenciação automática ou acumulação inversa, devido a Seppo Linnainmaa (1970) [39-42]. O termo "retropropagação de erros" foi introduzido em 1962 por Frank Rosenblatt [43], mas este não tinha uma implementação deste procedimento, embora Henry J. Kelley [44] e Bryson [45] tivessem apresentado precursores contínuos da retropropagação baseados em programação dinâmica [46-48] já em 1960-61 no contexto da teoria do controlo. Em 1973, Dreyfus utilizou a retropropagação para adaptar os parâmetros dos controladores em função dos gradientes de erro [49]. Em 1982, Paul Werbos aplicou a retropropagação a MLPs da forma que se tornou padrão [50]. Em 1986, Rumelhart, Hinton e Williams mostraram que a retropropagação aprendia representações internas interessantes de palavras como vectores de caraterísticas quando treinada para prever a palavra seguinte numa sequência [51].

No final da década de 1970 e início da década de 1980, surgiu um breve interesse em investigar teoricamente o modelo de Ising criado por Wilhelm Lenz (1920) e Ernst Ising (1925) [52] em relação às topologias da árvore de Cayley e às grandes redes neuronais. O modelo de Ising é essencialmente uma rede neuronal recorrente artificial (RNN) sem aprendizagem, constituída por elementos de limiar semelhantes a neurónios [10]. Em 1972, Shun'ichi Amari descreveu uma versão adaptativa desta arquitetura [53]. Em 1981, o modelo de Ising foi resolvido com exatidão por Peter Barth para o caso geral de árvores de Cayley fechadas (com laços) com um rácio de ramificação arbitrário [54], tendo-se verificado que apresentava um comportamento invulgar de transição de fase nas suas correlações local-apex e local-longo alcance [55, 56]. John Hopfield popularizou esta arquitetura em 1982 [57], e é agora conhecida como rede de Hopfield.

A rede neural de atraso temporal (TDNN) de Alex Waibel (1987) combinava con-voluções e partilha de pesos e retropropagação [58, 59]. Em 1988, Wei Zhang et al. aplicaram a retropropagação a uma CNN (um Neocognitron simplificado com interconexões convolucionais entre as camadas de caraterísticas da imagem e a última camada totalmente conectada) para o reconhecimento do alfabeto [60, 61]. Em 1989, Yann

LeCun et al. treinaram uma CNN para reconhecer códigos postais manuscritos no correio [62]. Em 1992, Juan Weng et al. introduziram o max-pooling para as CNNs para ajudar na invariância do deslocamento mínimo e na tolerância à deformação para ajudar no reconhecimento de objectos 3D [63-65]. LeNet-5 (1998), uma CNN de 7 níveis criada por Yann LeCun et al. [66], que classifica dígitos, foi aplicada por vários bancos para reconhecer números manuscritos em cheques digitalizados em imagens de 32x32 pixéis.

A partir de 1988 [67, 68], a utilização de redes neuronais transformou o domínio da previsão da estrutura das proteínas, em especial quando as primeiras redes em cascata foram treinadas em perfis (matrizes) produzidos por alinhamentos de sequências múltiplas [69].

Em 1991, a tese de licenciatura de Sepp Hochreiter [70] identificou e analisou o problema do gradiente de fuga [70, 71] e propôs ligações residuais recorrentes para o resolver. A sua tese foi considerada "um dos documentos mais importantes na história da aprendizagem automática" pelo seu orientador Juergen Schmidhuber [10].

Em 1991, Juergen Schmidhuber publicou redes neuronais adversárias que se confrontam entre si sob a forma de um jogo de soma zero, em que o ganho de uma rede é a perda da outra [72-74].

Em 1992, Juergen Schmidhuber propôs uma hierarquia de RNNs pré-treinadas um nível de cada vez através de aprendizagem auto-supervisionada [75]. Utiliza a codificação preditiva para aprender representações internas em múltiplas escalas temporais auto-organizáveis. Isto pode facilitar substancialmente a aprendizagem profunda a jusante. A hierarquia RNN pode ser colapsada numa única RNN, destilando uma rede chunker de nível superior numa rede automatizadora de nível inferior [75]. No mesmo ano, publicou também uma alternativa às RNNs [76] que é um precursor de um transformador linear [77, 78]. Introduz o conceito de focos internos de atenção [79].

O desenvolvimento da integração em muito grande escala (VLSI) de semicondutores de óxido metálico (MOS), sob a forma de tecnologia MOS complementar (CMOS), permitiu aumentar o número de transístores MOS na eletrónica digital. Este facto proporcionou maior capacidade de processamento para o desenvolvimento de redes neuronais artificiais práticas na década de 1980 [80].

Os primeiros êxitos das redes neuronais incluíram, em 1995, um automóvel (quase) autónomo. [81].

Em 1997, Sepp Hochreiter e Juergen Schmidhuber introduziram o método de aprendizagem profunda denominado memória de curto prazo longa (LSTM), publicado na revista Neural Compu-tation [82]. As redes neuronais recorrentes LSTM podem aprender tarefas de "aprendizagem muito profunda" [83] com longos caminhos de atribuição de créditos que exigem memórias de eventos que aconteceram milhares de passos de tempo discretos antes. A "vanilla LSTM" com porta de esquecimento foi introduzida em 1999 por Felix Gers, Schmidhuber e Fred Cummins [84].

Geoffrey Hinton et al. (2006) propuseram a aprendizagem de uma representação de alto nível utilizando camadas sucessivas de variáveis latentes binárias ou de valor real com uma máquina de Boltzmann restrita [85] para modelar cada camada. Em 2012, Ng e Dean criaram uma rede que aprendeu a reconhecer conceitos de nível superior, como gatos, apenas a partir da observação de imagens não rotuladas [86].

As variantes do algoritmo de retropropagação, bem como os métodos não supervisionados de Geoff Hinton e colegas da Universidade de Toronto, podem ser utilizados para treinar arquitecturas neurais profundas e altamente não lineares [87], semelhantes ao Neo-cognitron de 1980 de Kunihiko Fukushima [88] e à "arquitetura padrão da visão" [89], inspirada nas células simples e complexas identificadas por David H. Hubel e Torsten Wiesel no córtex visual primário.

Foram criados dispositivos computacionais em CMOS para simulação biofísica e computação neuromórfica. Esforços mais recentes revelam-se promissores para a criação de nanodispositivos para análises e conversões de componentes principais em muito grande escala [90]. Se forem bem sucedidos, estes esforços poderão dar início a uma nova era de computação neuromórfica, que está um passo para além da computação digital [91].

Ciresan e colegas (2010) [92] mostraram que, apesar do problema do gradiente de desaparecimento, as GPUs tornam a retropropagação viável para redes neurais feedforward com muitas camadas [93]. Entre 2009 e 2012, as RNA começaram a ganhar prémios em concursos de reconhecimento de imagem, aproximando-se do desempenho a nível humano em várias tarefas, inicialmente no reconhecimento de padrões e de escrita manual [94, 95]. Por exemplo, a memória longa de curto prazo (LSTM) bidirecional e multidimensional [96, 97] de Graves et al. ganhou três concursos de reconhecimento de escrita conectada em 2009, sem qualquer conhecimento prévio sobre as três línguas a aprender [96, 97].

Ciresan e colegas construíram os primeiros reconhecedores de padrões para atingir um desempenho humano-competitivo/super-humano [98] em parâmetros de referência como o reconhecimento de sinais de trânsito (IJCNN 2012).

As redes de funções de base radial e de wavelets foram introduzidas em 2013. Estas podem ser consideradas como oferecendo as melhores propriedades de aproximação e têm sido aplicadas em aplicações de identificação e classificação de sistemas não lineares [99].

Em 2014, o princípio da rede adversária foi utilizado numa rede adversária generativa (GAN) por Ian Goodfellow et al [100]. Aqui, a rede adversária (disc-riminator) produz um valor entre 1 e 0, dependendo da probabilidade de a saída da primeira rede (geradora) estar num determinado conjunto. Isto pode ser utilizado para criar deep-fakes realistas [101]. A excelente qualidade de imagem é obtida pela Style GAN (2018) da Nvidia [102], baseada na Progressive GAN de Tero Karras, Timo Aila, Samuli Laine e Jaakko Lehtinen [103].

Em 2015, Rupesh Kumar Srivastava, Klaus Greff e Schmidhuber usaram o princípio LSTM para criar a rede Highway, uma rede neural feedforward com centenas de camadas, muito mais profunda do que as redes anteriores [104, 105]. 7 meses mais tarde, Kaiming He, Xiangyu Zhang; Shaoqing Ren e Jian Sun venceram o concurso Image-Net 2015 com uma variante da rede Highway com portas abertas ou sem portas, denominada rede neural Residual [106].

Em 2017, Ashish Vaswani et al. introduziram a arquitetura moderna dos Transformadores no seu artigo "Attention Is All You Need"[107]. Os transformadores têm-se tornado cada vez mais o modelo de eleição para o processamento de linguagem natural [108].

Ramenzanpour et al. mostraram em 2020 que as técnicas analíticas e computacionais derivadas da física estatística dos sistemas desordenados podem ser alargadas a problemas de grande escala, incluindo a aprendizagem automática, por exemplo, para analisar o espaço de pesos das redes neuronais profundas [109].

7.4. Modelos

As RNAs começaram como uma tentativa de explorar a arquitetura do cérebro humano para realizar tarefas com as quais os algoritmos convencionais tinham pouco sucesso. Rapidamente se reorientaram para a melhoria dos resultados empíricos, abandonando as tentativas de se manterem fiéis aos seus precursores biológicos. As RNAs têm a capacidade de aprender e modelar relações não lineares e complexas. Isto é conseguido através da ligação dos neurónios em vários padrões, permitindo que a saída de alguns neurónios se torne a entrada de outros. A rede forma um gráfico direcionado e ponderado [110].

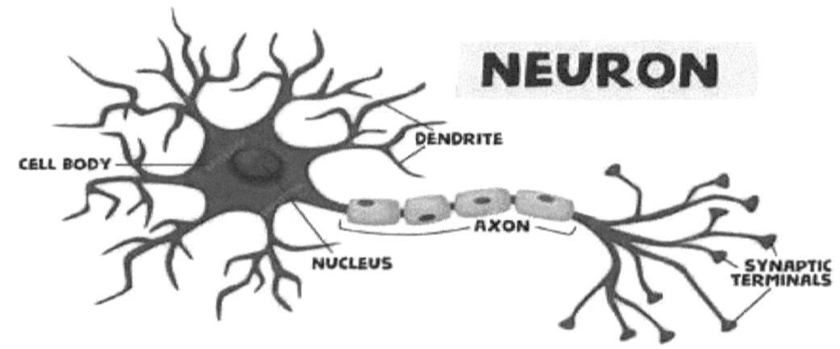

**Neurónio e axónio mielinizado, com fluxo de sinais a partir das entradas
nos dendritos para as saídas nos terminais dos axónios.**

Uma rede neural artificial é constituída por neurónios simulados. Cada neurónio está ligado a outros nós através de ligações, à semelhança de uma ligação biológica axónio-sinapse-dendrito. Todos os nós ligados por ligações recebem alguns dados e utilizam-nos para efetuar operações e tarefas específicas sobre os dados. Cada ligação tem um peso, que determina a força da influência de um nó sobre outro [111], permitindo que os pesos escolham o sinal entre os neurónios.

7.5. Neurónios artificiais

As RNA são compostas por neurónios artificiais que derivam concetualmente dos neurónios biológicos. Cada neurónio artificial tem entradas e produz uma única saída que pode ser enviada a vários outros neurónios [112]. As entradas podem ser os valores das caraterísticas de uma amostra de dados externos, como imagens ou documentos, ou podem ser as saídas de outros neurónios. As saídas dos neurónios de saída final da rede neural realizam a tarefa, como o reconhecimento de um objeto numa imagem.

Para encontrar a saída do neurónio, tomamos a soma ponderada de todas as entradas, ponderada pelos pesos das ligações das entradas ao neurónio. Adicionamos um termo de polarização a esta soma [113]. Esta soma ponderada é por vezes designada por ativação. Esta soma ponderada é então passada através de uma função de ativação (normalmente não linear) para produzir a saída. As entradas iniciais são dados externos, como imagens e documentos. As saídas finais realizam a tarefa, como o reconhecimento de um objeto numa imagem [114].

7.6. Organização

Os neurónios estão normalmente organizados em várias camadas, especialmente na aprendizagem profunda. Os neurónios de uma camada ligam-se apenas aos neurónios das camadas imediatamente anterior e posterior. A camada que recebe dados externos é a camada de entrada. A camada que produz o resultado final é a camada de saída. Entre elas existem zero ou mais camadas ocultas. Também são utilizadas redes de camada única e redes sem camadas. Entre duas camadas, são possíveis vários padrões de ligação. Podem ser "totalmente ligados", com todos os neurónios de uma camada a ligarem-se a todos os neurónios da camada seguinte. Podem ser do tipo "pooling", em que um grupo de neurónios de uma camada se liga a um único neurónio da camada seguinte, reduzindo assim o número de neurónios nessa camada [115]. Os neurónios com apenas estas ligações formam um gráfico acíclico dirigido e são conhecidos como redes feed-forward [116]. Alternativamente, as redes que permitem ligações entre neurónios da mesma camada ou de camadas anteriores são conhecidas como redes recorrentes [117].

7.7. Hiper-parâmetro

Um hiper-parâmetro é um parâmetro constante cujo valor é definido antes do início do processo de aprendizagem. Os valores dos parâmetros são obtidos através da aprendizagem. Exemplos de hiperparâmetros incluem a taxa de aprendizagem, o número de camadas ocultas e o tamanho do lote. Os valores de alguns hiperparâmetros podem ser dependentes dos valores de outros hiperparâmetros. Por exemplo, o tamanho de algumas camadas pode depender do número total de camadas.

7.8. Aprendizagem

A aprendizagem é a adaptação da rede para lidar melhor com uma tarefa, tendo em conta observações de amostra. A aprendizagem envolve o ajuste dos pesos (e dos redutores opcionais) da rede para melhorar a precisão do resultado. Isto é feito através da minimização dos erros observados. A aprendizagem está concluída quando o exame de observações adicionais não reduz de forma útil a taxa de erro. Mesmo após a aprendizagem, a taxa de erro normalmente não chega a 0. Se, após a aprendizagem, a taxa de erro for muito alta, a rede normalmente deve ser reprojetada. Na prática, isto é feito através da definição de uma função de custo que é avaliada periodicamente durante a aprendizagem. Enquanto o seu resultado continuar a diminuir, a aprendizagem continua. O custo é freqüentemente definido como uma estatística cujo valor só pode ser aproximado. Os resultados são na realidade números, pelo que quando o erro é baixo, a diferença entre o resultado (quase de certeza um gato) e a resposta correta (gato) é pequena. A aprendizagem tenta reduzir o total das diferenças entre as observações. A maioria dos modelos de aprendizagem pode ser vista como uma aplicação direta da teoria da otimização e da estimativa estatística [118].

7.9. Taxa de aprendizagem

A taxa de aprendizagem define a dimensão dos passos de correção que o modelo dá para ajustar os erros em cada observação [119]. Uma taxa de aprendizagem elevada reduz o tempo de formação, mas com menor precisão final, enquanto uma taxa de aprendizagem mais baixa demora mais tempo, mas com potencial para maior precisão. Optimizações como a Quick-prop têm como principal objetivo acelerar a minimização do erro, enquanto outras melhorias tentam principalmente aumentar a fiabilidade. Para evitar oscilações no interior da rede, como a alternância dos pesos das ligações, e para melhorar a taxa de convergência, os refinamentos utilizam uma taxa de aprendizagem adaptativa que aumenta ou diminui consoante o caso [120].

7.10. Função de custo

Embora seja possível definir uma função de custo ad hoc, frequentemente a escolha é determinada pelas propriedades desejáveis da função (como a convexidade) ou porque decorre do modelo (por exemplo, num modelo probabilístico, a probabilidade posterior do modelo pode ser utilizada como um custo inverso).

7.11. Retropropagação

A retropropagação é um método utilizado para ajustar os pesos das ligações para compensar cada erro encontrado durante a aprendizagem. O valor do erro é efetivamente dividido entre as ligações. Tecnicamente, o back-prop calcula o gradiente (a derivada) da função de custo associada a um determinado estado em relação aos pesos. As actualizações dos pesos podem ser feitas através da descida do gradiente estocástico ou de outros métodos, como máquinas de aprendizagem extrema [121], redes "no-prop" [122], formação sem retrocesso [123], redes "sem peso" [124, 125] e redes neurais não conexionistas.

7.12. Paradigmas de aprendizagem

A aprendizagem automática é normalmente dividida em três paradigmas principais: aprendizagem supervisionada [126], aprendizagem não supervisionada [127] e aprendizagem por reforço [128]. Cada um deles corresponde a uma tarefa de aprendizagem específica.

7.13. Aprendizagem supervisionada

A aprendizagem supervisionada utiliza um conjunto de entradas emparelhadas e saídas desejadas. A tarefa de aprendizagem consiste em produzir a saída desejada para cada entrada. Neste caso, a função de custo está relacionada com a eliminação de deduções incorrectas [129]. Um custo comummente utilizado é o erro quadrático médio, que tenta minimizar o erro quadrático médio entre a saída da rede e a saída pretendida. As tarefas adequadas para a aprendizagem supervisionada são o reconhecimento de padrões (também conhecido como classificação) e a regressão (também conhecida como aproximação de funções). A aprendizagem supervisionada também é aplicável a dados sequenciais (por exemplo, para reconhecimento de escrita manual, fala e gestos).

7.14. Aprendizagem não supervisionada

Na aprendizagem não supervisionada, os dados de entrada são fornecidos juntamente com a função de custo, uma função dos dadose a saída da rede. A função de custo depende da tarefa (o domínio do modelo) e de quaisquer pressupostos a priori (as propriedades implícitas do modelo, os seus parâmetros e as variáveis observadas). Como exemplo trivial, considere o modelo ondeconstante e o custo.)

A minimização deste custo produz um valor de $\Box$ é igual à média dos dados. A função de custo pode ser muito mais complicada. A sua forma depende da aplicação: por exemplo, na compressão, pode estar relacionada com a informação mútua entre $\Box$e , enquanto que na modelação estatística, pode estar relacionada com a probabilidade posterior do modelo tendo em conta os dados (note-se que em ambos os exemplos, essas quantidades seriam maximizadas em vez de minimizadas). As tarefas que se enquadram no paradigma da aprendizagem não supervisionada são, em geral, problemas de estimativa; as aplicações incluem o agrupamento, a estimativa de distribuições estatísticas, a compressão e a filtragem.

7.15. Aprendizagem por reforço

Em aplicações como os jogos de vídeo, um ator executa uma série de acções, recebendo uma resposta geralmente imprevisível do ambiente após cada uma delas. O objetivo é ganhar o jogo, ou seja, gerar as respostas mais positivas (de menor custo). Na aprendizagem por reforço, o objetivo é ponderar a rede (conceber uma política) para realizar acções que minimizem o custo a longo prazo (cumulativo esperado). Em cada momento, o agente executa uma ação e o ambiente gera uma observação e um custo instantâneo, de acordo com algumas regras (normalmente desconhecidas). As regras e o custo a longo prazo geralmente só podem ser estimados. Em qualquer momento, o agente decide se deve explorar novas acções para descobrir os seus custos ou se deve explorar a aprendizagem anterior para avançar mais rapidamente.

Formalmente, o ambiente é modelado como um processo de decisão de Markov (MDP) com estadose $\Box$. Como as transições de estado não são conhecidas, são usadas distribuições de probabilidade: a distribuição de custo instantâneo, a distribuição de observação e a distribuição de transição, enquanto uma política é definida como a distribuição condicional sobre as acções dadas as observações. Em conjunto, os dois definem uma cadeia de Markov (MC). O objetivo é descobrir a MC de menor custo.

As RNA funcionam como componente de aprendizagem nessas aplicações [130, 131]. A programação dinâmica associada às RNA (programação neuro-dinâmica) [132] tem sido aplicada a problemas como [133], jogos de vídeo, gestão de recursos naturais [134, 135] e medicina [136].

7.16. Auto-aprendizagem

A auto-aprendizagem em redes neuronais foi introduzida em 1982, juntamente com uma rede neuronal capaz de se auto-aprender, designada por crossbar adaptive array (CAA) [137]. É um sistema com apenas uma entrada, a situação s, e apenas uma saída, a ação (ou comportamento) a. Não tem entrada de conselhos externos nem entrada de reforço externo do ambiente. O CAA calcula, de forma cruzada, tanto as decisões sobre as acções como as emoções (sentimentos) sobre as situações encontradas. O sistema é conduzido pela interação entre cognição e emoção [138].

O valor retropropagado (reforço secundário) é a emoção em relação à situação conseqüente. O AAC existe em dois ambientes, um ambiente comportamental, onde se comporta, e outro ambiente genético, de onde recebe inicialmente e apenas uma vez as emoções iniciais sobre as situações a serem encontradas no ambiente comportamental. Tendo recebido o vetor genoma (vetor espécie) do ambiente genético, o CAA vai aprender um comportamento de procura de objectivos, no ambiente comportamental que contém situações desejáveis e indesejáveis [139].

7.17. Neuroevolução

A neuroevolução pode criar topologias e pesos de redes neurais utilizando computação evolutiva. É competitiva com abordagens sofisticadas de descida de gradiente. Uma vantagem da neuroevolução é que pode ser menos propensa a ficar presa em "becos sem saída" [140].

7.18. Rede Neural Estocástica

As redes neuronais estocásticas, que têm origem nos modelos de Sherrington-Kirkpatrick, são um tipo de rede neuronal artificial construída através da introdução de variações aleatórias na rede, quer dando aos neurónios artificiais da rede funções de transferência estocásticas, quer dando-lhes pesos estocásticos. Isto torna-as ferramentas úteis para problemas de otimização, uma vez que as flutuações aleatórias ajudam a rede a sair de mínimos locais [141]. As redes neuronais estocásticas treinadas com uma abordagem bayesiana são conhecidas como redes neuronais bayesianas [142].

7.19. Outros

Num quadro bayesiano, é selecionada uma distribuição sobre o conjunto de modelos permitidos para minimizar o custo. Os métodos evolutivos [143], a programação da expressão genética [144], o recozimento simulado [145], a maximização da expetativa, os métodos não paramétricos e a otimização por enxame de partículas [146] são outros algoritmos de aprendizagem. A recursão convergente é um algoritmo de aprendizagem para redes neurais de controlo da articulação do modelo cerebelar (CMAC) [147, 148].

7.20. Modos de aprendizagem

Estão disponíveis dois modos de aprendizagem: estocástico e em lote. Na aprendizagem estocástica, cada entrada cria um ajuste de peso. Na aprendizagem por lotes, os pesos são ajustados com base num lote de entradas, acumulando erros ao longo do lote. A aprendizagem estocástica introduz "ruído" no processo, utilizando o gradiente local calculado a partir de um ponto de dados; isto reduz a possibilidade de a rede ficar presa em mínimos locais. No entanto, a aprendizagem em lote produz normalmente uma descida mais rápida e estável para um mínimo local, uma vez que cada atualização é efectuada na direção do erro médio do lote. Um compromisso comum é utilizar "mini-lotes", pequenos lotes com amostras em cada lote selecionadas estocasticamente a partir de todo o conjunto de dados.

7.21. Tipos

As RNA evoluíram para uma vasta família de técnicas que fizeram avançar o estado da arte em vários domínios. Os tipos mais simples têm um ou mais componentes estáticos, incluindo o número de unidades, o número de camadas, os pesos das unidades e a topologia. Os tipos dinâmicos permitem que um ou mais destes componentes evoluam através da aprendizagem. Esta última é muito mais complicada, mas pode encurtar os períodos de aprendizagem e produzir melhores resultados. Alguns tipos permitem/exigem que a aprendizagem seja "supervisionada" pelo operador, enquanto outros funcionam de forma independente. Alguns tipos funcionam puramente em hardware, enquanto outros são puramente em software e funcionam em computadores de uso geral. Alguns dos principais avanços incluem:

- As redes neuronais convolucionais têm-se revelado particularmente bem sucedidas no processamento de dados visuais e outros dados bidimensionais [149, 150]; a memória de curto prazo evita o problema do gradiente de desaparecimento [151] e pode tratar sinais que têm uma mistura de componentes de baixa e alta frequência, ajudando no reconhecimento de grande vocabulário [152, 153], na síntese texto-fala [154, 155] e em cabeças falantes foto-reais [156]:

- Redes competitivas, como as redes adversárias generativas, em que várias redes (de estrutura variável) competem entre si, em tarefas como ganhar um jogo [157] ou enganar o adversário sobre a autenticidade de uma entrada [100].

7.22. Conceção da rede

A utilização de redes neuronais artificiais requer um conhecimento das suas caraterísticas.

- Escolha do modelo: Depende da representação dos dados e da aplicação. Os parâmetros do modelo incluem o número, o tipo e a conetividade das camadas da rede, bem como o tamanho de cada uma e o tipo de ligação (total, pooling, etc.). Os modelos demasiado complexos aprendem lentamente.
- Algoritmo de aprendizagem: Existem inúmeras soluções de compromisso entre os algoritmos de aprendizagem. Quase todos os algoritmos funcionarão bem com os hiper-parâmetros corretos [158] para a formação num determinado conjunto de dados. No entanto, a seleção e a afinação de um algoritmo para a formação em dados não vistos exige uma experimentação significativa.
- Robustez: Se o modelo, a função de custo e o algoritmo de aprendizagem forem selecionados de forma adequada, a RNA resultante pode tornar-se robusta.

A pesquisa de arquitetura neural (NAS) utiliza a aprendizagem automática para automatizar a conceção de RNA. Várias abordagens à NAS conceberam redes que se comparam bem aos sistemas concebidos manualmente. O algoritmo de pesquisa básico consiste em propor um modelo candidato, avaliá-lo em relação a um conjunto de dados e utilizar os resultados como feedback para ensinar a rede NAS [159]. Os sistemas disponíveis incluem AutoML e AutoKeras [160], a biblioteca scikit-learn fornece funções para ajudar a construir uma rede profunda a partir do zero. Podemos então implementar uma rede profunda com TensorFlow ou Keras.

Os hiperparâmetros também devem ser definidos como parte da conceção (não são aprendidos), regendo questões como o número de neurónios em cada camada, a taxa de aprendizagem, o passo, a passada, a profundidade, o campo recetivo e o preenchimento (para CNNs), etc. [161].

7.23. Aplicações

Devido à sua capacidade de reproduzir e modelar processos não lineares, as redes neuronais artificiais têm encontrado aplicações em muitas disciplinas. Estas incluem:

- Aproximação de funções [162] ou análise de regressão [163] (incluindo previsão de séries cronológicas, aproximação da aptidão [164] e modelação)
- Processamento de dados [165] (incluindo filtragem, agregação, separação cega de fontes [166] e compressão)
- Identificação de sistemas não lineares [99] e controlo (incluindo controlo de veículos, previsão de trajectórias [167], controlo adaptativo, controlo de processos e gestão de recursos naturais)
- Reconhecimento de padrões (incluindo sistemas de radar, identificação de faces, classificação de sinais [168], deteção de novidades, reconstrução 3D [169], reconhecimento de objectos e tomada de decisões sequenciais [170])
- Reconhecimento de sequências (incluindo reconhecimento de gestos, fala e texto manuscrito e impresso [171])
- Análise de dados de sensores [172] (incluindo análise de imagens)
- Robótica (incluindo manipuladores de direção e próteses)
- Extração de dados (incluindo a descoberta de conhecimentos em bases de dados)
- Finanças [173] (tais como modelos ex-ante para previsões financeiras específicas a longo prazo e mercados financeiros artificiais)
- Química quântica [174]
- Jogo geral [175]
- IA generativa [176]
- Visualização de dados
- Tradução automática
- Filtragem de redes sociais [177]

As RNA foram utilizadas para diagnosticar vários tipos de cancros [178, 179] e para distinguir linhas de células cancerosas altamente invasivas de linhas menos invasivas utilizando apenas informações sobre a forma das células [180, 181].

As RNA têm sido utilizadas para acelerar a análise da fiabilidade de infra-estruturas sujeitas a catástrofes naturais [182, 183] e para prever os assentamentos de fundações [184]. Também podem ser úteis para atenuar as inundações através da utilização de RNA para modelar o escoamento das águas pluviais [185]. As RNA também têm sido utilizadas para construir modelos de caixa negra em geociências: hidrologia [186, 187], modelação oceânica e engenharia costeira [188, 189] e geociências [189].
amorfologia [190]. As RNA têm sido utilizadas na cibersegurança, com o objetivo de discriminar entre actividades legítimas e actividades maliciosas. Por exemplo, a aprendizagem automática tem sido utilizada para classificar o malware para Android [191], para identificar domínios pertencentes a agentes de ameaças e para detetar URLs que representam um risco para a segurança [192]. Está em curso investigação sobre sistemas ANN concebidos para testes de penetração, para detetar botnets [193], fraudes com cartões de crédito [194] e intrusões na rede.

As RNA têm sido propostas como ferramenta para resolver equações diferenciais parciais em física [195-197] e simular as propriedades de sistemas quânticos abertos de muitos corpos [198-201]. Na investigação sobre o cérebro, as RNA estudaram o comportamento a curto prazo de neurónios individuais [202], a dinâmica dos circuitos neuronais resultante das interações entre neurónios individuais e o modo como o comportamento pode resultar de módulos neuronais abstractos que representam subsistemas completos. Os estudos consideraram a plasticidade a longo e a curto prazo dos sistemas neuronais e a sua relação com a aprendizagem e a memória, desde o neurónio individual até ao nível do sistema.
É possível criar um perfil dos interesses de um utilizador a partir de imagens, utilizando redes neurais artificiais treinadas para o reconhecimento de objectos [203].

Para além das suas aplicações tradicionais, as redes neuronais artificiais estão a ser cada vez mais utilizadas na investigação interdisciplinar, como a ciência dos materiais. Por exemplo, as redes neuronais gráficas (GNN) demonstraram a sua capacidade de escalonar a aprendizagem profunda para a descoberta de novos materiais estáveis, prevendo eficazmente a energia total dos cristais. Esta aplicação sublinha a adaptabilidade e o potencial das RNA na resolução de problemas complexos que ultrapassam os domínios da modelação preditiva e da inteligência artificial, abrindo novas vias para a descoberta e a inovação científicas [204].

7.24. Propriedades teóricas
7.24.1.   Potência computacional

O perceptron multicamadas é um aproximador universal de funções, como provado pelo teorema da aproximação universal. No entanto, a prova não é construtiva no que respeita ao número de neurónios necessários, à topologia da rede, aos pesos e aos parâmetros de aprendizagem.

Uma arquitetura recorrente específica com pesos de valor racional (por oposição a pesos de precisão total de valor real) tem o poder de uma máquina de Turing universal [205], utilizando um número finito de neurónios e ligações lineares padrão. Além disso, a utilização de valores irracionais para os pesos resulta numa máquina com poder de super-Turing [206, 207].

7.24.2.   Capacidade

A propriedade de "capacidade" de um modelo corresponde à sua capacidade de modelizar uma dada função. Está relacionada com a quantidade de informação que pode ser armazenada na rede e com a noção de complexidade. Duas noções de capacidade são conhecidas pela comunidade. A capacidade de informação e a dimensão VC. A capacidade de informação de um perceptron é intensamente discutida no livro de Sir David MacKay [208], que resume o trabalho de Thomas Cover [209]. A capacidade de uma rede de neurónios padrão (não convolucional) pode ser derivada por quatro regras [210] que derivam da compreensão de um neurónio como um elemento elétrico. A segunda noção é a dimensão VC. A dimensão VC utiliza os princípios da teoria da medida e encontra a capacidade máxima nas melhores circunstâncias possíveis. Isto é, dados de entrada numa forma específica. Como referido em [208], a dimensão CV para entradas arbitrárias é metade da capacidade de informação de um Perceptron. A Dimensão VC para pontos arbitrários é por vezes referida como Capacidade de Memória[211].

7.24.3.   Convergência

Os modelos podem não convergir consistentemente para uma única solução, em primeiro lugar porque podem existir mínimos locais, dependendo da função de custo e do modelo. Em segundo lugar, o método de otimização utilizado pode não garantir a convergência quando começa longe de qualquer mínimo local. Em terceiro lugar, para dados ou parâmetros suficientemente grandes, alguns métodos tornam-se impraticáveis.

O comportamento de convergência de certos tipos de arquitecturas de RNA é mais conhecido do que outros. Quando a largura da rede se aproxima do infinito, a RNA é bem descrita pela sua expansão de Taylor de primeira ordem ao longo do treino, herdando assim o comportamento de convergência dos modelos afins [212, 213]. Outro exemplo é quando os parâmetros são pequenos; observa-se que as RNAs frequentemente se ajustam a funções-alvo de baixas a altas frequências. Este comportamento é referido como a tendência espetral, ou princípio da frequência, das redes neuronais [214-218].

7.24.4.   Generalização e estatística

As aplicações cujo objetivo é criar um sistema que generalize bem para exemplos não vistos enfrentam a possibilidade de sobretreino. Esta situação surge em sistemas convolutos ou demasiado especificados, quando a capacidade da rede excede significativamente os parâmetros livres necessários. Há duas abordagens para o excesso de treino. A primeira é usar a validação cruzada e técnicas semelhantes para verificar a presença de excesso de treinamento e selecionar hiperparâmetros para minimizar o erro de generalização.

A segunda é utilizar alguma forma de regularização. Este conceito surge num quadro probabilístico (bayesiano), em que a regularização pode ser efectuada selecionando uma probabilidade prévia maior em relação a modelos mais simples; mas também na teoria da aprendizagem estatística, em que o objetivo é minimizar duas quantidades: o "risco empírico" e o "risco estrutural", que correspondem aproximadamente ao erro sobre o conjunto de treino e ao erro previsto em dados não vistos devido a um sobreajuste.

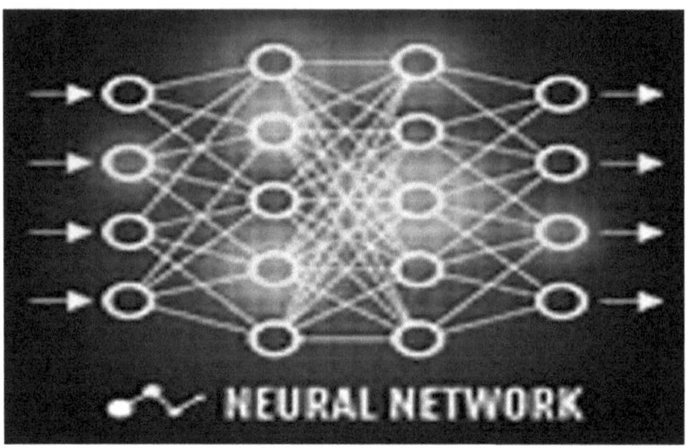

Análise de confiança de uma rede neural.

As redes neurais supervisionadas que usam uma função de custo de erro quadrático médio (MSE) podem usar métodos estatísticos formais para determinar a confiança do modelo treinado. O MSE em um conjunto de validação pode ser usado como uma estimativa da variância. Este valor pode então ser usado para calcular o intervalo de confiança do resultado da rede, assumindo uma distribuição normal. Uma análise de confiança feita dessa forma é estatisticamente válida, desde que a distribuição de probabilidade de saída permaneça a mesma e a rede não seja modificada.

Ao atribuir uma função de ativação softmax, uma generalização da função logística, na camada de saída da rede neuronal (ou um componente softmax numa rede baseada em componentes) para variáveis-alvo categóricas, as saídas podem ser interpretadas como probabilidades posteriores. Isso é útil na classificação, pois fornece uma medida de certeza nas classificações.

7.25. Crítica
7.25.1. Formação

Uma crítica comum às redes neuronais, em particular na robótica, é o facto de exigirem demasiadas amostras de treino para poderem funcionar no mundo real [219]. Qualquer máquina de aprendizagem precisa de exemplos representativos suficientes para captar a estrutura subjacente que lhe permite generalizar para novos casos. As soluções potenciais incluem a distribuição aleatória dos exemplos de treino, utilizando um algoritmo de otimização numérica que não dê passos demasiado grandes ao alterar as ligações da rede a seguir a um exemplo, agrupando os exemplos nos chamados mini-batches e/ou introduzindo um algoritmo de mínimos quadrados recursivo para o CMAC [147]. Dean Pomerleau utiliza uma rede neuronal para treinar um veículo robótico a conduzir em vários tipos de estradas (pista única, várias pistas, terra batida, etc.), e uma grande parte da sua investigação é dedicada à extrapolação de vários cenários de treino a partir de uma única experiência de treino, e à preservação da diversidade do treino passado, para que o sistema não fique demasiado treinado (se, por exemplo, lhe for apresentada uma série de curvas à direita - não deve aprender a virar sempre à direita) [220].

7.25.2.   Teoria

Uma reivindicação central[citation needed] das RNA é o facto de incorporarem princípios gerais novos e poderosos para o processamento da informação. Estes princípios são mal definidos. Afirma-se frequentemente que são emergentes da própria rede. Este facto permite que a simples associação estatística (a função básica das redes neuronais artificiais) seja descrita como aprendizagem ou reconhecimento. Em 1997, Alexander Dewdney, um antigo colunista do Scien-tific American, comentou que, em resultado disso, as redes neuronais artificiais têm uma "qualidade de algo para nada, que transmite uma aura peculiar de preguiça e uma distinta falta de curiosidade sobre o quão bons são estes sistemas de computação. Nenhuma mão (ou mente) humana intervém; as soluções são encontradas como que por magia; e ninguém, ao que parece, aprendeu nada" [221]. Uma resposta a Dewdney é que as redes neuronais têm sido utilizadas com sucesso para lidar com muitas tarefas complexas e diversas, desde o voo autónomo de aviões [222] à deteção de fraudes com cartões de crédito e ao domínio do jogo Go. O escritor de tecnologia Roger Bridgman comentou:

-    As redes neuronais, por exemplo, estão no banco dos réus não só porque foram muito badaladas (o que é que não foi?), mas também porque é possível criar uma rede bem sucedida sem perceber como funciona: o conjunto de números que capta o seu comportamento seria muito provavelmente "uma tabela opaca, ilegível... sem valor como recurso científico".

Apesar da sua declaração enfática de que a ciência não é tecnologia, Dewdney parece aqui criticar as redes neuronais como má ciência, quando a maioria dos que as concebem estão apenas a tentar ser bons engenheiros. Uma tabela ilegível que uma máquina útil pudesse ler valeria bem a pena ter [223]. Além disso, a recente ênfase na capacidade de explicação da IA contribuiu para o desenvolvimento de métodos, nomeadamente os baseados em mecanismos de atenção, para visualizar e explicar as redes neuronais aprendidas. Além disso, os investigadores envolvidos na exploração de algoritmos de aprendizagem para redes neuronais estão gradualmente a descobrir os princípios genéricos que permitem que uma máquina de aprendizagem seja bem sucedida. Por exemplo, Bengio e LeCun (2007) escreveram um artigo sobre a aprendizagem local vs. não local, bem como sobre a arquitetura superficial vs. profunda [224].

Os cérebros biológicos utilizam circuitos superficiais e profundos, tal como indicado pela anatomia cerebral [225], apresentando uma grande variedade de invariâncias. Weng [226] argumentou que o cérebro se auto-conecta em grande parte de acordo com as estatísticas do sinal e, portanto, uma cascata em série não pode apanhar todas as principais dependências estatísticas.

7.25.3.   Hardware

As redes neuronais de grandes dimensões e eficazes exigem recursos informáticos consideráveis [227]. Embora o cérebro tenha hardware adaptado à tarefa de processar sinais através de um gráfico de neurónios, a simulação de um neurónio, mesmo simplificado, na arquitetura de von Neumann pode consumir grandes quantidades de memória e armazenamento. Além disso, o projetista precisa frequentemente de transmitir sinais através de muitas destas ligações e dos seus neurónios associados - o que exige uma enorme potência e tempo da CPU.

Schmidhuber observou que o ressurgimento das redes neuronais no século XXI se deve, em grande medida, aos avanços no hardware: de 1991 a 2015, a potência de computação, especialmente a fornecida pelas GPGPU (nas GPU), aumentou cerca de um milhão de vezes, tornando o algoritmo de retropropagação padrão viável para o treino de redes com várias camadas mais profundas do que anteriormente [26]. A utilização de aceleradores, como FPGAs e GPUs, pode reduzir o tempo de formação de meses para dias [227].

A engenharia neuromórfica ou uma rede neuronal física aborda diretamente a dificuldade do hardware, construindo chips não-von-Neumann para implementar diretamente redes neuronais em circuitos. Outro tipo de chip optimizado para o processamento de redes neuronais chama-se Unidade de Processamento Tensorial, ou TPU [228].

7.26. Contra-exemplos práticos

Analisar o que foi aprendido por uma RNA é muito mais fácil do que analisar o que foi aprendido por uma rede neuronal biológica. Além disso, os investigadores envolvidos na exploração de algoritmos de aprendizagem para redes neuronais estão gradualmente a descobrir os princípios gerais que permitem que uma máquina de aprendizagem seja bem sucedida. Por exemplo, aprendizagem local vs. não local e arquitetura superficial vs. profunda [229].

7.27. Abordagens híbridas

Os defensores dos modelos híbridos (que combinam redes neuronais e abordagens simbólicas) afirmam que essa mistura pode captar melhor os mecanismos da mente humana [230, 131].

7.28. Viés do conjunto de dados

As redes neuronais dependem da qualidade dos dados com que são treinadas, pelo que dados de baixa qualidade com representatividade desequilibrada podem levar o modelo a aprender e a perpetuar preconceitos sociais [232, 233]. Estes preconceitos herdados tornam-se especialmente críticos quando as RNA são integradas em cenários do mundo real em que os dados de treino podem ser desequilibrados devido à escassez de dados relativos a uma determinada raça, género ou outro atributo [232]. Esse desequilíbrio pode fazer com que o modelo tenha uma representação e compreensão inadequadas de grupos sub-representados, levando a resultados discriminatórios que exasperam as desigualdades sociais, especialmente em aplicações como reconhecimento facial, processos de contratação e aplicação da lei [233, 234]. Por exemplo, em 2018, a Amazon teve de eliminar uma ferramenta de recrutamento porque o modelo favorecia os homens em detrimento das mulheres para empregos na área da engenharia de software, devido ao maior número de trabalhadores do sexo masculino neste domínio [234]. O programa penalizava qualquer currículo com a palavra "mulher" ou o nome de uma faculdade feminina. No entanto, a utilização de dados sintéticos pode ajudar a reduzir o enviesamento dos conjuntos de dados e aumentar a sua representatividade [235].

7.29. Galeria

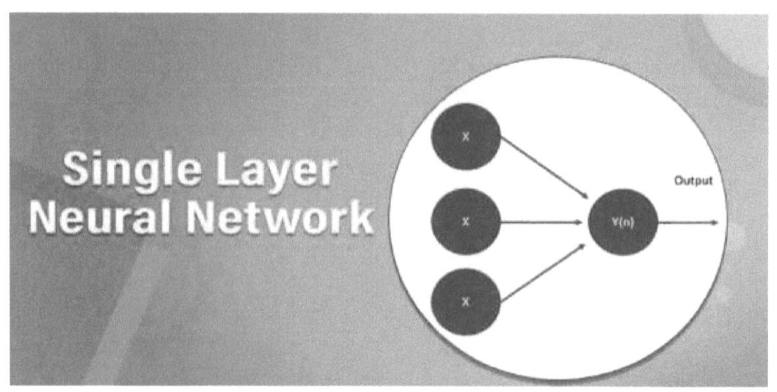

Uma rede neural artificial feedforward de camada única.

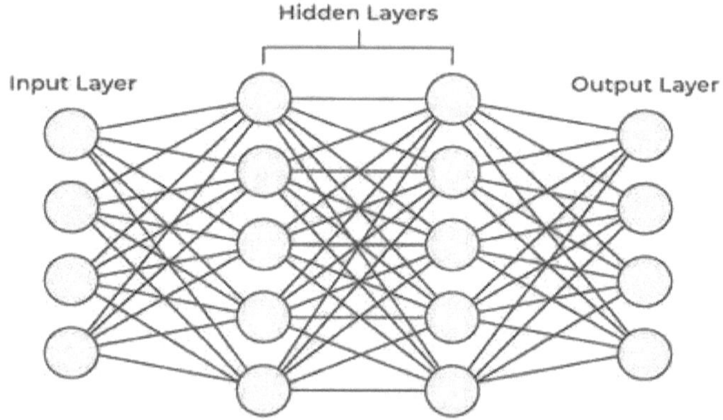

Uma rede neural artificial

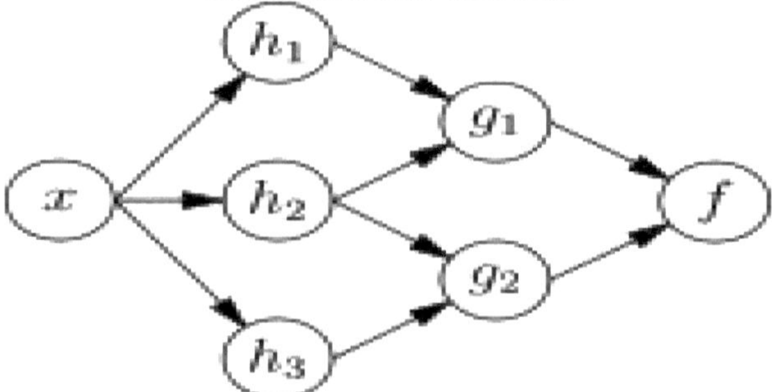

Um gráfico de dependência ANN

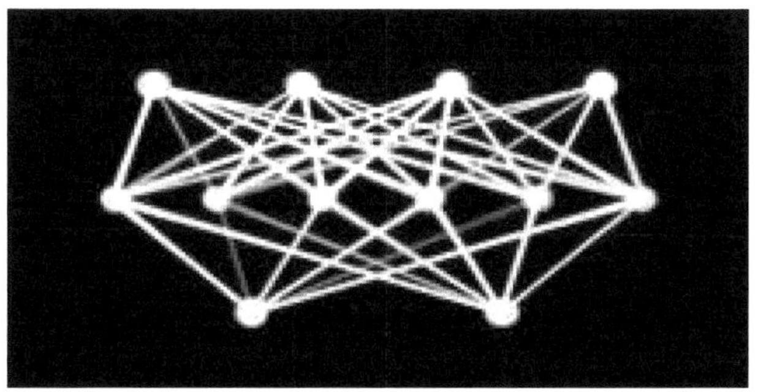

Uma rede neuronal artificial de camada única com 4 entradas, 6 nós ocultos e 2 saídas. Dada a posição, o estado e a direção, emite valores de controlo baseados na roda.

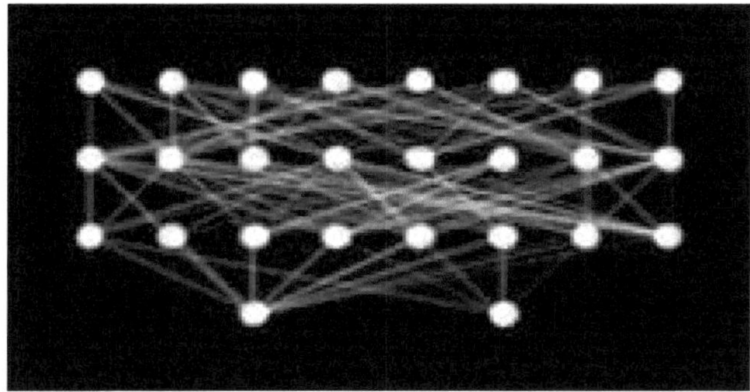

Uma rede neuronal artificial de duas camadas com 8 entradas, 2x8 nós ocultos e 2 saídas. Dado o estado da posição, a direção e outros valores ambientais, emite valores de controlo baseados no propulsor.

7.30. Avanços recentes e direcções futuras

As redes neuronais artificiais (RNA) têm registado avanços significativos, nomeadamente na sua capacidade de modelar sistemas complexos, lidar com grandes conjuntos de dados e adaptar-se a vários tipos de aplicações. A sua evolução nas últimas décadas tem sido marcada por uma vasta gama de aplicações em domínios como o processamento de imagens, o reconhecimento da fala, o processamento de linguagem natural, as finanças e a medicina.

7.30.1. Processamento de imagens

No domínio do processamento de imagens, as RNA são utilizadas em tarefas como a classificação de imagens, o reconhecimento de objectos e a segmentação de imagens. Por exemplo, as redes neuronais convolucionais profundas (CNN) têm sido importantes no reconhecimento de dígitos manuscritos, alcançando um desempenho topo de gama [236]. Isto demonstra a capacidade das RNA para processar e interpretar eficazmente informações visuais complexas, conduzindo a avanços em domínios que vão da vigilância automatizada à imagiologia médica [236].

7.30.2.   Reconhecimento de fala

Ao modelar os sinais de fala, as RNA são utilizadas para tarefas como a identificação do locutor e a conversão de fala em texto. As arquitecturas de redes neuronais profundas introduziram melhorias significativas no reconhecimento de voz contínua de grande vocabulário, superando as técnicas tradicionais [236, 237]. Estes avanços permitiram o desenvolvimento de sistemas activados por voz mais precisos e eficientes, melhorando as interfaces de utilizador em produtos tecnológicos.

7.30.3.   Processamento de linguagem natural

No processamento de linguagem natural, as RNA são utilizadas em tarefas como a classificação de textos, a análise de sentimentos e a tradução automática. Permitiram o desenvolvimento de modelos que podem traduzir com precisão entre línguas, compreender o contexto e o sentimento em dados textuais e categorizar o texto com base no conteúdo [236, 237].

7.30.4.   Sistemas de controlo

No domínio dos sistemas de controlo, as RNA são utilizadas para modelar sistemas dinâmicos para tarefas como a identificação de sistemas, a conceção de controlos e a otimização. Por exemplo, as redes neurais profundas feed-forward são importantes em aplicações de identificação e controlo de sistemas.

7.30.5.   Finanças

As RNA são utilizadas para a previsão do mercado bolsista e para a pontuação de crédito:

- No domínio do investimento, as RNA podem processar grandes quantidades de dados financeiros, reconhecer padrões complexos e prever as tendências do mercado bolsista, ajudando os investidores e os gestores de riscos a tomar decisões informadas [236].
- Na pontuação de crédito, as RNA oferecem avaliações personalizadas e baseadas em dados da capacidade de crédito, melhorando a exatidão das previsões de incumprimento e automatizando o processo de empréstimo [237].

7.30.6. Medicina

As RNA são capazes de processar e analisar vastos conjuntos de dados médicos. Melhoram a precisão do diagnóstico, especialmente através da interpretação de imagens médicas complexas para a deteção precoce de doenças e da previsão dos resultados dos doentes para um planeamento personalizado do tratamento [237]. Na descoberta de medicamentos, as RNAs aceleram a identificação de potenciais candidatos a medicamentos e prevêem a sua eficácia e segurança, reduzindo significativamente o tempo e os custos de desenvolvimento [236]. Para além disso, a sua aplicação na medicina personalizada e na análise de dados de cuidados de saúde permite terapias adaptadas e uma gestão eficiente dos cuidados dos doentes [237].

7.31. Referências

[1].   Hardesty L (14 de abril de 2017). "Explicado: Redes neurais". Notícias do MIT
        Escritório. Arquivado em 18 de março de 2024. Recuperado em 2 de junho de 2022.
[2].   Yang Z, Yang Z (2014). Física Biomédica Abrangente. Karolinska
        Institute, Estocolmo, Suécia: Elsevier. p. 1. Arquivado em 28 de julho de 2022.
        Recuperado em 28 de julho de 2022.
[3].   Bishop CM (17 de agosto de 2006). Reconhecimento de padrões e aprendizagem automática.
        Nova Iorque: Springer. ISBN 978-0-387-31073-2.
[4].   Vapnik VN, Vapnik VN (1998). A natureza da aprendizagem estatística
        theory (Corrected 2nd print. ed.). Nova Iorque, Berlim, Heidelberg:
        Springer. ISBN 978-0-387-94559-0.
[5].   Goodfellow e Yoshua Bengio e Aaron Courville (2016).

Aprendizagem profunda. MIT Press. Arquivado em 16 de abril de 2016. Recuperado em 1
junho de 2016.
[6]. Ferrie, C., Kaiser, S. (2019). Redes neurais para bebés. Sourcebooks. ISBN 978-1-4926-7120-6.
[7]. Mansfield Merriman, "A List of Writings Relating to the Method of Least
Quadrados"
[8]. Stigler SM (1981). "Gauss e a invenção dos mínimos quadrados". Ann.
Stat. 9 (3): 465-474.
[9]. Bretscher O (1995). Álgebra Linear com Aplicações (3ª ed.). Alto Saddle River, NJ: Prentice Hall.
[10]. Schmidhuber J (2022). "História anotada da IA moderna e da IA profunda
Aprendizagem". arXiv:2212.11279 [cs.NE].
[11]. Stigler SM (1986).
A História da Estatística: A medição da incerteza antes de 1900. Cambridge: Harvard. ISBN 0-674-40340-1.
[12]. McCulloch W, Walter Pitts (1943).
"Um cálculo lógico de ideias imanentes na atividade nervosa". Boletim de
Biofísica Matemática. 5 (4): 115-133.
[13]. Kleene S (1956).
"Representação de Eventos em Redes de Nervos e Autómatos Finitos". Anais de
Estudos de Matemática. No. 34. Princeton University Press. pp. 3-41.
Arquivado em 19 de maio de 2024. Recuperado em 17 de junho de 2017.
[14]. Hebb D (1949). The Organization of Behavior. New York: Wiley. ISBN 978-1-135-63190-1.
[15]. Farley B, W.A. Clark (1954).
"Simulação de Sistemas Auto-Organizáveis por Computador Digital". IRE
Transacções em Teoria da Informação. 4 (4): 76-84.
[16]. Rochester N, J.H. Holland, L.H. Habit e W.L. Duda (1956).
"Ensaios sobre uma teoria de montagem celular da ação do cérebro, computador digital".
IRE Transactions on Information Theory. 2 (3): 80-93.
[17]. Haykin (2008) Neural Networks and Learning Machines, 3ª edição
[18]. Rosenblatt F (1958).

"O Perceptron: Um modelo probabilístico para a organização no cérebro".

Psychological Review. 65 (6): 386-408.

[19]. Werbos P (1975).

Para além da Regressão: Novas ferramentas de análise de previsão Ciências do comportamento.

[20]. Rosenblatt F (1957).

"O Perceptron - um autómato de perceção e reconhecimento". Relatório 85-460-

1. Laboratório Aeronáutico de Cornell.

[21]. Olazaran M (1996).

"Um estudo sociológico da controvérsia sobre os perceptores da história oficial".

Estudos Sociais da Ciência. 26 (3): 611-659.

[22]. Russel, S., Norvig, P. (2010). Inteligência Artificial Uma Abordagem Moderna.

Estados Unidos da América: Pearson Education. pp. 16-28.

ISBN 978-0-13- 604259-4.

[23]. Minsky M, Papert S (1969).

Perceptrons: Uma introdução à geometria computacional. MIT Press. ISBN 978-0-262-63022-1.

[24]. Russell SJ, Norvig P (2021).

Inteligência artificial: abordagem. Série Pearson em Inteligência Artificial.

Ming-wei Chang, Jacob Devlin, Anca Dragan, David Forsyth, Ian Goodfellow, Jitendra Malik, Vikash Mansinghka, Judea Pearl, Michael J.

Wooldridge (4ª ed.). Hoboken, NJ: Pearson. ISBN 978-0-13-461099-3.

[25]. Giacaglia, G.P. (2 de novembro de 2022).

Fazer as coisas pensarem. Holloway. ISBN 978-1-952120-41-1. Arquivado em 9

dezembro de 2023. Recuperado em 29 de dezembro de 2023.

[26]. Schmidhuber J (2015). "Aprendizagem profunda em redes neurais: Uma visão geral".

Redes Neurais. 61: 85-117. arXiv:1404.7828.

[27]. Ivakhnenko AG (1973). Dispositivos cibernéticos de previsão. Informação CCM

Empresa.

[28]. Ivakhnenko AG, Lapa VG (1967). Cibernética e técnicas de previsão.

American Elsevier Pub. Co.

[29].   Robbins H, Monro S (1951). "Um método de aproximação estocástica". O
     Anais de Estatística Matemática. 22 (3): 400.
[30].   Amari S (1967). "Uma teoria do classificador de padrões adaptativo". IEEE Trans-
     acções. CE (16): 279-307.
[31]. Schmidhuber J (2022). "História anotada da IA moderna e da IA profunda
     Aprendizagem". arXiv:2212.11279 [cs.NE].
[32]. Kohonen T, Honkela T (2007). "Rede Kohonen". Scholarpedia. 2 (1):
     1568.
[33].   Kohonen T (1982). "Formação Auto-Organizada de Sistemas Topologicamente Corretos
     Mapas de caraterísticas". Biological Cybernetics. 43 (1): 59-69.
[34].   Von der Malsburg C (1973). "Auto-organização de células sensíveis à orientação
     no córtex estriado". Kybernetik. 14 (2): 85-100.
[35]. Fukushima K (1980).
     "Neocognitron: Uma posição de mudança de modelo de rede neural auto-organizada".
     Cibernética Biológica. 36 (4): 193-202.
[36]. Fukushima K (1969). "Extração de caraterísticas visuais por uma rede de várias camadas
     de elementos analógicos de limiar". IEEE Transactions on Systems Science and
     Cibernética. 5 (4): 322-333.
[37]. Ramachandran P, Barret Z, Quoc VL (16 de outubro de 2017). "Searching for
     Funções de ativação". arXiv:1710.05941 [cs.NE].
[38]. Leibniz GW (1920). Companhia Editora Tribuna Aberta.
     ISBN 978-0-598- 81846-1.
[39]. Linnainmaa S (1970). A representação do erro de arredondamento cumulativo.
     Universidade de Helsínquia. pp. 6-7.
[40]. Linnainmaa S (1976).
     "Expansão de Taylor do erro de arredondamento acumulado". BIT Numérico
     Matemática. 16 (2): 146-160.
[41].   Griewank A (2012). "Quem inventou o modo reverso de diferenciação?".
     Histórias de otimização. Documenta Matematica, Volume Extra ISMP.

pp. 389-400. S2CID 15568746.

[42]. Griewank A, Walther A (2008). SIAM. ISBN 978-0-89871-776-1.

[43]. Rosenblatt F (1962). Principles of Neurodynamics. Spartan, Nova Iorque.

[44]. Kelley HJ (1960). "Teoria do gradiente das trajectórias de voo óptimas". ARS
Revista. 30 (10): 947-954.

[45]. "A gradient method for optimizing multi-stage allocation processes".
Actas do Simpósio da Universidade de Harvard sobre computadores digitais e
as suas aplicações. abril de 1961.

[46]. Schmidhuber J (2015). "Aprendizagem profunda". Scholarpedia. 10 (11): 85-117.

[47]. Dreyfus SE (1 de setembro de 1990).
"Redes neurais artificiais, retropropagação e procedimento de gradiente".
Journal of Guidance, Control, and Dynamics. 13 (5): 926-928.

[48]. Mizutani E, Dreyfus S, Nishio K (2000).
"Sobre a derivação da aplicação da fórmula de gradiente de retropropagação MLP".
Actas da Conferência Internacional Conjunta IEEE-INNS-ENNS sobre
Redes Neurais. IJCNN 2000. Computação Neural: Novos Desafios e
Perspectivas para o Novo Milénio. IEEE. pp. 167-172 vol.2.

[49]. Dreyfus S (1973).
"A solução computacional de problemas de controlo ótimo com desfasamento temporal".
IEEE Transactions on Automatic Control. 18 (4): 383-385.

[50]. Werbos P (1982). "Aplicações da análise de sensibilidade não linear dos avanços".
Modelação e otimização de sistemas. Springer. pp. 762-770. Arquivado em 14
abril de 2016. Recuperado em 2 de julho de 2017.

[51]. David E. Rumelhart, Geoffrey E. Hinton & Ronald J. Williams,
"Aprendizagem das representações através da retropropagação dos erros Arquivado 8 de março
2021 the Wayback Machine," Nature, 323, páginas 533-536 1986.

[52]. Brush SG (1967). "História do modelo Lenz-Ising". Revisões de Moderno

Física. 39 (4): 883-893.

[53].   Amari SI (1972). "Aprendizagem de padrões e sequências de padrões por auto-aprendizagem".

organizando elementos de limiar". IEEE Transactions. C (21): 1197-1206.

[54].   Barth PF (1981). Cooperatividade e o Comportamento de Transição de Grandes Sistemas Neurais

Nets (tese de mestrado). Burlington: Universidade de Vermont. OCLC 8231704.

[55].   Krizan J, Barth P, Glasser M (1983). "Transições de fase exactas para o sistema de Ising

Modelo na Árvore de Cayley Fechada". Physica. 119A. Holanda do Norte

Publishing Co: 230-242.

[56].   Glasser M, Goldberg M (1983), "O modelo de Ising num espaço fechado de Cayley

tree", Physica, 117A (2-3): 670-672.

[57].   Hopfield JJ (1982).

"Redes neuronais e capacidades computacionais emergentes de sistemas físicos".

Actas da Academia Nacional de Ciências. 79 (8): 2554-2558.

[58].   Waibel A (dezembro de 1987). Reconhecimento de fonemas usando o tempo de atraso

Redes Neurais. Reunião do Instituto de Eletricidade, Informação e

Engenheiros de Comunicações (IEICE). Tóquio, Japão.

[59].   Alexander Waibel et al,

Reconhecimento de fonemas utilizando redes neuronais de atraso temporal Arquivado 25

fevereiro de 2021 no Máquina Wayback IEEE Transactions on Acoustics,

Speech, and Signal Processing, Vol. 37, No. 3, pp. 328. - 339 março de 1989.

[60].   Zhang W (1988).

"Arquitetura ótica da rede neural de reconhecimento de padrões invariantes de deslocação".

Actas da Conferência Anual da Sociedade Japonesa de Ciências Aplicadas

Física. Arquivado em 23 de junho de 2020. Recuperado em 12 de abril de 2023.

[61].   Zhang W (1990).

"Modelo de processamento distribuído paralelo com arquitetura ótica local".

Ótica Aplicada. 29 (32): 4790-7. Arquivado em 6 de fevereiro de 2017.

Recuperado em 12 de abril de 2023.

[62]. LeCun et al., "Backpropagation Handwritten Zip Code Recognition,"

Neural Computation, 1, pp. 541-551, 1989.

[63]. J. Weng, N. Ahuja e T. S. Huang,

"Cresceptron: uma rede neural auto-organizada que cresce de forma adaptativa.

Archived 21 September 2017 at the Wayback Machine," Proc. International

Conferência Conjunta sobre Redes Neurais, Baltimore, Maryland, vol I, pp. 576-

581, junho de 1992.

[64]. J. Weng, N. Ahuja e T. S. Huang,

"Aprendizagem do reconhecimento e segmentação de objectos 3-D a partir de imagens 2-D.

Archived 21 September 2017 at the Wayback Machine," Proc. 4th

Intr. Conf. Computer Vision, Berlim, Alemanha, pp. 121-128, maio de 1993.

[65]. J. Weng, N. Ahuja e T. S. Huang,

"Aprendizagem de reconhecimento e segmentação utilizando o Cresceptron.

Archived 25 January 2021 at the Wayback Machine," International Journal

of Computer Vision, vol. 25, n.º 2, pp. 105-139, Nov. 1997.

[66]. LeCun Y, Léon Bottou, Yoshua Bengio, Patrick Haffner (1998).

"Aprendizagem baseada em gradientes aplicada ao reconhecimento de documentos". Actas de

o IEEE. 86 (11): 2278-2324.

[67]. Qian, Ning, e Terrence J. Sejnowski.

"Previsão da estrutura secundária de proteínas globulares modelo de rede neural".

Journal of molecular biology 202, no. 4 (1988): 865-884.

[68]. Bohr, Henrik, et al.

"Estrutura secundária da proteína e homologia por hélices neurais na rodopsina".

FEBS letters 241, (1988): 223-228

[69]. Rost, Burkhard, e Chris Sander.

"Previsão da estrutura secundária das proteínas com uma precisão superior a 70%".

Journal of molecular biology 232, no. 2 (1993): 584-599.

[70]. Hochreiter, "Untersuchungen zu dynamischen neuronalen Netzen.

Archived 2015-03-06 at the Wayback Machine," Diploma thesis. Institut f.

Informatik, Technische Univ. Munich. Consultor: J. Schmidhuber, 1991.

[71]. Hochreiter S, et al. (15 de janeiro de 2001).

"Gradient flow in recurrent nets: the learning long-term dependencies".

Em Kolen JF, Kremer SC (eds.). A Field Guide to Dynamical Recurrent

Redes. John Wiley & Sons. ISBN 978-0-7803-5369-5. Arquivado em 19

maio de 2024. Recuperado em 26 de junho de 2017.

[72]. Schmidhuber J (1991).

"Uma possibilidade de implementar controladores neurais de curiosidade e aborrecimento".

Proc. SAB'1991. MIT Press/Bradford Books. pp. 222-227.

[73]. Schmidhuber J (2010).

"Teoria Formal da Criatividade, Diversão e Motivação Intrínseca (1990-2010)".

IEEE Transactions on Autonomous Mental Development. 2 (3): 230-247.

[74]. Schmidhuber J (2020).

"As Redes Adversariais Generativas são Casos Especiais de Curiosidade Artificial

(1990) e também intimamente relacionado com a Minimização da Previsibilidade (1991)".

Redes Neurais. 127: 58-66.

[75]. Schmidhuber J (1992).

"Aprendizagem de sequências complexas e alargadas - princípio da compressão da história".

Computação Neural. 4 (2): 234-242.

[76]. Schmidhuber J (1992).

"Aprender a controlar memórias de peso rápido: uma alternativa às redes recorrentes".

Computação Neural. 4 (1): 131-139.

[77]. Schlag I, Irie K, Schmidhuber J (2021).

"Os transformadores lineares são programadores de peso secretamente rápidos". ICML 2021.

Springer. pp. 9355-9366.

[78]. Choromanski K, et al. (2020). "Repensando a atenção com os artistas".

arXiv:2009.14794 [cs.CL].

[79]. Schmidhuber J (1993). "Reduzir o rácio entre a complexidade da aprendizagem e a
número de variáveis variáveis no tempo em redes totalmente recorrentes". ICANN 1993.
Springer. pp. 460-463.
[80]. Mead CA, Ismail M (8 de maio de 1989).
Implementação VLSI analógica de sistemas neurais. A Kluwer International
Série em Engenharia e Ciência da Computação. Vol. 80. Norwell, MA: Kluwer Academic Publishers. ISBN 978-1-4613-1639-8.
[81]. Domingos P (22 de setembro de 2015). "capítulo 4". O Algoritmo Mestre: Como
the Quest for the Ultimate Learning Machine Will Remake Our World.
Basic Books. ISBN 978-0-465-06570-7.
[82]. Hochreiter S, Schmidhuber J (1997). "Memória de curto prazo longa".
Computação Neural. 9 (8): 1735-1780.
[83]. Schmidhuber J (2015). "Redes neurais de aprendizagem profunda: Uma visão geral".
Redes Neurais. 61: 85-117. arXiv:1404.7828.
[84]. Gers F, Schmidhuber J, Cummins F (1999). "Aprender a esquecer: Continual
previsão com LSTM". 9ª Conferência Internacional de Neurónios Artificiais
Redes: ICANN '99. Vol. 1999. pp. 850-855. ISBN 0-85296-721-7.
[85]. Smolensky P (1986).
"Sistemas dinâmicos de processamento de informação: Teoria da harmonia dos fundamentos".
Em D. E. Rumelhart, J. L. McClelland, PDP Research Group (eds.).
Processamento Paralelo Distribuído: Explorations Microstructure of Cognition.
Vol, 1, pp, 194-281. ISBN 978-0-262-68053-0.
[86]. Ng A, Dean J (2012).
"Construção de caraterísticas de alto nível utilizando aprendizagem não supervisionada em grande escala".
arXiv:1112.6209 [cs.LG].
[87]. Hinton GE, Osindero S, Teh Y (2006).
"Um algoritmo de aprendizagem rápida para redes de crenças profundas" .

Computação Neural. 18 (7): 1527-1554. CiteSeerX 10.1.1.76.1541.

[88]. Fukushima K (1980).
"Neocognitron: Um neural auto-organizado que não é afetado pela mudança de posição".
Cibernética Biológica. 36 (4): 93-202.

[89]. Riesenhuber M, Poggio T (1999).
"Modelos hierárquicos de reconhecimento de objectos no córtex".
Nature Neuroscience. 2 (11): 1019-1025.

[90]. Yang JJ, et al. (2008). "Mecanismo de comutação memristiva para nanodispositivos metal/óxido/metal". Nat. Nanotechnol. 3 (7): 429-433.

[91]. Strukov DB, Snider GS, Stewart DR, Williams RS (2008). "The missing
memristor encontrado". Nature. 453 (7191): 80-83.

[92]. Cireşan DC, Meier U, Gambardella LM, Schmidhuber J (21 de setembro
2010). "Redes neurais profundas, grandes e simples para dígitos manuscritos
Reconhecimento". Neural Computation. 22 (12): 3207-3220. arXiv:1003.0358.

[93]. Dominik Scherer, Andreas C. Müller, e Sven Behnke:
"Avaliação das operações de agrupamento no reconhecimento convolucional de objectos.
Archived 3 April 2018 at the Wayback Machine," In 20th International
Conferência de Redes Neuronais Artificiais (ICANN), pp. 92-101, 2010.

[94]. 2012 Entrevista Kurzweil AI Arquivado 31 de agosto de 2018 no site
Wayback Machine com Juergen Schmidhuber sobre as oito competições
ganho pela sua equipa de aprendizagem profunda 2009-2012

[95]. "Como a aprendizagem profunda de inspiração biológica continua a ganhar a competição KurzweilAI".
www.kurzweilai.net. Arquivado em 31 de agosto de 2018. Recuperado em 16 de junho de 2017.

[96]. Graves A, Schmidhuber J (2009).
"Redes Neuronais Multidimensionais de Reconhecimento de Escrita à mão offline".
Em Koller D, Schuurmans D, Bengio Y, Bottou L (eds.).
Avanços em Sistemas de Processamento de Informação Neural 21 (NIPS 2008).

Fundação Neural Information Processing Systems (NIPS). pp. 545-

552. Arquivado em 19 de maio de 2024. Recuperado em 3 de junho de 2022.

[97]. Graves A, et al. (maio de 2009).

"Um novo sistema conexionista de reconhecimento de escrita à mão sem restrições".

IEEE Transactions on Pattern Analysis and Machine Intelligence. 31 (5):

855-868. CiteSeerX 10.1.1.139.4502.

[98]. Ciresan D, Meier U, Schmidhuber J (junho de 2012).

"Redes neurais profundas multi-coluna para classificação de imagens". 2012 IEEE

Conferência sobre Visão Computacional e Reconhecimento de Padrões. pp. 3642-3649.

[99]. Billings SA (2013). Identificação de sistemas não lineares: Métodos NARMAX em

nos domínios do tempo, da frequência e espácio-temporal. Wiley. ISBN 978-1- 119-94359-4.

[100]. Goodfellow I, et al. (2014). Generative Adversarial Networks.

Actas da Conferência Internacional sobre Informação Neural

Sistemas de Processamento (NIPS 2014). pp. 2672-2680. Arquivado em 22

novembro de 2019. Recuperado em 20 de agosto de 2019.

[101]. "Prepare-se, não entre em pânico: mídia sintética e deepfakes". witness.org.

Arquivado em 2 de dezembro de 2020. Recuperado em 25 de novembro de 2020.

[102]. "GAN 2.0: Gerador de rostos hiper-realistas da NVIDIA". SyncedReview.com.

14 dezembro de 2018. Recuperado em 3 de outubro de 2019.

[103]. Karras T, Aila T, Laine S, Lehtinen J (2017). "Crescimento progressivo de

GANs para uma melhor qualidade, estabilidade e

Variação". arXiv:1710.10196 [cs.NE].

[104]. Srivastava RK, Greff K, Schmidhuber J (2015). "Redes de estradas".

arXiv:1505.00387 [cs.LG].

[105]. Srivastava RK, Greff K, Schmidhuber J (2015).

"Treinamento de redes muito profundas". Avanços em Informação Neural

Sistemas de processamento. 28. Curran Associates, Inc.: 2377-2385. Arquivado em

11 ugusto de 2020. Recuperado em 15 de abril de 2023.

[106]. He K, Zhang, et al.(2016). Aprendizagem residual profunda para reconhecimento de imagens.

Conferência IEEE 2016 sobre visão computacional e reconhecimento de padrões

(CVPR). Las Vegas, NV, EUA: IEEE. pp. 770-778. arXiv:1512.03385.

[107]. Vaswani A, et al. (2017). "Atenção é tudo o que você precisa".
arXiv:1706.03762 [cs.CL].

[108]. Wolf T, Debut L, Sanh V, Chaumond J, Delangue C, Moi A, et al. (2020).

"Transformers: O estado da arte do processamento de linguagem natural". Actas

da Conferência de 2020 sobre Métodos Empíricos em Linguagem Natural

Processamento: Demonstrações de sistemas. pp. 38-45.

[109]. Ramezanpour, A.; Beam, A.L.; Chen, J.H.; Mashaghi, A. Statistical Physics

para diagnósticos médicos: Algoritmos de aprendizagem, inferência e otimização.

Diagnostics 2020, 10, 972.

[110]. Zell A (2003). "capítulo 5.2". Simulation neuronaler Netze [Simulação de redes neuronais

Neural Networks] (em alemão) (1ª ed.). Addison-Wesley.

[111]. Artificial intelligence (3rd ed.). Addison-Wesley Pub. Co. 1992.
ISBN 0-201-53377-4.

[112]. Abbod MF (2007). "Aplicação da Inteligência Artificial à Gestão de Recursos Humanos".

mentação do cancro urológico". The Journal of Urology. 178 (4): 1150-1156.

[113]. Dawson CW (1998).

"Uma abordagem de rede neural artificial para a modelação do escoamento pluvial".

Hydrological Sciences Journal. 43 (1): 47-66.

[114]. "The Machine Learning Dictionary". www.cse.unsw.edu.au.

Arquivado em 26 de agosto de 2018. Recuperado em 4 de novembro de 2009.

[115]. Ciresan D, et al. (2011).

"Classificação de imagens NN convolucional flexível e de elevado desempenho".

Actas da Vigésima Segunda Conferência Internacional Conjunta sobre

Inteligência Artificial-Volume 2: 1237-1242. Arquivado em 5 de abril de 2022.

Recuperado em 7 de julho de 2022.

[116]. Zell A (1994). Simulation Neuronaler Netze [Simulação de redes neuronais

Redes]. Addison-Wesley. p. 73. ISBN 3-89319-554-8.

[117]. Miljanovic M (fevereiro-março de 2012).

"Análise comparativa de recorrentes e finitos na previsão de séries temporais".

Indian Journal of Computer and Engineering. 3 (1). Arquivado em 19 de maio

2024. Recuperado em 21 de agosto de 2019.

[118]. Kelleher JD, Mac Namee B, D'Arcy A (2020). "7-8".

Fundamentos da aprendizagem automática para a análise preditiva de dados: algoritmos,

worked examples, and case studies (2ª ed.). Cambridge, MA: The MIT

Press. ISBN 978-0-262-36110-1. OCLC 1162184998.

[119]. Wei J (2019). "Esqueça a taxa de aprendizagem, perda de decaimento".

arXiv:1905.00094 [cs.LG].

[120]. Zhang SW (1 de junho de 2009).

"O algoritmo de formação melhorado da taxa de aprendizagem auto-adaptativa de costas".

Conferência Internacional de 2009 sobre Inteligência Computacional e Inteligência Natural

Informática. Vol. 1. pp. 73-76.

[121]. Huang GB, Zhu QY, Siew CK (2006).

"Máquina de aprendizagem extrema: teoria e aplicações".

Neurocomputação. 70 (1): 489-501.

[122]. Widrow B, et al. (2013).

"O algoritmo no-prop: Um algoritmo de aprendizagem de redes neurais multicamadas".

Redes Neurais. 37: 182-188.

[123]. Ollivier Y, Charpiat G (2015).

"Formação de redes recorrentes sem retrocesso".

arXiv:1507.07680 [cs.NE].

[124]. Hinton GE (2010).

"Um guia prático para treinar máquinas de Boltzmann restritas".

Tech. Rep. UTML TR 2010-003.

Arquivado do original em 9 de maio de 2021. Recuperado em 27 de junho de 2017.

[125]. ESANN. 2009.

[126]. Bernard E (2021). Introdução à aprendizagem automática. Champaign: Wolfram
    Media. p. 9. ISBN 978-1-57955-048-6. Arquivado em 19 de maio de 2024.
    Recuperado em 22 de março de 2023.
[127]. Bernard E (2021). Introdução à aprendizagem automática. Champaign: Wolfram
    Media. p. 12. ISBN 978-1-57955-048-6. Arquivado em 19 de maio de 2024.
    Recuperado em 22 de março de 2023.
[128]. Bernard E (2021). Introdução à aprendizagem automática. Wolfram Media Inc.
    p. 9. Arquivado em 19 de maio de 2024. Recuperado em 28 de julho de 2022.
[129]. Ojha VK, Abraham A, Snášel V (1 de abril de 2017). "Projeto metaheurístico de
    redes neurais feedforward: Uma revisão de duas décadas de investigação".
    Aplicações de Engenharia da Inteligência Artificial. 60: 97-116.
    arXiv:1705.05584.
[130]. Dominic, S., Das, R., Whitley, D., Anderson, C. (julho de 1991).
    "Aprendizagem por reforço genético para redes neurais". IJCNN-91-Seattle
    Conferência Internacional Conjunta sobre Redes Neurais. IJCNN-91-Seattle
    Conferência Internacional Conjunta sobre Redes Neurais. Seattle, Washington,
    EUA: IEEE. pp. 71-76.
[131]. Hoskins J, Himmelblau, D.M. (1992). "Controlo de processos através de sistemas neurais artificiais
    redes e aprendizagem por reforço". Computadores e Química Engenharia. 16 (4): 241-251.
[132]. Bertsekas D, Tsitsiklis J (1996). Programação neuro-dinâmica. Athena
    Científica. p. 512. ISBN 978-1-886529-10-6. Arquivado do original em
    29 une 2017. Recuperado em 17 de junho de 2017.
[133]. Secomandi N (2000). "Comparação de algoritmos de programação neuro-dinâmica
    para o problema de encaminhamento de veículos com pedidos estocásticos". Computadores &
    Investigação Operacional. 27 (11-12): 1201-1225.

[134]. de Rigo, D., Rizzoli, A. E., Soncini-Sessa, R., Weber, E., Zenesi, P. (2001).

"Programação neuro-dinâmica gestão eficiente de redes de reservatórios".

Actas do MODSIM 2001, Congresso Internacional sobre Modelação e

Simulação. MODSIM 2001, Congresso Internacional de Modelação e

Simulação. Camberra, Austrália: Sociedade de Modelação e Simulação de

Austrália e Nova Zelândia. Arquivado em 7 de agosto de 2013. Recuperado em 29

julho de 2013.

[135]. Damas, M., S., M., Diaz, A., Ortega, J., Prieto, A., Olivares, G. (2000).

"Algoritmos genéticos e programação neuro-dinâmica: aplicação ao tratamento de águas

redes de abastecimento". Actas do Congresso de 2000 sobre Evolução

Computação. Congresso 2000 de Computação Evolutiva. Vol. 1. La Jolla,

Califórnia, EUA: IEEE. pp. 7-14.

[136]. Deng G, Ferris, M.C. (2008).

"Programação neuro-dinâmica para o planeamento de radioterapia fraccionada".

Otimização em Medicina. Springer Optimization and Its Applications.

Vol. 12. pp. 47-70.

[137]. Bozinovski, S. (1982). "Um sistema de auto-aprendizagem que utiliza

reforço". Em R. Trappl (ed.) Cybernetics and Systems Research:
Actas do Sexto Encontro Europeu de Cibernética e Sistemas

Investigação. Holanda do Norte. pp. 397-402. ISBN 978-0-444-86488-8.

[138]. Bozinovski, S. (2014)

"Mecanismos de modelação da rede de interação cognição-emoção, desde 1981.

Arquivado 23 de março de 2019 no Máquina Wayback." Procedia Computer

Ciência p. 255-263

[139]. Bozinovski S, Bozinovska L (2001). "Agentes de auto-aprendizagem: A connectionist

teoria da emoção baseada no juízo de valor da barra transversal". Cibernética e
Systems. 32 (6): 637-667.
[140]. "A inteligência artificial pode 'evoluir' para resolver problemas". Ciência | AAAS. 10
janeiro de 2018. Arquivado em 9 de dezembro de 2021. Recuperado em 7 de fevereiro de 2018.
[141]. Turchetti C (2004), Stochastic Models of Neural Networks, Frontiers in
inteligência artificial e aplicações: Inteligência baseada no conhecimento
sistemas de engenharia, vol. 102, IOS Press, ISBN 978-1-58603-388-0
[142]. Jospin LV, Laga H, Boussaid F, Buntine W, Bennamoun M (2022). "Mãos-
On Bayesian Neural Networks-A Tutorial for Deep Learning Users". IEEE
Revista de Inteligência Computacional. Vol. 17, no. 2. pp. 29-48.
[143]. de Rigo, D., et al. (2005).
"Uma técnica de melhoria selectiva para a gestão da rede de recursos".
Em Pavel Zítek (ed.). Pro. do 16º Congresso Mundial da IFAC - IFAC-
PapersOnLine. 16º Congresso Mundial da IFAC. Vol. 16. Praga, República Checa
República: IFAC. pp. 7-12. Arquivado em 26 de abril de 2012. Recuperado em 30
dezembro de 2011.
[144]. Ferreira C (2006).
"Desenho de redes neurais usando programação de expressão de genes". Em A.
Abraham, B. de Baets, M. Köppen, B. Nickolay (eds.).
Tecnologias de computação suave aplicadas: O Desafio da Complexidade.
Springer-Verlag. pp. 517-53. Recuperado em 8 de outubro de 2012.
[145]. Da, Y., Xiurun, G. (julho de 2005).
"Uma RNA melhorada baseada em PSO com técnica de recozimento simulado". Em T.
Villmann (ed.). Novos Aspectos da Neurocomputação: 11ª edição europeia de
Simpósio sobre Redes Neurais Artificiais. Vol. 63. Elsevier. pp. 527-533.

Arquivado em 25 de abril de 2012. Recuperado em 30 de dezembro de 2011.

[146]. Wu, J., Chen, E. (maio de 2009).

"Uma nova rede neural artificial de conjunto de regressão não paramétrica".

6º Simpósio Internacional de Redes Neuronais, ISNN 2009. Palestra

Notas em Ciências da Computação. Vol. 5553. Springer. pp. 49-58. Arquivado em 31

dezembro de 2014. Recuperado em 1 de janeiro de 2012.

[147]. Ting Q., Zonghai Ch., Haitao Z., Sifu Li, Wei Xiang, Ming Li (2004).

"Um algoritmo de aprendizagem de CMAC baseado em RLS". Processamento Neural

Cartas. 19 (1): 49-61. Arquivado em 14 de abril de 2021. Recuperado em 30

janeiro de 2019.

[148]. Ting Qin, Haitao Zhang, Zonghai Chen, Wei Xiang (2005).

"CMAC-QRLS contínuo e sua matriz sistólica". Processamento Neural

Cartas. 22 (1): 1-16. Arquivado em 18 nov. 2018. Recuperado em 30 jan. 2019.

[149]. LeCu, et al. (1989).

"Backpropagation aplicado ao **reconhecimento de** códigos postais manuscritos**. Neural**

Cálculo. 1 (4): 541-551.

[150]. Yann LeCun (2016). Slides sobre Deep Learning Online Arquivado em 23 de abril

2017 a Máquina Wayback

[151]. Hochreiter S, Schmidhuber J (1997). "Memória de curto prazo longa". Neural

Computação. 9 (8): 1735-1780.

[152]. Sak H, Sénior A, Beaufays F (2014).

"Modelação acústica à escala neural recorrente de memória de curto prazo longa",

Arquivado em 24 de abril de 2018.

[153]. Li X, Wu X (15 de outubro de 2014). "Construção de memória de curto prazo longa

Redes Neuronais Recorrentes Profundas baseadas em dados para Discurso de Grande Vocabulário

Reconhecimento". arXiv:1410.4281 [cs.CL].

[154]. Fan Y, Qian Y, Xie F, Soong FK (2014).

"Redes Neuronais Recorrentes bidireccionais baseadas em LSTM para síntese de TTS".

da Conferência Anual da International Speech Proc. Comunicação

Associação, Interspeech: 1964-1968. Recuperado em 13 de junho de 2017.

[155]. Zen H, Sak H (2015).

Síntese de fala de baixa latência com memória de curto prazo longa unidirecional".

Google.com. ICASSP. pp. 4470-4474. Arquivado em 9 de maio de 2021.

Recuperado em 27 de junho de 2017.

[156]. Fan B, Wang L, Soong FK, Xie L (2015).

"Cabeça falante foto-real com LSTM bidirecional profundo".

Actas do ICASSP. Arquivado em 1 de novembro de 2017. Recuperado em 27 de junho de 2017.

[157]. Prata D, et al. (2017).

"Dominar o Shogi Self-Play Algoritmo geral de aprendizagem por reforço".

arXiv:1712.01815 [cs.AI].

[158]. Probst P, Boulesteix AL, Bischl B (26 de fevereiro de 2018).

"Ajustamento: Importância dos hiperparâmetros dos algoritmos de aprendizagem automática".

J. Mach. Learn. Res. 20: 53:1-53:32. S2CID 88515435.

[159]. Zoph B, Le QV (4 de novembro de 2016).

"Pesquisa de Arquitetura Neural com Aprendizagem por Reforço".

arXiv:1611.01578 [cs.LG].

[160]. Haifeng Jin, Qingquan Song, Xia Hu (2019).

"Auto-keras: Um sistema eficiente de pesquisa de arquitetura neural". Actas de

a 25ª Conferência Internacional ACM SIGKDD sobre Descoberta de Conhecimento

& Data Mining. ACM. Arquivado em 21 de agosto de 2019. Recuperado em 21 de agosto

2019 - via autokeras.com.

[161]. Claesen M, De Moor B (2015).

"Pesquisa de hiperparâmetros na aprendizagem automática". arXiv:1502.02127 [cs.LG].

[162]. Esch R (1990). "Aproximação funcional". Handbook of Applied Mathematics (Springer US ed.). Boston, MA: Springer US. pp. 928-987.

[163]. Sarstedt M, Moo E (2019). "Análise de Regressão". Textos da Springer em
Economia e negócios. Springer Berlin Heidelberg. pp. 209-256.
Arquivado em 20 de março de 2023. Recuperado em 20 de março de 2023.
[164]. Tian J, Tan Y, Sun C, Zeng J, Jin Y (dezembro de 2016).
"Uma aptidão auto-adaptativa baseada na semelhança para a otimização evolutiva".
2016 IEEE Symposium Series on Computational Intelligence. pp. 1-8.
Arquivado em 19 de maio de 2024. Recuperado em 22 de março de 2023.
[165]. Alaloul WS, Qureshi AH (2019).
"Processamento de dados utilizando redes neurais artificiais". Dados dinâmicos
Assimilação - Vencer as incertezas. Arquivado em 20 de março de 2023.
Recuperado em 20 de março de 2023.
[166]. Pal M, Roy R, Basu J, Bepari MS (2013).
"Separação cega de fontes: Uma revisão e análise". 2013 Intr. Conf. Oriental
A COCOSDA realizou-se em conjunto com a Conferência de 2013 sobre a Língua Falada Asiática
Investigação e Avaliação (O-COCOSDA/CASLRE). IEEE. pp. 1-5.
Arquivado em 20 de março de 2023. Recuperado em 20 de março de 2023.
[167]. Zissis D (outubro de 2015).
"Uma arquitetura baseada na nuvem capaz de prever o comportamento de vários navios".
Applied Soft Computing. 35: 652-661. Arquivado em 26 de julho de 2020.
Recuperado em 18 de julho de 2019.
[168]. Sengupta N, Sahidullah, Md, Saha, Goutam (agosto de 2016).
"Classificação de sons pulmonares utilizando caraterísticas estatísticas baseadas em cepstral".
Computadores em Biologia e Medicina. 75 (1): 118-129.
[169]. Choy, Christopher B., et al.
" 3d-r2n2: Uma abordagem unificada para a reconstituição de objectos 3D de uma e várias vistas
trução Arquivado 26 de julho de 2020 no Máquina Wayback." Europeu
conferência sobre visão computacional. Springer, Cham, 2016.

[170]. Turek, F. D. (2007). "Introdução à visão artificial de redes neurais". Visão

Conceção de sistemas. 12 (3). Arquivado em 16 de maio de 2013. Recuperado em março de 2013.

[171]. Maitra DS, Bhattacharya U, Parui SK (agosto de 2015).

"Reconhecimento de escrita manuscrita com base numa abordagem comum baseada na CNN e em vários guiões".

2015 13th Intr. Conf. sobre Análise e Reconhecimento de Documentos (ICDAR).

pp. 1021-1025. Arquivado em 16 de outubro de 2023. Recuperado em 18 de março de 2021.

[172]. Gessler J (2021).

"Sensor para espetroscopia de impedância alimentar e redes neuronais artificiais".

RiuNet UPV (1): 8-12. Arquivado em 21 de outubro de 2021. Recuperado em 21 de outubro de 2021.

[173]. French J (2016). "O CAPM do viajante do tempo". Analistas de investimento

Revista. 46 (2): 81-96.

[174]. Roman M. Balabin, Ekaterina I. Lomakina (2009).

"Abordagem de redes neuronais às energias da teoria do funcional quântico-químico".

J. Chem. Phys. 131 (7): 074104.

[175]. Silver D, et al. (2016).

"Dominar o jogo de Go com redes neuronais profundas e pesquisa em árvore" .

Natureza. 529 (7587): 484-489. Arquivado em 23 de novembro de 2018. Recuperado em 31

Jan. 2019.

[176]. Pasick A (27 de março de 2023).

"   Glossário de Inteligência Artificial: Redes neurais e termos explicados".

O jornal New York Times. Arquivado em 1 de setembro de 2023. Recuperado em 22 de abril de 2023.

[177]. Schechner S (2017).

"Facebook impulsiona a I.A. para bloquear a propaganda terrorista".

O jornal Wall Street Jr. Arquivado em 19 de maio de 2024. Recuperado em 16 de junho de 2017.

[178]. Ganesan N (2010).

"Aplicação de redes neuronais à doença do cancro utilizando dados demográficos".

Revista Internacional de Aplicações Informáticas. 1 (26): 81-97.

[179]. Bottaci L (1997).
"Redes Neuronais Artificiais Aplicadas ao Resultado de Instituições Particulares".
Lancet. 350 (9076). The Lancet: 469-72. Arquivado em 23 de novembro de 2018.
Recuperado em 2 de maio de 2012.
[180]. Alizadeh E, Lyons SM, Castle JM, Prasad A (2016).
"Medição de alterações sistemáticas no cancro invasivo utilizando momentos de Zernike".
Biologia Integrativa. 8 (11): 1183-1193. Arquivado em 19 de maio de 2024.
Recuperado em 28 de março de 2017.
[181]. Lyons S (2016).
"As alterações na forma das células estão correlacionadas com o potencial metastático em murinos".
Biologia Aberta. 5 (3): 289-299.
[182]. Nabian MA, Meidani H (28 de agosto de 2017).
"Redes de Infra-estruturas de Análise de Fiabilidade Acelerada de Aprendizagem Profunda".
Engenharia Civil e de Infra-estruturas Assistida por Computador. 33 (6): 443-458.
arXiv:1708.08551.
[183]. Nabian MA, Meidani H (2018).
97ª Reunião Anual do Transportation Research Board. Arquivado em 9 de março
2018. Recuperado em 14 de março de 2018.
[184]. Díaz E, Brotons V, Tomás R (setembro de 2018).
"Utilização de redes neuronais artificiais para a previsão de solos com leito de rocha inclinado".
Solos e fundações. 58 (6): 1414-1422.
[185]. Tayebiyan A, Mohammad TA, Ghazali AH, Mashohor S.
"Rede Neural Artificial para a Modelação da Queda de Chuva". Portugal
Jornal de Ciência e Tecnologia. 24 (2): 319-330. Arquivado em 17 de maio
2023. Recuperado em 17 de maio de 2023.
[186]. Govindaraju RS (1 de abril de 2000).
"Redes Neuronais Artificiais em Hidrologia. I: Conceitos Preliminares".
Jornal de Engenharia Hidrológica. 5 (2): 115-123.
[187]. Govindaraju RS (1 de abril de 2000).
"Redes Neuronais Artificiais em Hidrologia. II: Aplicações Hidrológicas".

Jornal de Engenharia Hidrológica. 5 (2): 124-137.
[188]. Peres DJ, Iuppa C, Cavallaro L, Cancelliere A, Foti E (1 de outubro de 2015).
"Redes neuronais de registo de altura de onda significativa e dados de vento de reanálise".
Ocean Modelling. 94: 128-140.
[189]. Dwarakish GS, Rakshith S, Natesan U (2013).
"Revisão das aplicações de redes neuronais na engenharia costeira".
Sistemas Artificiais Inteligentes e Aprendizagem Automática. 5 (7): 324-331.
Arquivado em 15 de agosto de 2017. Recuperado em 5 de julho de 2017.
[190]. Ermini L, Catani F, Casagli N (1 de março de 2005).
"Redes Neuronais Artificiais aplicadas à avaliação da suscetibilidade a deslizamentos de terras".
Geomorfologia. Riscos geomorfológicos e impacto humano na montanha
ambientes. 66 (1): 327-343.
[191]. Nix R, Zhang J (maio de 2017).
"Classificação de aplicações Android e malware utilizando redes neurais profundas".
2018 tr. Conferência Conjunta sobre Redes Neurais (IJCNN). pp. 1871-1878.
[192]. "Detecting Malicious URLs". O grupo de sistemas e redes da UCSD.
Arquivado em 14 de julho de 2019. Recuperado em 15 de fevereiro de 2019.
[193]. Homayoun S, et al. (2018), Dehghantanha A, Conti M, Dargahi T (eds.),
"BoTShark: A Deep Learning Approach for Botnet Traffic Detection" (Uma abordagem de aprendizagem profunda para a deteção de tráfego de botnets),
Cyber Threat Intelligence, Advances in Information Security, vol. 70,
Springer International Publishing, pp. 137-153.
[194]. Ghosh, R. (1994). "Deteção de fraudes com cartões de crédito através de uma rede neural".
Actas da Vigésima Sétima Conferência Internacional do Havai sobre
Ciências do Sistema HICSS-94. Vol. 3. pp. 621-630.
[195]. Ananthaswamy A (19 de abril de 2021).

"As mais recentes redes neurais resolvem as equações do mundo mais rapidamente do que nunca".

Revista Quanta. Arquivado em 19 de maio de 2024. Recuperado em 12 de maio de 2021.

[196]. "A IA desvendou um puzzle matemático fundamental para compreender o nosso mundo".

MIT Tech. Revisão. Arquivado em 19 de maio de 2024. Recuperado em 19 de novembro de 2020.

[197]. "Caltech Open-Sources AI for Solving Partial Differential Equations".

InfoQ. Arquivado em 25 de janeiro de 2021. Recuperado em 20 de janeiro de 2021.

[198]. Nagy A (28 de junho de 2019).

"Método de Monte Carlo Quântico Variacional com Sistemas Quânticos Abertos".

Physical Review Letters. 122 (25): 250501.

[199]. Yoshioka N, Hamazaki R (28 de junho de 2019).

"Construção de estados estacionários neurais para sistemas quânticos de muitos corpos".

Physical Review B. 99 (21): 21430.

[200]. Hartmann MJ, Carleo G (28 de junho de 2019).

"Abordagem de redes neuronais à dinâmica quântica dissipativa de muitos corpos".

Physical Review Letters. 122 (25): 250502.

[201]. Vicentini F, Biella A, Regnault N, Ciuti C (28 de junho de 2019).

"Variational Neural-Network Steady States in Open Quantum Systems".

Physical Review Letters. 122 (25): 250503. arXiv:1902.10104.

[202]. Forrest MD (abril de 2015).

BMC Neuroscience. 16 (27): 27.

[203]. Wieczorek S, Filipiak D, Filipowska A (2018).

"Perfil Semântico dos Interesses dos Utilizadores com Base em Imagens e Redes Neuronais".

Estudos sobre a Web Semântica. 36 (Emerging Topics in Semantic

Tecnologias). Arquivado em 19 de maio de 2024. Recuperado em 20 de janeiro de 2024.

[204]. Merchant A, et al. (2023). "Escalando o aprendizado profundo para a descoberta de materiais".

Natureza. 624 (7990): 80-85.

[205]. Siegelmann H, Sontag E (1991). "Computabilidade de Turing com redes neurais".

Appl. Math. Lett. 4 (6). Arquivado em 19 de maio de 2024. Recuperado em 10 de janeiro de 2017.

[206]. Bains S (3 de novembro de 1998). "O computador analógico supera o modelo de Turing". EE

Times. Arquivado em 11 de maio de 2023. Recuperado em 11 de maio de 2023.

[207]. Balcázar J (julho de 1997).

"Poder computacional NN: uma caraterização da complexidade de Kolmogorov".

IEEE Transactions on Information Theory. 43 (4): 1175-1183.

[208]. MacKay DJ (2003).

Teoria da Informação, Inferência e Algoritmos de Aprendizagem.

Cambridge Univ. Press. Arquivado em 19 de outubro de 2016. Recuperado em junho de 2016.

[209]. Cover T (1965).

"Propriedades geométricas e estatísticas Aplicações do reconhecimento de padrões".

IEEE Transactions on Electronic Computers. EC-14 (3). IEEE: 326-334.

Arquivado em 5 de março de 2016. Recuperado em 10 de março de 2020.

[210]. Gerald F (2019).

"Reprodutibilidade e conceção experimental para dados multimédia de máquinas".

Proc. da 27ª ACM Intr. Conf. sobre Multimédia. ACM. pp. 2709-2710.

[211]. "Stop tinkering, start measuring! design of Neural Network experiments".

Medidor Tensorflow. Arquivado em 18 de abril de 2022. Recuperado em 10 de março de 2020.

[212]. Lee J, Xiao, et al. (2020).

"Redes neurais largas de qualquer profundidade modelos lineares gradiente descendente".

Journal of Statistical Mechanics: Theory and Exp. 2020 (12): 124002.

[213]. Arthur Jacot, Franck Gabriel, Clement Hongler (2018).

Núcleo de tangente neural: Convergência e generalização Redes neurais.

32ª Conferência sobre Sistemas de Processamento de Informação Neural (NeurIPS)

2018), Montreal, Canadá. Arquivado em 22 de junho de 2022. Recuperado em 4 de junho de 2022.

[214]. Xu ZJ, Zhang Y, Xiao Y (2019).

"Comportamento de treinamento da rede neural profunda no domínio da frequência". Em

Gedeon T, Wong K, Lee M (eds.). Processamento de Informação Neural. Dissertação

Notas em Ciências da Computação. Vol. 11953. Springer, Cham. pp. 264-274.

[215]. Nasim R., Aristide B., Devansh A., Felix D., Min , Fred H., et (2019).

"Sobre o viés espetral das redes neurais". Actas da 36ª edição do Conferência Internacional sobre Aprendizagem Automática. 97: 5301-5310. Arquivado

em 22 de outubro de 2022. Recuperado em 4 de junho de 2022.

[216]. Zhi-Qin John Xu, et al. (2020). "Princípio da frequência: Análise de Fourier

Sheds Light on Deep Neural Networks". Comunicações em Computação

Física. 28 (5): 1746-1767.

[217]. Tao Luo, Zheng Ma, Zhi-Qin John Xu, Yaoyu Zhang (2019). "Teoria da

Princípio da frequência para redes neurais profundas gerais".
arXiv:1906.09235 [cs.LG].

[218]. Xu ZJ, Zhou H (18 de maio de 2021).

"Princípio da Frequência Profunda Compreender a aprendizagem mais profunda é mais rápido".

Proc. da Conf. AAAI sobre Inteligência Artificial. 35 (12): 10541-10550.

[219]. Parisi GI, Kemker R, Part JL, Kanan C, Wermter S (1 de maio de 2019).

"Aprendizagem contínua ao longo da vida com redes neuronais: Uma revisão". Neural

Redes. 113: 54-71.

[220]. Dean Pomerleau,

"Formação baseada no conhecimento de redes neuronais artificiais para a condução de robôs"

[221]. Dewdney AK (1 de abril de 1997).

Sim, não temos neutrões: uma viagem reveladora pela má ciência. Wiley. p. 82. ISBN 978-0-471-10806-1.

[222]. Arquivado 2 de abril de 2010 no Máquina Wayback. Nasa.gov. Recuperado em 20

novembro de 2013.

[223]. "A defesa das redes neuronais por Roger Bridgman". Arquivado em 19 de março

2012. Recuperado em 12 de julho de 2010.

[224]. "Algoritmo de aprendizagem em escala para{AI}-LISA-Publications-Aigaion 2.0".

www.iro.umontreal.ca.

[225]. D. J. Felleman e D. C. Van Essen,

"Processamento hierárquico distribuído no córtex cerebral dos primatas,"

Cerebral Cortex, 1, pp. 1-47, 1991.

[226]. J. Weng,

"Inteligência natural e artificial: Introd. ao cérebro-mente computacional.

Archived 19 May 2024 at the Wayback Machine," BMI Press.

[227]. Edwards C (2015). "Dores de crescimento para aprendizagem profunda". Comunicações de

a ACM. 58 (7): 14-16.

[228]. Cade Metz (2016). "O Google construiu chips muito próprios para alimentar seus bots de IA".

Com fio. Arquivado em 13 de janeiro de 2018. Recuperado em 5 de março de 2017.

[229]. "Escalando algoritmos de aprendizagem em direção à IA". Arquivado em 12 de agosto de 2022.

Recuperado em 6 de julho de 2022.

[230]. Tahmasebi, Hezarkhani (2012).

"Redes neurais híbridas - lógica difusa - algoritmo genético de estimativa do grau".

Computadores e Geociências. 42: 18-27.

[231]. Sun e Bookman, 1990

[232]. Norori N, Hu Q, Aellen FM, Faraci FD, Tzovara A (2021).

"Abordar o preconceito na IA de grandes volumes de dados para os cuidados de saúde: Um apelo à ciência aberta".

Padrões. 2 (10): 100347.

[233]. Carina W (27 de outubro de 2022).

Investigação Científica e Social. 4 (10): 29-40.

[234]. Chang X (13 de setembro de 2023).

"Contratação com base no género: An Analysis Impact Amazon's Recruiting Algorithm".

Avanços em Economia, Gestão e Ciências Políticas. 23 (1): 134.

Arquivado em 9 de dezembro de 2023. Recuperado em 9 de dezembro de 2023.

[235]. Kortylewski A, et al. (2019).

"Analisar e reduzir os danos provocados pelos dados sintéticos de enviesamento do conjunto de dados".

IEEE. pp. 2261-2268. Arquivado em 19 de maio de 2024. Recuperado em 30 de dezembro de 2023.

[236]. Huang Y (2009).

"Avanços NN artificiais - Desenvolvimento metodológico e aplicação".

Algoritmos. 2 (3): 973-1007.

[237]. Kariri E, Louati H, Louati A, Masmoudi F (2023).

"Explorando os avanços e as futuras pesquisas em redes neurais".

Ciências Aplicadas. 13 (5): 31

Capítulo (8)
Computação Neuromórfica

8.1. Prefácio

A computação neuromórfica é uma abordagem à computação inspirada na estrutura e função do cérebro humano [1, 2]. Um computador/chip neuromórfico é qualquer dispositivo que utilize neurónios artificiais físicos para fazer cálculos [3, 4]. Recentemente, o termo neuromórfico tem sido utilizado para descrever sistemas analógicos, digitais, VLSI analógicos/digitais de modo misto e sistemas de software que implementam modelos de sistemas neuronais (para perceção, controlo motor ou integração multissensorial). A implementação da computação neuromórfica a nível do hardware pode ser realizada por memristores à base de óxido [5], memórias spintrónicas, interruptores de limiar, transístores [6], entre outros. O treino de sistemas neuromórficos baseados em software de redes neuronais de spiking pode ser conseguido utilizando a retropropagação de erros, por exemplo, utilizando quadros baseados em Python como o snnTorch [7], ou utilizando regras de aprendizagem canónicas da literatura sobre aprendizagem biológica, por exemplo, utilizando o BindsNet [8].

Um aspeto fundamental da engenharia neuromórfica é a compreensão do modo como a morfologia dos neurónios individuais, dos circuitos, das aplicações e das arquitecturas globais cria cálculos desejáveis, afecta o modo como a informação é representada, influencia a robustez aos danos, incorpora a aprendizagem e o desenvolvimento, adapta-se às mudanças locais (plasticidade) e facilita as mudanças evolutivas.

A engenharia neuromórfica é uma disciplina interdisciplinar que se inspira na biologia, na física, na matemática, nas ciências da computação e na engenharia eletrónica [4] para conceber sistemas neuronais artificiais, tais como sistemas de visão, sistemas de cabeça-olho, processadores auditivos e robôs autónomos, cuja arquitetura física e princípios de conceção se baseiam nos dos sistemas nervosos biológicos [9]. Uma das primeiras aplicações da engenharia neuromórfica foi proposta por Carver Mead [10] no final da década de 1980.

8.2. Inspiração neurológica

A engenharia neuromórfica distingue-se, para já, pela inspiração que retira do que sabemos sobre a estrutura e o funcionamento do cérebro. A

244

engenharia neuromórfica traduz o que sabemos sobre o funcionamento do cérebro em sistemas informáticos. O trabalho tem-se concentrado sobretudo em replicar a natureza analógica da computação biológica e o papel dos neurónios na cognição.

O objetivo da computação neuromórfica não é imitar perfeitamente o cérebro e todas as suas funções, mas sim extrair o que se sabe da sua estrutura e operações para ser utilizado num sistema de computação prático. Nenhum sistema neuromórfico pretende nem tenta reproduzir todos os elementos dos neurónios e sinapses, mas todos aderem à ideia de que a computação está altamente distribuída por uma série de pequenos elementos de computação análogos a um neurónio. Embora este sentimento seja comum, os investigadores perseguem este objetivo com métodos diferentes [11].

8.3. Exemplos

Já em 2006, investigadores do Georgia Tech publicaram uma matriz neural programável no terreno [12]. Este chip foi o primeiro de uma linha de matrizes cada vez mais complexas de transístores de porta flutuante que permitiam a programação da carga nas portas dos MOSFETs para modelar as caraterísticas canal-ião dos neurónios no cérebro e foi um dos primeiros casos de uma matriz de neurónios programável em silício.

Em novembro de 2011, um grupo de investigadores do MIT criou um chip informático que imita a comunicação analógica, baseada em iões, numa sinapse entre dois neurónios, utilizando 400 transístores e técnicas de fabrico CMOS normais [13, 14].

Em junho de 2012, investigadores de spintrónica da Universidade de Purdue apresentaram um artigo sobre a conceção de um chip neuromórfico que utiliza válvulas de spin laterais e memristores. Argumentam que a arquitetura funciona de forma semelhante aos neurónios e pode, portanto, ser utilizada para testar métodos de reprodução do processamento cerebral. Além disso, estes chips são significativamente mais eficientes em termos energéticos do que os convencionais [15].

A investigação nos laboratórios da HP sobre memristores Mott mostrou que, embora possam ser não voláteis, o comportamento volátil exibido a temperaturas significativamente abaixo da temperatura de transição de fase pode ser explorado para fabricar um neurístor [16], um dispositivo de inspiração biológica que imita o comportamento encontrado nos neurónios [16]. Em setembro de 2013, foram apresentados modelos e simulações que mostram como o comportamento de pico destes neurístores pode ser utilizado para formar os componentes necessários para uma máquina de Turing [17].

A Neurogrid, construída pela Brains in Silicon na Universidade de Stanford [18], é um exemplo de hardware concebido segundo os princípios da engenharia neuromórfica. A placa de circuitos é composta por 16 chips concebidos à medida, designados por NeuroCores. O circuito analógico de cada NeuroCore foi concebido para emular elementos neuronais para 65536 neurónios, maximizando a eficiência energética. Os neurónios emulados são ligados através de circuitos digitais concebidos para maximizar o débito de picos [19, 20].

Um projeto de investigação com implicações para a engenharia neuromórfica é o Human Brain Project, que tenta simular um cérebro humano completo num supercomputador utilizando dados biológicos. É constituído por um grupo de investigadores em neurociência, medicina e computação [21]. Henry Markram, codiretor do projeto, declarou que o projeto se propõe estabelecer uma base para explorar e compreender o cérebro e as suas doenças, e utilizar esse conhecimento para construir novas tecnologias de computação. O facto de a simulação de um cérebro humano completo exigir um supercomputador potente incentiva a atual ênfase nos computadores neuromórficos [22]. A Comissão Europeia atribuiu 1,3 mil milhões de dólares ao projeto [23].

Outros trabalhos de investigação com implicações para a engenharia neuromórfica envolvem a Iniciativa BRAIN [24] e o chip TrueNorth da IBM[25]. Foram também demonstrados dispositivos neuromórficos utilizando nanocristais, nanofios e polímeros condutores [26]. Está também a ser desenvolvido um dispositivo memristive para arquitecturas neuromórficas quan-tum [27]. Em 2022, investigadores do MIT comunicaram o desenvolvimento de sinapses artificiais inspiradas no cérebro, utilizando o ião protão (H+), para "aprendizagem profunda analógica" [28, 29].

A Intel revelou o seu chip de investigação neuromórfica, denominado "Loihi", em outubro de 2017. O chip utiliza uma rede neuronal assíncrona (SNN) para implementar computações paralelas adaptativas, auto-modificadoras, orientadas para eventos e de granulação fina, utilizadas para implementar a aprendizagem e a inferência com elevada eficiência [30, 31].

O IMEC, um centro de investigação em nanoelectrónica sediado na Bélgica, demonstrou o primeiro chip neuromórfico de auto-aprendizagem do mundo. O chip inspirado no cérebro, baseado na tecnologia OxRAM, tem a capacidade de auto-aprendizagem e demonstrou ter a capacidade de compor música [32]. O IMEC lançou a música de 30 segundos composta pelo protótipo. O chip foi carregado sequencialmente com canções com o mesmo compasso e estilo. As canções eram antigos minuetos de flauta belga e francesa, com os quais o chip aprendeu as regras em jogo e depois aplicou-as [33].

A arquitetura utilizada no BrainScaleS imita os neurónios biológicos e as suas ligações a nível físico; além disso, uma vez que os componentes são feitos de silício, estes neurónios modelo funcionam, em média, 864 vezes (24 horas de tempo real equivalem a 100 segundos na simulação da máquina) mais do que os seus homólogos biológicos [34].

Em 2019, a União Europeia financiou o projeto "Neuromorphic quantum com-puting" [35], que explora a utilização da computação neuromórfica para realizar operações quânticas. A computação quântica neuromórfica [36] (abreviada como "computação n.quantum") é um tipo de computação não convencional que utiliza a computação neuromórfica para efetuar operações quânticas [37, 38]. Foi sugerido que os algoritmos quânticos, que são algoritmos executados num modelo realista de computação quântica, podem ser calculados de forma igualmente eficiente com a computação quântica neuromórfica [39-44]. Tanto a computação quântica tradicional como a computação quântica neuromórfica são abordagens de computação não convencionais baseadas na física e não seguem a arquitetura de von Neumann. Ambas constroem um sistema (um circuito) que representa o problema físico em causa e, em seguida, tiram partido das respectivas propriedades físicas do sistema para procurar o "mínimo".

A Brainchip anunciou, em outubro de 2021, que estava a receber encomendas dos seus kits de desenvolvimento do processador Akida AI [45] e, em janeiro de 2022, que estava a receber encomendas das suas placas PCIe do processador Akida AI [46], tornando-o o primeiro processador neuromórfico disponível comercialmente no mundo.

8.4. Sistemas Neuromemrizativos

Os sistemas neuromemrísticos são uma subclasse dos sistemas de computação neuromórfica que se centra na utilização de memristores para implementar a neuroplasticidade. Enquanto a engenharia neuromórfica se centra na imitação do comportamento biológico, os sistemas neuromemrísticos centram-se na abstração [47]. Por exemplo, um sistema neuromemrístico pode substituir os detalhes do comportamento de um microcircuito cortical por um modelo abstrato de rede neural [48].

Existem várias funções lógicas de limiar inspiradas em neurónios [5] implementadas com memristores que têm aplicações em aplicações de reconhecimento de padrões de alto nível. Algumas das aplicações recentemente comunicadas incluem o reconhecimento da fala [49], o reconhecimento de rostos [50] e o reconhecimento de objectos [51]. Encontram também aplicações na substituição de portas lógicas digitais convencionais [52, 53].

Para circuitos memristores passivos (quase) ideais, a evolução das memórias memristores pode ser escrita numa forma fechada (equação de Caravelli-Traversa-Di Ventra) [54, 55]. No entanto, a hipótese da existência de um memristor ideal é discutível [56]. Na equação acima, a constante de escala de tempo de "esquecimento", tipicamente associada à volatilidade da memória, enquanto a razão entre os valores off e on das resistências limite dos memristores, o vetor das fontes do circuito eum projetor sobre as malhas fundamentais do circuito. Recentemente foi mostrado que a equação acima exibe fenôme-no de tunelamento e utilizada para estudar funções de Lyapunov [57].

8.5. Sensores Neuromórficos

O conceito de sistemas neuromórficos pode ser alargado aos sensores (e não apenas à computação). Um exemplo disto aplicado à deteção da luz é o sensor retinomórfico ou, quando utilizado numa matriz, a câmara de eventos. Todos os pixels de uma câmara de eventos registam individualmente as alterações dos níveis de luminosidade, o que torna estas câmaras comparáveis à visão humana no seu consumo teórico de energia [58]. Em 2022, investigadores do Instituto Max Planck para a Investigação de Polímeros apresentaram um neurónio artificial orgânico que exibe a diversidade de sinais dos neurónios biológicos enquanto funciona no wetware biológico, permitindo assim aplicações de deteção neuro-mórfica e de biointerface in situ [59, 60].

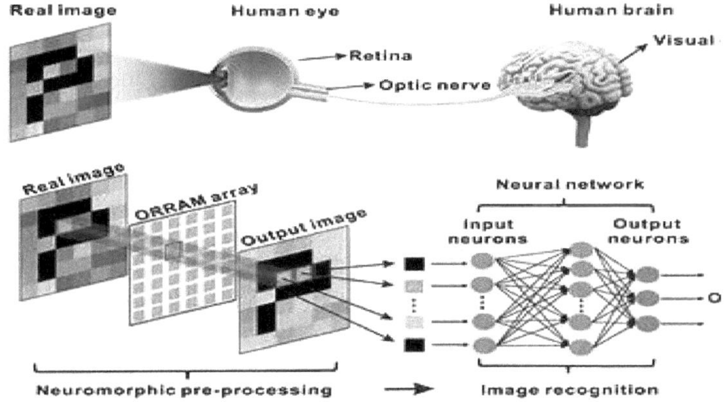

8.6. Aplicações militares

O Centro Conjunto de Inteligência Artificial, um ramo das forças armadas dos EUA, é um centro dedicado à aquisição e implementação de software de IA e hardware neuro-mórfico para utilização em combate. As aplicações específicas incluem auscultadores/óculos inteligentes e robôs. O JAIC tenciona basear-se fortemente na tecnologia neuromórfica para ligar "todos os sensores (a) todos os atiradores" numa rede de unidades neuromórficas.

8.7. Referências

[1]. Ham, Donhee; et al. (2021).
"Eletrónica neuromórfica baseada na cópia e colagem do cérebro".
Natureza Eletrónica. 4 (9): 635-644.
[2]. van de Burgt, Yoeri; et al. (2017).
"Um dispositivo eletroquímico orgânico não volátil de computação neuromórfica".
Nature Materials. 16 (4): 414-418.
[3]. Mead, Carver (1990). "Sistemas electrónicos neuromórficos".
Actas de
o IEEE. 78 (10): 1629-1636.
[4]. Rami A. Alzahrani; Alice C. Parker (julho de 2020).
Circuitos Neuromórficos com Modulação Neural Melhorando a Informação
Conteúdo da sinalização neural.

Conferência Internacional sobre Sistemas Neuromórficos 2020. pp. 1-8.

[5].   Maan, A. K.; Jayadevi, D. A.; James, A. P. (1 de janeiro de 2016). "Uma Pesquisa de Circuitos Lógicos de Limiar Memristive". Transacções IEEE

sobre Redes Neurais e Sistemas de Aprendizagem. PP (99): 1734-1746.

[6].   Zhou, You; Ramanathan, S. (1 de agosto de 2015). "Memória Mott e Dispositivos Neuromórficos". Actas do IEEE. 103 (8): 1289-1310.

[7].   Eshraghian, Jason K.; et al. (2021). "Treinar redes neurais de picos usando lições de aprendizagem profunda". arXiv:2109.12894.

[8].   "Hananel-Hazan/bindsnet: Simulação de neural spiking usando PyTorch". GitHub. 31 de março de 2020.

[9].   Boddhu, S. K.; Gallagher, J. C. (2012). "Análise Qualitativa da Decomposição Funcional dos Controladores de Voo". Inteligência Computacional Aplicada e Soft Computing. 2012: 1-21.

[10].   Mead, Carver A.; Mahowald, M. A. (1 de janeiro de 1988). "Um modelo de silício do processamento visual precoce". Neural Networks. 1 (1): 91-97.

[11].   Furber, Steve (2016). "Sistemas de computação neuromórfica em grande escala". Journal of Neural Engineering. 13 (5): 1-15.

[12].   Farquhar, E.; Hasler, Paul. (2006). "Uma matriz neural programável em campo". 2006 IEEE Intr. Simpósio sobre Circuitos e Sistemas. pp. 4114-4117.

[13].   "MIT cria "chip cerebral"". Recuperado em 4 de dezembro de 2012.

[14].   Poon, Chi-Sang; Zhou, Kuan (2011). "Neurónios neuromórficos de silício e oportunidades neurais e em grande escala". Frontiers in Neuroscience. 5: 108.

[15].   Sharad, Mrigank; et al. (2012). "Proposta para hardware neuromórfico usando dispositivos de rotação". arXiv:1206.3227.

[16].   Pickett, M. D.; Medeiros-Ribeiro, G.; Williams, R. S. (2012).

"Um neurístor escalável construído com memristores de Mott". Nature Materials. 12 (2):
114-7.

[17]. Matthew D Pickett & R Stanley Williams (setembro de 2013).
"As transições de fase permitem a universalidade computacional nos autómatos celulares".
Nanotecnologia. 24 (38). IOP Publishing Ltd. 384002.

[18]. Boahen, Kwabena (24 de abril de 2014).
"Neurogrid: Simulações Neurais de Sistemas Multichip Mixed-Analog-Digital".
Proceedings of the IEEE. 102 (5): 699-716.

[19]. Waldrop, M. Mitchell (2013).
"Neuroelectrónica: Ligações inteligentes". Natureza. 503 (7474): 22-4.

[20]. Benjamin, Ben Varkey; et al. (2014).
"Neurogrid: Simulações neurais em grande escala com chip misto analógico-digital".
Proceedings of the IEEE. 102 (5): 699-716.

[21]. "Organizações envolvidas". Arquivado em 2 de março de 2013. Recuperado em fevereiro
22, 2013.

[22]. "Projeto Cérebro Humano". Recuperado em 22 de fevereiro de 2013.

[23]. "O Projeto Cérebro Humano e o Recrutamento de Mais Ciberguerreiros". janeiro de
29, 2013. Recuperado em 22 de fevereiro de 2013.

[24]. Neuromorphic computing: The machine of a new soul", The Economist,
2013-08-03

[25]. Modha, Dharmendra (agosto de 2014).
"Um milhão de interfaces de rede de comunicação integrada de neurónios espinhosos".
Ciência. 345 (6197): 668-673.

[26]. Fairfield, Jessamyn (1 de março de 2017). "Máquinas mais inteligentes" (PDF).

[27]. Spagnolo, Michele; et al. (abril de 2022). "Quantum fotónico experimental
memristor". Nature Photonics. 16 (4): 318-323. Universidade de Viena.
Obtido em 19 de abril de 2022.

[28]. "'Sinapse artificial' pode fazer com que as redes neuronais funcionem mais como cérebros".
Novo Cientista. Recuperado em 21 de agosto de 2022.

[29]. Onen, Murat; et al. (2022).

"Resistências programáveis protónicas de nanossegundos para aprendizagem profunda analógica".

Ciência. 377 (6605): 539-543.

[30]. Mike; et al. (16 de janeiro de 2018).

"Loihi: Um processador neuromórfico de muitos núcleos com aprendizagem no chip".

IEEE Micro. 38 (1): 82-99.

[31]. Morris, John. "Porque é que a Intel construiu um chip neuromórfico".

ZDNet. Recuperado em 17 de agosto de 2018.

[32]. "Imec demonstra chip neuromórfico de auto-aprendizagem que compõe música".

IMEC Internacional. Recuperado em 1 de outubro de 2019.

[33]. Bourzac, Katherine (23 de maio de 2017).

"Um chip neuromórfico que faz música". IEEE Spectrum.

Recuperado em 1 de outubro de 2019.

[34]. "Para além de von Neumann, a computação neuromórfica avança a passos largos".

HPCwire. 21 de março de 2016. Recuperado em 8 de outubro de 2021.

[35]. "Ficha de Informação sobre Computação Quântica Neuromórfica| H2020".

CORDIS | Comissão Europeia. Recuperado em 18 de março de 202.

[36]. Pehle, Christian; Wetterich, Christof (30 de março de 2021), Computação quântica neuromórfica, arXiv:2005.01533

[37]. Wetterich, C. (2019). "Computação quântica com bits clássicos". Física Nuclear B. 948: 114776.

[38]. Pehle, Christian; et al. (24 de outubro de 2018), Emulando a computação quântica

com redes neurais artificiais, arXiv:1810.10335

[39]. Giuseppe; Troyer, Matthias (10 de fevereiro de 2017).

"Resolvendo o problema quântico de muitos corpos com redes neurais artificiais".

Ciência. 355 (6325): 602-606.

[40]. Giacomo; Mazzola, et al. (maio de 2018).

"Tomografia de estado quântico de redes neuronais". Nature Phy. 14 (5): 447-450.

[41]. Sharir, Or; et al. (2020).

"Modelos Autoregressivos Profundos Simulação de Sistemas Quânticos de Muitos Corpos".

Physical Review Letters. 124 (2): 020503.

[42].   Broughton, Michael; et al. (2021),
       TensorFlow Quantum: Uma estrutura de software para máquinas quânticas
       Aprendizagem, arXiv:2003.02989
[43].   Di Ventra, Massimiliano (23 de março de 2022), MemComputing vs. Quantum
       Computação: algumas analogias e grandes diferenças, arXiv:2203.12031
[44].   Wilkinson, Samuel A.; Hartmann, Michael J. (8 de junho de 2020).
       "Simulação e computação de circuitos quânticos supercondutores de muitos corpos".
       Applied Physics Letters. 116 (23).
[45].   "Recebendo pedidos de kits de desenvolvimento do processador Akida AI". 21 de outubro de 2021.
[46].   1st mini PCIexpress board with spiking neural network chip". 19 de janeiro de 2022.
[47].   Neuromemristive Circuits and Systems - Feb. 2014".
       digitalops.sandia.gov. Recuperado em 26 de agosto de 2019.
[48].   C. Merkel e D. Kudithipudi, "Neuromemristive extreme learning
       máquinas para classificação de padrões", ISVLSI, 2014.
[49].   Maan, A.K.; James, A.P.; Dimitrijev, S. (2015). "Padrão de Memristor
       reconhecedor: reconhecimento de palavras isoladas na fala". Cartas Electrónicas. 51 (17):
       1370-1372.
[50].   Maan, Akshay Kumar; Kumar, Dinesh S.; James, Alex Pappachen (2014).
       "Reconhecimento de Rosto com Lógica de Limiar Memristive". Procedia Computer
       Ciência. 5ª Conferência Internacional Anual sobre Ciência Biológica
       Arquitecturas Cognitivas Inspiradas, 2014 BICA. 41: 98-103.
[51].   Maan, A.K.; Kumar, D.S.; Sugathan, S.; James, A.P. (1 de outubro de 2015).
       "Conceção de circuitos lógicos com limiar de memória para objectos de movimento rápido
       Deteção". IEEE Transactions on Very Large Scale Integration (VLSI)
       Systems. 23 (10): 2337-2341.
[52].   James, A.P.; Francis, L.R.V.J.; Kumar, D.S. (1 de janeiro de 2014). "Resistivo
       Lógica de limiar". IEEE Transactions on Very Large Scale Integration

(VLSI) Systems. 22 (1): 190-195.

[53]. James, A.P.; Kumar, D.S.; Ajayan, A. (1 de novembro de 2015). "Limiar
Computação lógica: Circuitos Memristive-CMOS para Transformada Rápida de Fourier
e Multiplicação Védica". IEEE Transactions on Very Large Scale Integration (VLSI) Systems. 23 (11): 2690-2694.

[54]. Caravelli; et al. (2017). "A dinâmica complexa dos circuitos memristive:
resultados analíticos e relaxação lenta universal". Physical Review E. 95 (2):
022140. arXiv:1608.08651.

[55]. Caravelli; et al. (2021).
"Minimização global através de tunelamento clássico assistido por força colectiva
formação de campos". Science Advances. 7 (52): 022140.

[56]. Abraão, Isaac (20 de julho de 2018).
"O caso para rejeitar o memristor como um elemento fundamental do circuito".
Relatórios Científicos. 8 (1): 10972.

[57]. Sheldon, Forrest (2018). Fenômenos coletivos em redes memristivas:
Engenharia de transições de fase em computação. UC San Diego Eletrónica
Teses e Dissertações.

[58]. Skorka, Orit (2011). "Rumo a uma câmara digital que rivaliza com o olho humano".
Journal of Electronic Imaging. 20 (3): 033009-033009-18.

[59]. Sarkar, Tanmoy; et al. (2022).
"Um neurónio artificial orgânico para biointerfaceamento neuro in situ".
Natureza Eletrónica. 5 (11): 774-783.

[60]. "Os neurónios artificiais emulam o funcionamento sinergético dos seus homólogos biológicos".
Natureza Eletrónica. 5 (11): 721-722. 10 de novembro de 2022.

Capítulo (9)
Conclusões

A partir do estudo e da análise, pode concluir-se que uma rede neural artificial é um grupo de nós interligados, inspirado numa simplificação dos neurónios de um cérebro. Aqui, cada nó circular representa um neurónio artificial e uma seta representa uma ligação entre a saída de um neurónio artificial e a entrada de outro.

Na aprendizagem automática, uma rede neuronal (também designada por rede neuronal artificial ou rede neuronal, abreviadamente designada por ANN ou NN) é um modelo inspirado na estrutura e função das redes neuronais biológicas existentes no cérebro dos animais.

Uma RNA é constituída por unidades ou nós ligados entre si, designados por neurónios artificiais, que modelam livremente os neurónios de um cérebro. Estes estão ligados por arestas, que modelam as sinapses num cérebro. Cada neurónio artificial recebe sinais de neurónios ligados, processa-os e envia um sinal para outros neurónios ligados. O "sinal" é um número real e a saída de cada neurónio é calculada por uma função não linear da soma das suas entradas, designada por função de ativação. A força do sinal em cada ligação é determinada por um peso, que se ajusta durante o processo de aprendizagem.

Normalmente, os neurónios são agregados em camadas. As diferentes camadas podem efetuar diferentes transformações nas suas entradas. Os sinais viajam da primeira camada (a camada de entrada) para a última camada (a camada de saída), possivelmente passando por várias camadas intermédias (camadas ocultas). Uma rede é normalmente designada por rede neuronal profunda se tiver, pelo menos, duas camadas ocultas.

As redes neuronais artificiais são utilizadas para várias tarefas, incluindo a modelação preditiva, o controlo adaptativo e a resolução de problemas de inteligência artificial. Podem aprender com a experiência e tirar conclusões a partir de um conjunto de informações complexas e aparentemente não relacionadas.

Em geral, as redes neurais são treinadas por meio da minimização do risco empírico. Esse método se baseia na idéia de otimizar os parâmetros da rede para minimizar a diferença, ou risco empírico, entre a saída prevista e os valores-alvo reais em um determinado conjunto de dados. Os métodos baseados em gradientes, como o backpropagation, são normalmente utilizados para estimar os parâmetros da rede. Durante a fase de formação, as RNAs aprendem com dados de formação rotulados, actualizando iterativamente os seus parâmetros para minimizar uma função de perda definida. Este método permite que a rede se generalize para dados não vistos.

Exemplo simplificado de treino de uma rede neural na deteção de objectos: A rede é treinada com várias imagens que se sabe representarem estrelas-do-mar e ouriços-do-mar, que estão correlacionadas com "nós" que representam caraterísticas visuais. As estrelas-do-mar correspondem a uma textura anelada e a um contorno de estrela, enquanto a maioria dos ouriços-do-mar correspondem a uma textura às riscas e a uma forma oval. No entanto, o exemplo de um ouriço-do-mar com textura anelar cria uma associação fracamente ponderada entre eles.

Printed by Books on Demand GmbH, Norderstedt / Germany